中等职业学校食品类专业"十一五"规划教材

食品分析

河南省漯河市食品工业学校组织编写

孟宏昌　主编

化学工业出版社

·北京·

本教材是《中等职业学校食品类专业"十一五"规划教材》中的一个分册。

本教材由有关职业院校具有经验的教师和企业技术人员根据食品类专业中等职业教育培养目标共同编写完成,主要介绍了食品分析基本知识、食品分析的一般程序、物理检验法、常用仪器分析方法、食品一般成分检测、食品中矿物质元素检测、食品添加剂检测以及有毒有害污染物检测等,并安排了适量的实验内容,编入了食品分析中的新方法、新技术、新标准。

本教材可作为中等职业学校食品类专业的教学用书,也可作为高职高专食品类专业教学、食品检验工培训以及食品相关企事业单位检验人员的参考书或职工培训教材。

图书在版编目(CIP)数据

食品分析/孟宏昌主编．—北京:化学工业出版社,
2007.7(2017.7重印)

中等职业学校食品类专业"十一五"规划教材

ISBN 978-7-122-00554-0

Ⅰ.食… Ⅱ.孟… Ⅲ.食品分析-专业学校-教材
Ⅳ.TS207.3

中国版本图书馆 CIP 数据核字(2007)第 078782 号

责任编辑:陈 蕾 侯玉周   文字编辑:昝景岩
责任校对:徐贞珍   装帧设计:郑小红

出版发行:化学工业出版社(北京市东城区青年湖南街 13 号 邮政编码 100011)
印   装:北京云浩印刷有限责任公司
720mm×1000mm 1/16 印张 15¾ 字数 314 千字 2017 年 7 月北京第 1 版第 6 次印刷

购书咨询:010-64518888(传真:010-64519686) 售后服务:010-64518899
网   址:http://www.cip.com.cn
凡购买本书,如有缺损质量问题,本社销售中心负责调换。

定   价:35.00 元

序

　　食品工业是关系国计民生的重要工业，也是一个国家、一个民族经济社会发展水平和人民生活质量的重要标志。经过改革开放 20 多年的快速发展，我国食品工业已成为国民经济的重要产业，在经济社会发展中具有举足轻重的地位和作用。

　　现代食品工业是建立在对食品原料、半成品、制成品的化学、物理、生物特性深刻认识的基础上，利用现代先进技术和装备进行加工和制造的现代工业。建设和发展现代食品工业，需要一批具有扎实基础理论和创新能力的研发者，更需要一大批具有良好素质和实践技能的从业者。顺应我国经济社会发展的需求，国务院做出了大力发展职业教育的决定，办好职业教育已成为政府和有识之士的共同愿望及责任。

　　河南省漯河市食品工业学校自 1997 年成立以来，紧紧围绕漯河市建设中国食品名城的战略目标，贴近市场办学、实行定向培养、开展"订单教育"，为区域经济发展培养了一批批实用技能型人才。在多年的办学实践中学校及教师深感一套实用教材的重要性，鉴于此，由学校牵头并组织相关院校一批基础知识厚实、实践能力强的教师编写了这套《中等职业学校食品类专业"十一五"规划教材》。基于适应产业发展，提升培养技能型人才的能力；工学结合、重在技能培养，提高职业教育服务就业的能力；适应企业需求、服务一线，增强职业教育服务企业的技术提升及技术创新能力的共识，经过编者的辛勤努力，此套教材将付梓出版。该套教材的内容反映了食品工业新技术、新工艺、新设备、新产品，并着力突出实用技能教育的特色，兼具科学性、先进性、适用性、实用性，是一套中职食品类专业的好教材，也是食品类专业广大从业人员及院校师生的良师益友。期望该套教材在推进我国食品类专业教育的事业上发挥积极有益的作用。

食品工程学教授、博士生导师　李元瑞

2007 年 4 月

前　言

　　本教材根据中等职业学校食品类专业食品分析教学大纲的要求，结合中等职业学校食品专业的特点编写而成。本教材充分考虑我国中等专业学校学生的现状和实际水平，理论深度上适当降低，以实用、够用为准。教材内容编写联系行业实际，注重现在企业常用的检测方法、技能的应用与提高，突出实用性和应用性，重视培养上岗就业所需的基础知识和实际操作能力。为使本教材适应时代发展要求，以最新食品分析国家标准为依据，内容上力求使学生能够比较完整掌握食品的理化分析检验技术，根据食品质量标准较好地完成食品的理化分析与检验工作。

　　本教材主要引导读者学习食品分析的一般程序、方法、技能，掌握食品一般成分检测、有毒有害污染物检测及食品中矿物质元素检测的方法，熟悉食品添加剂检测及食品分析所必需的基本知识。教材内容编排从食品分析专业知识、专业技能和现场实际操作入手，采用必要的检测实例进行教学，浅显易懂、实用性强。

　　本教材由漯河职业技术学院孟宏昌任主编，并编写了绪论、第一章和第二章；第三章由河南省漯河市食品工业学校袁世保、栗亚琼编写；第四章和实验部分由漯河职业技术学院秦明利编写；第五章由双汇集团陈松、漯河职业技术学院李红利编写；第六章由漯河职业技术学院樊军浩、平顶山质量工程职业学院马勇编写；第七章由河南省漯河市食品工业学校张娟编写；第八章由漯河市技术监督局曹淑萍编写；附录部分由漯河职业技术学院李红利整理。全书由孟宏昌、秦明利整理并统稿，漯河职业技术学院院长、硕士生导师李五聚教授主审。

　　在本教材编写中，得到了郑州轻工业学院高愿军教授、化学工业出版社等的大力帮助和支持，同时参考了一部分文献和书籍，在此谨向有关人士表示诚挚的感谢！

　　食品分析的新方法、新技术、新标准更新迅速，由于编者水平和经验所限，教材中难免存在不妥之处，敬请同行专家和广大读者批评指正。

编　者

2007 年 3 月

目　　录

绪　　论

食品为人类正常生命活动提供赖以生存的营养和能量，是人类生存不可缺少的物质条件之一。我国《食品卫生法》规定："食品应当无毒、无害，符合应当有的营养要求，具有相应的色、香、味等感官性状"。食品营养均衡性、安全性和可接受性直接决定着食品的品质，影响着人类的身体健康和生活质量。因此，为了保证人类获取营养安全的食品，就必须进行食品品质评价。而食品分析就是专门评定食品品质的一门技术性和应用性的学科。

食品分析是根据现行国家、地方、行业等标准规定，应用物理、化学、生物化学等学科的基本理论和科学技术，对食品生产中的物料（原料、辅助材料、半成品、成品、副产品、包装材料等）的主要成分及其含量进行监测和检验，对产品的品质、营养、卫生与安全等方面作出评价的学科。食品分析是食品类专业的专业课程之一，在食品科学研究、生产和流通中，为保证食品的安全与营养，防止食物中毒及食源性疾病，控制食品污染以及研究食品污染的来源与途径等方面都具有十分重要的意义。

一、食品分析的内容

人们往往从对食品感官嗜好、营养均衡和安全卫生等三个角度评价一种食品品质的优劣，食品分析正是从这三个角度入手，对食品的品质进行检测。其主要内容包括食品感官评价、食品理化分析和食品微生物检验三方面。

本书主要介绍食品理化分析部分，其内容包括以下几方面。

（一）食品营养成分的分析

从营养学角度评价，人类只有根据人体对各种营养成分的需求，进行合理搭配，才能获得较全面的营养，维护正常生命活动和健康。但是，在天然食品中，能够同时提供人体所需的各种营养成分的品种较少，为此我们必须对各种食品的营养成分进行分析，以评价其营养价值，为人们选择食品提供依据。此外，在食品生产中，工艺配方的确定、工艺合理性的鉴定、生产过程的控制及成品质量的检验等，都离不开营养成分的分析。

食品营养成分分析包括水分及水分活度、无机盐、碳水化合物、脂类、蛋白质与氨基酸、维生素等的分析。

（二）食品辅助材料及添加剂的分析

在食品加工中所采用的辅助材料和添加剂一般都是工业产品，特别是随着食品工业和化学工业的发展，食品添加剂的种类和数量越来越多，因此，国家食品安全标准对食品添加剂的使用范围及用量均作了严格的规定。近年来随着食品毒理学研究方法的不断改进和发展，从前认为无害的食品添加剂，现在又发现可能存在着慢性毒性、致癌作用、致畸作用或致突变作用等各种危害，因此，监督食品企业在生产中合理使用食品添加剂，保证食品的安全性，已成为食品分析的一项重要内容。

食品辅助材料及添加剂的分析包括防腐剂、抗氧化剂、发色剂、漂白剂、酸味剂、凝固剂、疏松剂、增稠剂、甜味剂、着色剂、品质改良剂、香精单体等的分析。

（三）食品中有害有毒物质的分析

在食品生产、加工、包装、运输、储存、销售等各个环节中，由于各种原因常常使食品携带上对人体有害有毒的化学成分。按其来源和性质，主要有以下几类。

1. 有害元素

如砷、汞、铬、锡、铅、镉、铜等。主要指有机、无机化合物及重金属等引起食品中有害微量元素污染。

2. 食品加工中产生的有害物质

如在发酵过程中产生的醛、酮类物质；在腌制加工过程中产生的亚硝胺；在烧烤、烟熏等加工过程中产生的 3,4-苯并芘。主要是指在食品加工中产生的一些有害物质。

3. 来自包装材料的有害物质

如聚氯乙烯、多氯联苯、荧光增白剂等。主要由于在食品包装中使用不合乎要求的包装材料而把有害物质引入食品中。

4. 农兽药残留

如有机氯、有机磷、有机砷等农作物杀虫消毒剂和四环素等兽药。主要来源于由于不合理地施用农药造成农药残留的农作物和不合理地使用兽药造成兽药残留的畜禽产品。

5. 微生物毒素

如黄曲霉毒素、赤霉菌毒素、杂色曲霉毒素等。主要由于食品生产或储存环节不当而引起的微生物生长繁殖产生的毒素。

虽然食品中有害有毒物质的种类很多，来源各异，但大多是属于人为而非自然，是可以控制而非难免的，经过努力完全可以控制在国家标准规定之内。为了确保食品的安全性，必须对食品中有害有毒物质进行分析。

二、食品分析的方法

在食品分析工作中，由于不同的分析目的和分析项目，或被测组分和干扰成分的性质以及它们在食品中存在的含量差异，选择的分析方法各不相同。食品分析的方法主要包括感官检验法、化学分析法、仪器分析法、微生物分析与检验法和酶分析法等。

1. 感官检验法

感官检验法是重要的食品分析手段之一。食品感官检验是借助人的感觉器官（视觉、嗅觉、味觉、触觉等）对食品的色、香、味、口感和组织状态等感官特征或对食品的嗜好倾向做出评价，再根据统计学原理对评价结果进行统计分析，从而得出理性结论的一种分析方法。

感官检验有两大类型，一是偏爱型感官检验，利用食品作为分析工具，检验人的偏爱倾向和嗜好；二是分析型感官检验，利用人的感官作为分析工具，检验食品的感官特征。

2. 化学分析法

化学分析法是以物质的化学反应为基础，使被测成分在一定条件下与分析试剂发生作用，最后通过生成物的量或消耗试剂的量来确定食品组成成分和含量的方法。在食品的常规检验中，相当一部分项目都必须用化学分析法进行测定，化学分析法是食品分析中最基础、最重要的分析方法之一。

化学分析法包括定性分析和定量分析。定性分析解决食品中是否含有某种成分问题，不考虑含量；定量分析解决某种成分在食品中含量多少问题，它又有重量法和容量法之分。

3. 仪器分析法

仪器分析法是以物质的物理性质或物理化学性质为基础，利用光电分析仪器来测定物质含量的分析方法。

仪器分析法包括物理分析法和物理化学分析法。物理分析法是根据食品的一些物理常数与组成成分及含量之间的关系，通过对一些物理常数（如密度、体积、折射率等）的测定，从而了解食品的组成成分及其含量的测定方法，如密度法测定糖液的浓度、白酒中酒精含量。物理化学分析法又称仪器分析法，它是通过测量物质的光学、电化学等物理化学性质来测定食品成分含量的方法，如分光光度法用于测定食品中无机元素、食品添加剂、维生素等成分。

仪器分析法具有灵敏、快速、操作简单、易于实现自动化等优点。随着科学技术的发展，仪器分析法已越来越广泛地应用于现代食品分析中。

4. 微生物分析与检验法

微生物分析与检验法是以微生物学为基础，一方面利用细菌生理学、卫生学、真菌学的原理和方法对食品中细菌总数、大肠菌群、致病菌进行测定。另一方面利用食品中的被测组分是某些微生物生长需要的特定物质，通过对微生物培养中被测组分的需要量来进行物质定性、定量的分析方法。温和的条件，克服了化学分析法和仪器分析法中某些被测成分易分解的问题，方法的选择性也较高。如在维生素、抗生素残留量、激素等成分的分析中，微生物分析与检验法得到了广泛应用。

5. 酶分析法

酶分析法是利用生物酶的高效和专一的催化特效反应对物质进行定性、定量的分析方法。生物酶制剂在食品分析中的应用，解决了从复杂的组分中检测某一成分而不受或很少受其他共存成分干扰的问题。酶分析法具有简便、快速、准确、灵敏等优点。

目前，酶分析法已应用于食品中有机酸（如乳酸、柠檬酸等）、糖类（如果糖、乳糖、葡萄糖、麦芽糖等）、淀粉、维生素 C 等成分的测定。

食品分析的方法很多，本书主要介绍物理检验法、化学分析法、仪器分析法等部分最常用的方法在食品分析中的具体应用。对于感官检验法和微生物检验法将在本套教材的《食品感官评价》和《食品微生物检验》两书中分别介绍。

三、食品分析的任务

食品分析作为研究和探讨食品品质和卫生及其变化的一门学科，它的任务是通过一定的检测方法确定食品的组成成分，食品中哪些成分可以食用、哪些成分不可以食用，进而为食品的研发、生产、流通及监督等环节提供依据。

1. 为食品新资源和新产品的开发提供可靠依据

（1）食品新资源的开发与利用 食品新资源系指在我国新研制、新发现、新引进的无食用习惯或仅在个别地区有食用习惯的、符合食品基本要求的物品。但食品新资源的营养及安全性需要食品分析进行研究。

（2）新产品的研发 食品新产品的研制与开发应满足食品的基本功能，这就需要利用食品分析技术对新产品的营养均衡性、安全性和可接受性进行评价。

2. 指导与控制食品生产全过程，保证产品品质和安全

（1）对食品生产原、辅材料的检测 食品生产企业通过对食品原料、辅料检测，确保从源头上控制产品的品质。

（2）对食品生产环节的监测，指导与控制生产工艺过程 食品生产企业通过对食品生产各个工序及半成品的监测，确定和改进生产工艺，控制生产过程，保证产品质量。

（3）对企业食品成品的全面检测 食品生产企业根据产品标准，通过对食品各项指标的检测，可以确保出厂产品的质量符合食品标准的要求。

3. 在流通领域中，为食品质量纠纷的解决、保证用户接受产品、突发性食物中毒事件的处理提供技术依据

（1）为食品质量纠纷的解决提供技术依据 当发生食品质量纠纷时，第三方检验机构可以接受有关机构（包括法院、仲裁委员会、质量管理行政部门及民间调解组织等）的委托，对有争议产品做出仲裁检验，为有关机构解决产品质量纠纷提供技术依据。

（2）为消费者购买产品提供依据　消费者在购买食品时，按合同规定或相应的食品标准的质量条款进行验收检验，保证购买食品的质量。

（3）对突发性食物中毒事件提供技术依据　当发生食物中毒事件时，检验机构根据对残留食物做出仲裁检验，为事件的调查及解决提供技术依据。

4. 为政府监督部门实施宏观监控提供依据

（1）政府管理部门对食品质量进行宏观的监控　第三方检验机构根据政府质量监督行政部门的要求，对生产企业的产品或市场的商品进行检验，为政府对产品质量实施宏观监控提供依据。

（2）对进出口食品的质量进行把关　在食品进出口贸易中，商品检验机构应依据国际标准或供货合同对商品进行检测，确定是否出入关。

四、食品的质量标准

食品分析是以现行国家标准及地方、行业等标准规定为依据，对食品品质进行评价。因此，从事食品分析工作必须熟悉食品的相关标准。

（一）国内标准

1. 分类

根据适用的范围和审批程序，我国标准分为国家标准、行业标准、地方标准、企业标准四级；根据法律的约束性分为强制性标准和推荐性标准；按标准的性质分为技术标准、管理标准和工作标准；按标准化的对象和作用分为基础标准、产品标准、方法标准、安全标准和卫生标准。

2. 代号

国家标准的代号由大写汉字拼音字母"GB"构成。强制性国家标准代号为"GB"，推荐性国家标准代号为"GB/T"。国家标准化指导性技术文件的代号为"GB/Z"。

行业标准代号由汉字拼音大写字母组成，不加斜线及 T 为强制性行业标准，加斜线 T 组成推荐性行业标准。行业标准代号由国务院各有关行政主管部门提出其所管理的行业标准范围的申请报告，国务院标准化行政主管部门审查确定并正式公布该行业标准代号。如中国轻工业联合会发布的标准的代号为 QB。

地方标准由汉字"地方标准"大写拼音字母"DB"加上省、自治区、直辖市行政区划代码的前两位数字构成。不加斜线 T 为强制性地方标准，加上斜线 T 组成推荐性地方标准。如：河南省强制性地方标准为"DB41"，推荐性地方标准为"DB41/T"。

企业标准的代号由汉字"企"大写拼音字母"Q"加斜线再加企业代号组成，企业代号可由大写拼音字母或阿拉伯数字或两者兼用所组成。企业代号按中央所属企业和地方企业分别由国务院有关行政主管部门或省、自治区、直辖市政府标准化行政主管部门会同有关行政主管部门加以规定。

3. 标准的编号

国家标准的编号由国家标准的代号、标准发布顺序号和标准发布年代号（四位数）组成，如 GB 2760—1996 食品添加剂使用卫生标准。

行业标准的编号由行业标准代号、标准发布顺序号及标准发布年代号（四位数）组成，如强制性轻工行业标准编号为 QB 2353—1998 膨化食品。

地方标准的编号由地方标准代号、地方标准发布顺序号、标准发布年代号（四位数）组成，如河南省推荐性地方标准编号表示为：DB41/T ×××—××××。

企业标准的编号由企业标准代号、标准发布顺序号和标准发布年代号（四位数）组成，表示为：Q/×××—××××。

对于一个标准的各个部分，其表示方法可采取在同一标准顺序号下分成若干个分号，每个独立部分的编号用阿拉伯数字表示，用圆点与标准顺序号分开。

如：GB/T 15091.1—1994 食品工业基本术语

GB/T 15091.2—1994 食品工业基本术语

GB/T 15091.3—1994 食品工业基本术语

4. 食品标准

食品标准是指食品工业领域各类标准的总和，包括食品产品标准、食品卫生标准、食品分析方法标准、食品管理标准、食品添加剂标准、食品工业基本术语标准等。食品标准是食品行业中的技术规范，涉及食品行业各个领域的不同方面，从多方面规定了食品的技术要求和品质要求。食品标准与食品安全密切相关，是食品安全卫生的重要保证。食品标准是关系人们健康的前提和保障，是国家标准的重要组成部分。以下从食品分析的角度介绍一些食品标准的基础知识。

(1) 产品标准　产品标准是对产品结构、规格、质量、检验方法所作的技术规定。产品标准是判断产品合格与否的主要依据之一。食品产品标准的主要内容包括：产品分类、技术要求、试验方法、检验规则以及标签与标志、包装、储存、运输等方面的要求。例如，在对某一种食品（发酵饼干）进行理化指标（水分）检验时必须通过查找（饼干的）产品标准，在标准中获取理化要求（水分≤6.0%）和检验的方法（按 GB/T 5009.3—1994），才能进行分析和检验。

(2) 食品卫生标准　食品卫生标准是为保护人体健康，对食品中具有卫生学意义的特性所作的统一规定。食品卫生标准的技术要求主要涉及农兽药残留限量、有害重金属限量、有害微生物和真菌毒素限量以及食品添加剂使用限量等方面的要求。

食品卫生标准中与食用安全相关的技术要求分三类指标：严重危害健康的指标，如农兽药残留、有害重金属、致病菌、真菌毒素等；对健康可能有一定危险性的间接指标，如菌落总数、大肠菌群；食品卫生状况恶化或对卫生状况的恶化具有影响的指标，如酸值、挥发性氨基酸态氮、水分等。

在食品卫生标准中，其中大部分指标属于食品理化分析的内容，如农兽药残留、有害重金属、酸值、挥发性氨基酸态氮、水分等。因此，我们必须对卫生标准有一定了解。

（3）食品分析方法标准　食品分析方法标准是指对食品的质量要素进行测定、试验、计量所作的统一规定，包括感官、物理、化学、微生物学、生物化学分析。标准包括各类食品的试验方法、检验方法、检验规程、各种成分的理化测定方法、食品的感官检验方法、各种食品的品质试验、性能试验等。

食品卫生理化检验方法标准主要包括：理化部分总则，食品基本成分和营养素测定方法，食品添加剂测定方法，食品中重金属元素和环境污染物、农药残留量、兽药残留量测定方法，各类食品卫生分析方法，食品包装容器、材料卫生标准分析方法。

食品分析方法标准是食品分析工作的依据，掌握和熟练运用好食品分析方法标准是做好食品分析工作的前提和基础。

（4）食品添加剂标准　我国生产和使用的食品添加剂，必须经过卫生部批准和列入 GB/2760—1998《食品添加剂使用卫生标准》、GB/14880—1990《食品营养强化剂使用卫生标准》中，现在每年都有食品添加剂增补品种被批准使用或扩大使用范围。食品添加剂（含营养强化剂）使用卫生标准的内容包括食品添加剂种类、名称或品种、使用范围、最大使用量及备注。食品添加剂标准是进行食品添加剂分析与检验的依据。

（二）食品国际标准化组织简介

近年来，我国出口贸易取得了巨大的成绩，出口同比增长迅速。但值得注意的是，国外技术性贸易壁垒对我国出口的影响不容忽视。从现实情况看，农产品和食品受到的影响最大。

根据我国食品生产现状，要扩大食品出口，必须了解国际标准，对照国际标准，提高产品质量。国际上制定和完善食品类国际标准和法规的组织主要有以下几个。

1. 国际食品法典委员会

食品法典委员会（CAC）制定的食品法典是一套食品安全和质量的国际标准、食品加工规范和准则，旨在保护消费者的健康，促进食品的公平贸易。食品法典包括标准和残留限量、法典和指南两部分，包含了食品标准、卫生和技术规范，农药、兽药、食品添加剂评估及其残留限量制定和污染物准则在内的广泛内容。

2. 国际标准化组织

国际标准化组织（ISO）是当今世界上最大、最权威的、非政府性标准化机构，它是由各国标准化团体（ISO 成员团体）组成的世界性联合会。其宗旨是在全球范围内促进标准化工作的发展，以利于国际资源的交流和合理配置，扩大各国在知识、科学、技术和经济领域的合作。

3. 世界贸易组织

世界贸易组织（WTO）前身为 1947 年创立的《关税及贸易总协定》。它与世界银行、国际货币基金组织被并称为当今世界经济体制的"三大支柱"。

世界贸易组织是一个独立于联合国的永久性国际组织，该组织通过实施市场开放、非歧视和公平贸易等原则，来达到推动实现世界贸易自由化的目标。WTO 作为正式的国际贸易组织，在法律上与联合国等国际组织处于平等地位。它的职责范围除了关贸总协定原有的组织实施多边贸易协议以及提供多边贸易谈判场所和作为一个论坛外，还负责定期审议其成员的贸易政策和统一处理成员之间产生的贸易争端，并负责加强同国际货币基金组织和世界银行的合作，以实现全球经济决策的一致性。

此外，还有世界卫生组织（WHO）和联合国粮农组织（FAO）等机构也发布有关食品方面的国际标准和法规。

五、食品分析的发展趋势

随着科学技术的进步和食品企业生产的发展，食品分析的发展十分迅速，国内外有关食品分析的基础理论和技术方面的研究开发工作正在逐渐深入，不同专业的先进技术不断渗透到食品分析中，形成了新的分析方法和分析仪器设备。食品分析技术主要朝着以下几个方向发展。

1. 基础理论研究方面逐渐深入

如样品前处理的分离提取、纯化、浓缩（富集）理论与技术方面；样品前处理中分离、提取除原有的热消化法、冷消化法、灰化法、溶剂萃取法、挥发与蒸馏法等外，出现了消化罐法及离子树脂交换法等。同时，对样品分离、提取中出现的干扰物质的去除与掩蔽理论作了较多的研究。

2. 食品分析逐步向仪器化、快速、微量、自动化的方向发展

对食品检验快速、简便方法的研究呼声较大。气相色谱仪、高效液相色谱仪、氨基酸自动分析仪、原子吸收分光光度计以及可进行光谱扫描的紫外-可见分光光度计、荧光分光光度计等均已在食品分析中得到了普遍应用。我国改革开放以来也采用上述仪器开展了各种食品成分的分析工作。采用自动化流程进行食品中的某些维生素、常量和微量元素、脂肪酸、部分氨基酸等的测定方法已由实验阶段过渡到应用阶段，我国正在逐步研发各种自动化分析方法和仪器。为提高检测精度和准确度，还需要发展综合型仪器；为提高常规分析的工作效率，还需研究快速和简便的检验方法，如多功能试纸、检验盒等。

3. 无损分析和在线分析

食品分析在操作中大多采取对抽检的样品进行破坏实验，虽然抽检的样品占总体积的比例很小，但是从经济角度来看也是一种消耗。随着分析技术的提高，已出现和发展了低耗和无损耗的分析技术。这样可降低消耗，提高效益。目前，有些项目的分析检测已经可以在生产线上完成，如线上细菌检测、线上容量检测等，这样不仅减少了检测工作量，而且加快了生产的节奏。

4. 综合型学科内容及其技术的熔融分析检测

随着生物技术、材料力学的理论发展及其在食品分析中的应用，已出现了许多新的检测方法和方式。如生物传感检验技术、酶标检验、生物荧光、酶联免疫分析、流变性检验、分子印模技术等跨学科、跨专业的综合型分析方法的出现，使得食品分析技术从成分到结构形态的定性、定量及检测范围和检出限方面都得到了极大的进步和改善。

总之，为适应当今社会发展的需要，国内外对食品分析的研究工作至今方兴未艾，这使得食品分析技术在保证测定灵敏度、准确度的前提下，朝着仪器化、自动化、微量化、快速及可同时测量若干成分的方向突飞猛进地发展。

复 习 题

1. 什么是食品分析？
2. 食品分析包括哪几个方面的内容？举例说明理化分析包括哪些内容。
3. 食品分析的方法主要有哪些？
4. 简述食品分析的任务。
5. 我国的标准是如何进行分类的？举例说明标准的代号和编号由哪些部分组成。
6. 我国的食品标准包括哪些部分？学习食品标准对食品分析工作有什么意义？
7. 名词解释：感官检验法、化学分析法、仪器分析法、微生物分析与检验法、酶分析法。
8. 认识食品国际标准化组织英文缩写：CAC，ISO，WTO，WHO，FAO。

第一章　食品分析基础知识

第一节　分析用水的制备与要求

在分析工作中，仪器洗涤、样品溶解、溶液配制都需要用水。对于仪器洗涤以及冷却水一般使用自来水即可满足。而对于样品溶解与溶液配制用水、分析检验操作过程中加入的水，应为纯度能满足分析要求的蒸馏水或去离子水。特殊项目的检验分析对水的纯度有特殊要求时，一般在检验方法中注明水的纯度要求和提纯处理的方法。

一、分析用水的制备

1. 蒸馏法制备纯水

蒸馏法制备纯水是基于水与杂质的沸点不同而制得纯水。实验室将原料水加热蒸馏，除去水中不易挥发的无机盐类，然后再冷凝成水。

普通蒸馏水可用玻璃或铜等制成的蒸馏器来制备。对于特殊用途的高纯水，应用石英、银、铂或聚四氟乙烯等材料制成的蒸馏器来制备，或同时采用减慢蒸馏速度、增加蒸馏次数的方法来制备。重蒸馏水就是通过二次、三次重蒸馏而得到的水。

蒸馏法制备纯水的优点是操作简单、分离效果好，但其最大的缺点是产量低、成本高，现在实验室很少自己制备。

2. 离子交换法制备纯水

离子交换法是利用离子交换树脂分离出水中杂质离子的方法。离子交换法制备纯水的优点是操作方便、设备简单，并且离子交换树脂可反复使用，成本低、出水纯度高、出水量大。目前有代替蒸馏水的趋势。

离子交换法制备纯水是基于离子交换树脂中可解离的离子与水中同性离子之间的交换作用，从而除去水中的杂质离子。制得的水通常称为"去离子水"。

离子交换法只能除去水中的杂质离子，而不能除去水中的有机物或非电解质，为了制备既无电解质又无有机物或微生物等杂质的纯水，可将去离子水蒸馏一次。

3. 电渗析法制备纯水

电渗析法制备纯水是在外加直流电场的作用下，利用阴、阳离子交换膜对溶液中的离子选择性透过而使杂质离子从水中分离出来的方法。

实际工作中，根据具体工作任务和要求的不同，对水的纯度要求也有所不同。可根据具体情况选用不同等级的水与制备方法。

二、分析用水的要求与检验

为保证分析用水的质量符合分析工作要求，制备后的纯水必须进行质量检验，达到一定标准要求。

① 电导率（25℃）小于或等于 $530\mu S/cm$。

② 酸度（25℃）呈中性或弱酸性。$pH=5.0\sim7.5$。一般用精密 pH 试纸、酸度计测定，也可用指示剂法测定。

③ 钙、镁等金属离子含量合格。检测方法：在 10mL 水样中加入 2mL 氨-氯化铵缓冲溶液（$pH=10$），2 滴 5g/L 铬黑 T 指示剂，摇匀。溶液呈蓝色表示水合格，如呈紫红色则表示水不合格。

④ 氯离子含量合格。检测方法：在 10mL 水样中加入数滴硝酸，再加入 4 滴 10g/L 的硝酸银溶液，摇匀。溶液中无白色浑浊物表示水合格，如有白色浑浊物则表示水不合格。

⑤ 无有机物和微生物污染。检测方法：在 100mL 水中加入 2 滴 0.1mol/L 高锰酸钾溶液，煮沸后仍为粉红色。

三、分析用水的保存

由于纯水在储存过程中会被空气中的二氧化碳、氨气、尘埃或其他物质所污染而使水质下降，因此纯水不能敞口存放于空气中，可用聚乙烯容器密闭存放。对于高纯水最好用石英或高纯的聚四氟乙烯容器存放。一般不用普通玻璃或金属容器储存，防止水中的金属离子增加。

第二节　分析试剂的使用

化学试剂是分析工作的物质基础。试剂的纯度直接影响着分析结果的准确性，试剂的纯度达不到分析检验的要求就不可能得到准确的分析结果。能否正确选择、使用化学试剂，将直接影响到分析实验的成败、准确度的高低及实验成本，因此，检验人员必须了解化学试剂的性质、类别、用途与使用方面的知识。

一、分析试剂的分类

根据质量标准及用途的不同，化学试剂可大体分为标准试剂、普通试剂、高纯度试剂与专用试剂四类。

1. 标准试剂

标准试剂是用于衡量其他物质化学量的标准物质，通常由大型试剂厂生产，并严格按国家标准进行检验，其特点是主体成分含量高而且准确可靠。

滴定分析用标准试剂，我国习惯称为基准试剂（PT），分为 C 级（第一基准）与 D 级（工作基准）两个级别，主体成分含量（体积分数）分别为 99.98%～100.02% 和 99.95%～100.05%。D 级基准试剂是滴定分析中的标准物质。

2. 普通试剂

普通试剂是实验室广泛使用的通用试剂，一般可分为优级纯（GR）、分析纯（AR）、化学纯（CP）三个级别，在食品分析中一般选用分析纯。

3. 高纯试剂

高纯试剂主体成分含量通常与优级纯试剂相当，但杂质含量更低，而且杂质检测项目比优级纯或基准试剂多 1～2 倍。高纯试剂主要用于微量分析中试样的分解及试液的制备。

4. 专用试剂

专用试剂是一类具有专门用途的试剂。其主体成分含量高，杂质含量很低。它与高纯度试剂的区别是：在特定的用途中干扰杂质成分只需控制在不致产生明显干扰的限度以下。专用试剂种类很多，如光谱纯试剂（SP）、色谱纯试剂（GC）、生物试剂（BR）等。

二、分析试剂的选用

在分析工作中，必须本着需要和节约的原则，各种试剂要根据检验项目的要求和检验方法的规定，合理、正确地选择使用，如一般车间控制分析可选用分析纯或化学纯试剂；一些无机或有机制备实验、冷却浴或加热浴应选用工业品，不要盲目地追求高纯度，以免造成浪费，增加分析成本。而对于痕量分析时，要选用高纯试剂或优级纯试剂，以降低空白值和避免杂质的干扰；做仲裁分析或进行化学试剂检验时，需选用优级纯和分析纯试剂；在滴定分析中，进行配位滴定需选用分析纯试剂，如果试剂纯度低，某些金属离子杂质对指示剂产生封闭作用而使滴定终点难以观察。

三、分析试剂的使用方法

① 了解常用化学试剂的性质，如酸碱的浓度、试剂的溶解性、有机溶剂的沸点、试剂的毒性及化学性质等。

② 分装试剂时，固体试剂应装在易于拿取的广口瓶中，液体试剂应盛放在容

易倒取的细口瓶或滴瓶中，见光易分解的试剂（如硝酸银、高锰酸钾、碘化钾等）应装在棕色试剂瓶中，并保存于暗处（但见光分解的双氧水只能装在不透明的塑料瓶中，并置于避光阴凉处，因为棕色瓶玻璃材质中的重金属离子会加速双氧水的分解）。盛放碱液的试剂瓶要用橡皮塞。

③ 试剂瓶上均应贴上标签，标明试剂的名称、浓度、配制日期，并在标签外面涂上一层薄蜡。在工作中要注意保护试剂瓶的标签，使之完整无缺，一旦丢失，应及时补贴。

④ 取用试剂前，应看清瓶塞。取用时，若瓶塞顶是扁平的，可将瓶塞倒置于分析台上，若瓶塞顶不是扁平的，可用食指和中指将瓶塞夹持或放在清洁干燥的表面皿上，严禁将瓶塞横置于分析台上。

⑤ 对固体试剂应用干净的药勺取用，药勺两端有大小两个勺，取用大量固体时用大勺，取用少量固体时用小勺。药勺必须保持干燥、洁净。固体颗粒较大时，应在干净的研钵中研碎。研钵中所盛固体量不得超过研钵容积的 1/3。若试剂结块，可用洁净干燥的粗玻璃棒或专用不锈钢药勺将其捣碎后再取。取出试剂后，应立即盖紧瓶塞，以防搞错瓶塞，污染试剂。用过的药勺和玻璃棒必须及时洗净。

⑥ 一般固体试剂可在干净的蜡光纸上称量，具有腐蚀性、强氧化性或易潮解的固体试剂应在玻璃器皿内称量。绝不能用滤纸来称量，称量时若取量过多，应将多取的药品倒在指定的容器内，供他人使用，绝不能倒回原试剂瓶。

⑦ 用量筒量取液体试剂时，应用左手持量筒，并以大拇指指示所需体积的刻度处，右手持试剂瓶，注意将试剂瓶的标签握在手心中，逐渐倾斜试剂瓶，缓缓地倒出所需量试剂，再将瓶口的一滴试剂碰到量筒内，以免液滴沿着试剂瓶外壁流下。然后将试剂瓶竖直，盖紧瓶塞，放回原处，标签向外。若因不慎倒出过多的液体试剂，只能弃去或倒入指定的容器中供他人使用。

⑧ 从滴瓶中取出少量的试剂时，先提起滴管，使管口离开液面，用手指捏紧滴管上部的橡皮头，以赶出滴管中的空气，然后把滴管伸入滴瓶中，放开手指，吸入试剂，再提起滴管，将试剂滴入容器内。

第三节　常用仪器的使用与保养

一、常用玻璃仪器的选择与准备

分析检验时离不开各种仪器，所需的仪器应根据检验方法的要求进行选择。一般应选用硬质的玻璃仪器。但如果试剂对玻璃有腐蚀性（如氢氧化钾），需选聚乙烯瓶。遇光不稳定的试剂（如碘）应选择棕色玻璃瓶避光储存。选用仪器时还应考虑到容量及容量精度和加热的要求等。

选择后的仪器在使用前应按国家有关规定及规程进行校正。

二、常用玻璃仪器的洗涤

食品分析中所使用的各种仪器必须洗涤洁净，否则会造成结果误差。

1. 常用洗涤液的配制

（1）肥皂水、洗衣粉水、去污粉水　根据洗涤的情况用水配制。

（2）铬酸洗液　称取 50g 重铬酸钾，加 $170\sim180$mL 水，加热溶解成饱和溶液，在搅拌下徐徐加入浓硫酸至约 500mL。

（3）盐酸洗液（1＋3）　1 份盐酸与 3 份水混合。

（4）王水　3 份盐酸与 1 份硝酸混合。

（5）碱性乙醇洗液　用 95% 的乙醇与 30% 的氢氧化钠溶液等体积混合。

2. 玻璃仪器的洗涤方法

（1）新的玻璃器皿　先用自来水冲洗，晾干后用铬酸洗液浸泡，以除去黏附的其他物质，然后用自来水冲洗干净。

（2）有油污的玻璃器皿　先用碱性酒精洗液洗涤，然后用洗衣粉水或肥皂水洗涤，再用自来水冲洗干净。

（3）有凡士林油污的器皿　先将凡士林擦去，再在洗衣粉水或肥皂水中烧煮，取出后用自来水冲洗干净。

（4）有锈迹、水垢的器皿　用（1＋3）盐酸洗液浸泡，再用自来水冲洗干净。

（5）瓷坩埚污物　用（1＋3）盐酸洗液洗涤，再用自来水冲洗干净。

（6）铂坩埚污物　用（1＋3）盐酸洗液煮沸洗涤，再用自来水冲洗干净。

（7）比色皿　先用自来水冲洗，再用稀盐酸洗涤，然后用自来水冲洗干净。

（8）塑料器皿　用稀硝酸洗涤后，再用自来水冲洗干净。

3. 洗涤的一般原则

① 容量器皿（如容量瓶）和比色管、比色皿等光学玻璃仪器不可用去污粉刷洗。

② 使用铬酸洗液时，不能用毛刷刷洗，以防损坏刷子。

③ 用碱性洗液浸泡玻璃仪器时，不宜放置过久，以免腐蚀玻璃。

④ 用蒸馏水洗涤时，一般用蒸馏水淋洗 $2\sim3$ 次，应采取"少量多次"的原则，以达到节约蒸馏水和洁净器皿的目的。

⑤ 洗净的玻璃仪器内壁不要再用手、布或纸擦拭，以免重新沾污。

三、常用玻璃仪器的干燥与保管

1. 玻璃仪器的干燥

玻璃仪器洗净、倒置控水后可根据实验要求，采取不同的干燥方法。一般干燥方法有以下几种。

（1）自然风干 将洗净的仪器倒置于仪器架上，放置过夜。

（2）热（冷）风吹干 洗净的仪器若急需干燥，可用电吹风直接吹干。若在吹风前先用易挥发的有机溶剂（如乙醚等）淋洗一下，则干得更快。

注意：玻璃磨砂旋塞应取下干燥，防止旋塞粘连。经有机溶剂洗涤的仪器，不能放入干燥箱中干燥。

（3）加热烘干 将洗净的仪器放在鼓风干燥箱内烘干，干燥箱温度要控制在105℃左右。

2. 玻璃仪器的保管

洗净、干燥的玻璃仪器要按检验要求妥善保管，如称量瓶要保存在干燥器中，滴定管要倒置在滴定管架上，比色管和比色皿要放入专用盒内或倒置在专用架上，带磨口的仪器如容量瓶等要用皮筋把塞子拴在瓶口处，以免互相混淆。

四、分析天平的使用

分析天平是定量分析中用于称量的精密仪器之一。分析结果的准确度与称量的准确度有密切关系。因此，了解分析天平称量的原理和分析天平的结构，并掌握正确的称量方法，对于定量分析实验的顺利进行和保障分析结果的准确度有着重要的意义。

分析天平是根据杠杆原理设计而制成的。

1. 分析天平的构造

电光分析天平有半机械加码和全机械加码两种。1g以下的砝码是通过机械加码器加减的，称为半自动电光天平。所有砝码全部通过机械加码器加减的称为全自动电光天平。两种天平除加码装置外，其他基本结构相似。现以常用的全机械加码电光分析天平为例说明分析天平的构造。如图1-1所示。

（1）天平梁 天平梁是用特殊的铝合金制成的。梁上装有三把玛瑙刀。玛瑙刀刀口的锋利程度对天平的灵敏度有很大的影响。刀口越锋利，和刀口相接

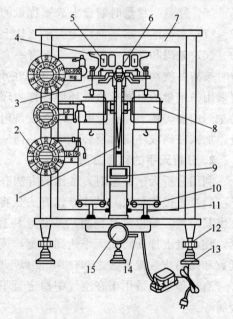

图1-1 全机械加码电光分析天平示意图

1—指针；2—指数盘；3—吊耳；4—天平梁；5—平衡螺母；6—支点刀；7—天平箱；8—阻尼器；9—投影屏；10—秤盘；11—托盘；12—螺旋脚；13—垫脚；14—调零杆；15—升降枢

触的刀承越平滑，它们之间的摩擦越小，天平的灵敏度也就越高。因此，要保持天平的灵敏度应注意保护刀口的锋利，尽量减少刀口的磨损。

（2）升降枢 升降枢是为了减少刀口和刀承的磨损而设计的天平"启动"或"休止"的部件。无论"启动"或"休止"，天平均应轻轻地、缓缓地转动升降枢，以保护天平。为了保护刀口，不可触动未"休止"的天平。

（3）空气阻尼器 由两个大小不同的圆筒组成，大的外筒固定在天平支柱的托架上，小的内筒则挂在吊耳的挂钩上。两个圆筒间有一定的缝隙。缝隙要保持均匀，使天平摆动时内筒能自由上下浮动。空气阻尼器的作用是缩短称量时间。

（4）指针和投影屏 指针固定在天平梁的中央。启动天平时，天平梁和指针开始摆动。指针下端装有微分标尺，通过一套光学读数装置，使微分标尺上的刻度放大，再反射到投影屏上读出天平的平衡位置。

（5）天平箱 天平箱是为保护天平，阻止灰尘、湿气或有害气体的侵入，并使称量时减少外界的影响（如温度变化、空气流动和人的呼吸等）而设计的。分析天平都安装在镶有玻璃的天平箱内。天平箱的前门供装配、调整和修理天平时用，称量时不准打开。右侧有一个玻璃门，供取、放称量物品用，但是在读取天平的零点时，右侧推门必须关好。

（6）秤盘 称量时右盘上放被称量的物体。

（7）水平泡 水平泡位于天平立柱上，用来检查天平的水平位置。

（8）砝码和环码 每台天平都有一套砝码。砝码按一定顺序挂在加码钩上，称量时按需要旋动指数盘，就能将砝码在承受架上进行加减。1g 以下的"砝码"通常采用一定的金属丝做成环形，称为环码或圈码。它们按照一定的顺序挂在天平梁左侧的加码钩上。称量时转动指数盘内圈或外圈的旋钮，就可以加、减环码的质量。加减砝码或环码时要轻轻地、一挡一挡地转动机械加码器的旋钮。

2. 分析天平的称量方法

利用分析天平称量时，常用的方法有以下三种。

（1）直接称量法 具体操作方法是将被称物品放在天平右盘上，直接加砝码，称出其质量。如称量某瓷坩埚质量，将瓷坩埚放在天平右盘上，按需要旋动指数盘，在左盘上加砝码使天平达到平衡，读取质量。10mg 以上的质量为砝码指数盘读数和圈码指数盘读数之和，10mg 以下的质量由投影屏上读出。

直接称量法适用于在空气中稳定且不吸湿、无腐蚀性的物品的称量，如坩埚、金属等。

（2）指定质量称量法 具体操作方法是先称器皿的质量，并记录平衡点。然后在左盘加入固定质量的砝码，在右盘器皿中加入要称取的物质，使之平衡，直至平衡点与称量器皿时的平衡点完全一致。

如要求准确称取样品 0.4000g 时，先用直接称量法称出一个器皿的准确质量，再向左盘增加 400mg 砝码，然后用牛角匙向右盘器皿中逐渐加入样品，半开天平进行称量，直到所加样品量与砝码只差很小质量时（10mg以内），开启天平，然后右手持牛角匙在器皿中心上方约2～3cm处，用右手拇指、中指及掌心拿稳牛角匙，食指轻弹勺柄，使样品缓缓抖入器皿中（具体操作如图1-2），直到天平平衡点与称器皿时的平衡点一致，则称得器皿中的样品为0.4000g。

指定质量称量法适用于称取不易吸湿的且不与空气中各种组分发生反应的、性质稳定的粉末状物质，不适用于块状物质的称量。

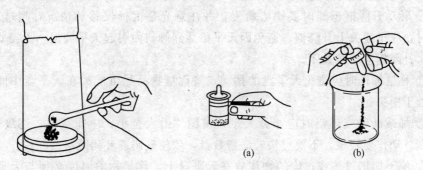

图1-2　指定质量称量操作　　　　　图1-3　递减称量操作

在分析实验中，当需要用直接法配制指定浓度的标准溶液时，常常用指定质量称量法来称取基准物质。

（3）递减称量法（又称差减法或减量法）　分析实验中，为了得到较为准确的结果，要对样品平行测定多次，然后取平均值，常用递减称量法。

具体操作方法是取一洗净并烘干的称量瓶，用小纸片夹住称量瓶盖柄，打开瓶盖将稍多于需要量的样品用牛角匙加入称量瓶，盖上瓶盖。用清洁的纸条叠成约1cm宽的纸带套在称量瓶上，右手拿住纸带尾部［如图1-3(a)］，把称量瓶放到天平右盘的正中位置，按需要旋动指数盘，选取适量的砝码使之平衡，称出称量瓶加样品的准确质量（准确到0.1mg），记下数值。右手仍用原纸带将称量瓶从天平盘上取下，拿到接受器的上方，左手用纸片夹住瓶盖柄，打开瓶盖，但瓶盖不离开接受器上方。将瓶身慢慢向下倾斜，这时原在瓶底的样品逐渐流向瓶口。接着，一面用瓶盖轻轻敲击瓶口内缘［如图1-3(b)］，一面转动称量瓶使样品缓缓倒入接受容器内，待加入的样品量接近需要量时（通常从体积上估计或试称量得知），一边继续用瓶盖轻敲瓶口，一边逐渐将瓶身竖直，使粘在瓶口附近的样品落入接受容器或落回称量瓶底部。然后盖好瓶盖，把称量瓶放回天平右盘，取出纸带，关好边门，准确称其质量。两次称量读数之差即为倒入接受容器里的第一份样品质量。按上述方法连续递减，可称取多份试样。如称取三份样品，连续称量四次即可。

递减称量法应用较广，常用来称取样品或基准试剂，还可以用于称量易吸水、易氧化、易吸收二氧化碳等的样品。

3. 分析天平的使用规则

为了使天平不受损坏，称量结果准确，在使用天平时必须严格遵守下列规则。

① 取下天平罩，叠好后平放在天平箱右后方的台面上或天平箱的顶上。

② 称量前应检查天平是否处于水平状态，并做好清洁工作。天平一经调好，不得任意挪动位置。

③ 称量的样品，不得直接放在天平盘上，必须放在如称量瓶、称量纸等上面。

④ 旋动指数盘加减砝码或环码时，或将物体放在天平盘上或由盘上取出时，一定要预先关上升降枢将天平梁托起。

⑤ 转动升降枢枢纽时要小心缓慢，并注意光幕上标尺移动情况，超过 10mg 刻线时，应迅速关上升降枢，避免因天平梁猛烈倾斜而引起天平磨损。不需要看光幕时，升降枢应始终关闭。

⑥ 称量操作时应避免天平盘的摆动，将称量物品尽可能放在天平盘中间，使重心处于中央。

⑦ 加减砝码或环码时应半开天平，遵循"由大至小，中间截取，逐级试验"的原则。动作要轻缓，不要过快转动指数盘，致使砝码或环码跳落或变位。

⑧ 绝不能把过热或过冷的物体放在天平盘上。称量物的温度必须与天平温度相同。湿的和具有挥发腐蚀性气体的物体应放在密闭容器中称量。

⑨ 绝对不可以使天平负载的质量超过限度。

⑩ 称量完毕后，检查天平是否一切复原，是否清洁。

分析天平是很精密和贵重的仪器，为了保证天平的灵敏度和准确度不降低，使用时必须十分小心。

五、电子天平的使用

电子天平是利用电子装置完成电磁力补偿的调节，使物体在重力场中实现力的平衡，或通过电磁力矩的调节，使物体在重力场中实现力矩的平衡，是最新一代的天平，一般都具有自动调零、自动校准、自动去皮和自动显示称量结果等功能。电子天平达到平衡的时间短，称量速度快。常见的 FA1104 型电子天平如图 1-4

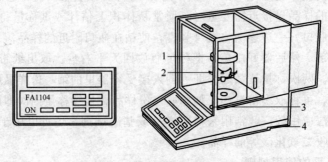

图 1-4　FA1104 型电子天平示意图

1—秤盘；2—托；3—水平仪；4—水平调节脚

所示。

1. 电子天平的使用（以 FA1104 型电子天平为例）

① 接通电源，按下 ON 键，预热 1h 左右，使天平处于稳定工作状态。

② 按一下 ON 键，天平经过短暂自检后，显示屏应显示"0.0000g"。如果显示不是"0.0000g"，则要按一下 FAR 键去皮。

③ 将被称物品轻轻放在秤盘上，显示屏上的数字在不断变化，数字稳定后，即可读数，并记录称量结果。

④ 称量完毕，取下被称物品，按一下 OFF 键关闭天平。

2. 电子天平的使用规则

① 取下天平罩，叠好后平放在天平的左方台面上。

② 称量前应检查天平是否处于水平状态，并做好清洁工作。天平一经调好水平，不得任意挪动位置。

③ 初次使用时，应先用校正砝码校正天平。

④ 将被称物品放在秤盘上或由盘上取出时，一定要动作轻缓。

⑤ 绝对不能使天平负载的质量超过限度。

⑥ 绝不能把过热或过冷的物体放在天平秤盘上，称量物的温度必须与天平温度相同。湿的和具有挥发腐蚀性气体的物体应放在密闭容器中称量。

⑦ 加减圈码时要轻缓，不要过快转动加圈码指数盘，致使圈码跳落或变位。

⑧ 称量完毕后，关闭电源，盖上天平布。

第四节　实验室安全常识

为了保证分析人员的人身安全和分析实验室检验工作的正常运行，分析工作人员必须掌握丰富的安全知识，严格遵守实验室各项操作规程和规章制度，并积极采取可靠、有效的预防措施，最大程度地避免安全事故的发生。

一、实验室危险性的种类

1. 火灾爆炸危险性

由于分析实验室中经常使用易燃易爆物品，如高压气体钢瓶、低温液化气体，如果处理不当，操作失灵，再遇上高温、明火、撞击、容器破裂或没有遵守安全防火要求，往往导致火灾爆炸事故。

2. 有毒气体危险性

在分析实验中常用的各种有机溶剂，不仅易燃易爆而且有毒；有些实验中由于化学反应还会产生有毒气体，稍不注意就有引起中毒的可能性。

3. 触电危险性

电气设备是分析实验常用设备，不仅常用220V的低电压，而且还有上千伏的高压电，应避免触电事故或由于使用非防爆电器产生电火花引起的爆炸事故。

4. 机械伤害危险性

分析实验中离不开玻璃器皿、胶塞打孔、用玻璃管连接胶管等操作。常常会由于疏忽大意或思想不集中，造成皮肤与手指创伤、割伤等。

二、危险试剂的使用与保管

对于一些危险、剧毒的化学品应按国家公安部门的规定进行专项储藏和管理。药品储藏室应符合有关安全规定：具备防火、防雷、防爆、可调温、消除静电等安全措施；室内环境应干燥、洁净、通风良好；室内温度不能过高，温度最好在15～20℃，最高不超过28℃；室内保持一定的湿度，相对湿度最好保持在40%～70%；室内照明应是防爆型等。

① 容易侵蚀玻璃而影响纯度的试剂，如氢氟酸、含氟盐（氟化铵）、苛性碱（氢氧化钠、氢氧化钾）等，不能装在磨口的玻璃试剂瓶中，应保存在塑料瓶或者涂有石蜡的玻璃瓶中，并使用橡胶塞或者木塞。

② 对于见光会分解的试剂，如过氧化氢（双氧水）、硝酸银、高锰酸钾、草酸等，与空气接触易被氧化的试剂，如氧化亚锡、亚硫酸钠等，以及易挥发的试剂，如氨水、乙醇等，都应装入棕色瓶内并放置冷暗处。

③ 吸水性强的试剂，如无水碳酸盐、苛性钠等应严格密封（如蜡封）。

④ 相互容易发生作用的试剂，如挥发性的酸与氨、氧化剂与还原剂，应分开存放。

⑤ 易燃试剂如乙醚、苯、丙酮与易爆炸的试剂，如高氯酸、过氧化氢、硝基化合物，应分开储存在阴凉通风、不受阳光直接照射的地方。

⑥ 剧毒试剂（或有毒性），如氰化钾、氰化钠、氢氰酸、三氧化二砷（砒霜）等，应特别管理、专人保管，存、取应有一定的手续，如果实验需要，不论浓度大小，必须做到需要多少量配制多少，少量剩余的也应送还危险品毒物储藏室保留，或用适当的方法安全处理掉，以免发生意外事故。

⑦ 废弃试剂不能直接倒入下水道里，特别容易挥发、有毒的一些有机化学试剂更不允许直接倒入下水道中，应倒入专用的废液缸中，定期进行妥善处理。

⑧ 所有盛装试剂的瓶上都应贴有明显的标签，标明试剂的名称、浓度、配制日期，并贴在试剂瓶的中上部，绝对不能在试剂瓶中装入不是标签所标的试剂，避免造成差错。

三、防止化学灼伤、切割伤

1. 化学灼伤及预防措施

化学灼伤是由于操作者的皮肤触及腐蚀性化学试剂所致。这些试剂包括：强酸类，特别是氢氟酸及其盐类；强碱类，如碱金属的氢化物、浓氨水、氢氧化物等；氧化剂，如浓的过氧化氢、过硫酸盐等；某些单质，如溴、钾、钠等。

预防措施：取用危险药品及强酸、强碱和氨水时，必须戴橡皮手套和防护眼镜；酸类滴到身上，不论是哪一部位，都应立即用水冲洗；稀释硫酸时必须在烧杯等耐热容器中进行，应在不断搅拌下把浓硫酸加入水中。在溶解氢氧化钠、氢氧化钾等能产生大量热的物质时，也必须在耐热容器中进行。如需将浓硫酸与碱液中和，则必须先稀释，后中和。

2. 割伤的防护处理

① 安装可能发生破裂的玻璃仪器时，要用棉布包裹。

② 往玻璃管上套橡皮管时，最好用水或甘油润湿橡皮管的内口，一手戴线手套慢慢转动玻璃管，不能用力过猛。

③ 容器内装有 0.5L 以上溶液时，应手托瓶底移取。

四、火灾的预防与灭火方法

1. 实验室常见的易燃易爆物

① 易燃液体　如苯、甲苯、甲醇、乙醇、石油醚、丙酮等。

② 燃烧爆炸性固体　如钾、钠等轻金属。

③ 强氧化剂　硝酸铵、硝酸钾、高氯酸、过氧化钠、过氧化氢、过氧化二苯甲酰等。

④ 压缩气体　如氢气、氧气、乙炔等。

⑤ 可燃气体　一些可燃气体与空气或氧气混合，在一定条件下会发生爆炸。

2. 火灾的防护措施

（1）预防加热起火

① 各种加热装置及灼热的物品不能直接放置在实验台上，都应置于石棉板上。

② 倾注或使用易燃物时，附近不得有明火。

③ 在加热装置或其他热源附近禁止放置易燃物品。

④ 蒸发、蒸馏和回流易燃物时，不许用明火直接加热或用明火加热水浴，应根据沸点高低选择用水浴、沙浴或油浴等加热。

⑤ 在蒸发、蒸馏或加热易燃液体过程中，分析人员绝不能擅自离开。

⑥ 酒精灯、喷灯、电炉等加热器使用完毕后，应立即关闭。

⑦ 储存爆炸性物质不应用磨口塞的玻璃瓶，以免因摩擦引起爆炸。必须用软木塞或橡皮塞，并保持清洁。

⑧ 易燃物不慎倾倒在实验台或地面上时，必须做到：迅速断开附近的加热源；立即用抹布将易燃物吸干；室内立即通风、换气。

（2）预防化学反应热起火

① 实验前分析人员需了解其反应和所用化学试剂的特性，并准备相应的防护措施及发生事故的处理方法。

② 易燃易爆物的实验操作应在通风橱内进行，分析人员应戴橡皮手套、防护眼镜。

③ 及时处理残存的易燃易爆物品。

3. 实验室灭火

（1）灭火原则　移去或隔绝燃料的来源，隔绝空气和氧气，降低温度，对不同物质引起的火灾，采取不同的灭火方法。

（2）紧急灭火的措施

① 首先切断电源、熄灭所有加热设备，移去附近的可燃物。

② 关闭通风装置，设法隔绝空气，立即扑灭火焰，使温度下降到可燃物的着火点以下。

③ 火势较大时，可用灭火器扑救　常用的灭火器有四种。a. 二氧化碳灭火器：用以扑救电器、油类和酸类火灾，不能扑救钾、钠等物质的火灾，因为这些物质会与二氧化碳发生作用。b. 泡沫灭火器：适用于有机溶剂、油类着火，不易扑救电器火灾。c. 干粉灭火器：适用于扑灭油类、有机物、遇水燃烧物质的火灾。d. 四氯化碳灭火器：适用于扑灭油类、有机溶剂、精密仪器、文物档案等火灾。

4. 灭火注意事项

① 用水灭火注意事项：如金属钠、浓硫酸、五氧化二磷、过氧化物等能与水发生猛烈作用的物质起火，不能用水灭火，可用防火沙覆盖。比水轻且不溶于水的石油烃化合物和苯类等芳香族化合物失火燃烧，禁止用水扑灭。如醇类、醚类、酯类、酮类等溶于水或稍溶于水的易燃物与可燃液体失火时，可用雾状水、化学泡沫、皂化泡沫等灭火。不溶于水、密度大于水的易燃物与可燃液体等引起的火焰，可用水扑灭，因为水能浮在液面上将空气隔绝。禁止使用四氯化碳灭火器。

② 电气设备及电线着火时，首先用四氯化碳灭火剂灭火。电源切断后才能用水扑救。严禁在未切断电源之前用水或泡沫灭火器扑救。

③ 回流加热时，如因冷凝效果不好，易燃蒸气在冷凝器顶端着火，应先切断加热源，再行扑救。绝对不能用塞子或其他物品堵住冷凝管口。

④ 扑灭产生有毒蒸气的火情时，要特别注意防毒。

五、常见的化学毒物及中毒预防、急救

在实验室中引起的中毒现象有两种情况。一是急性中毒；二是慢性中毒，如经常接触某些有毒物质的蒸气。

1. 常见的化学毒物与中毒急救

（1）有毒气体　常见的有一氧化碳、氯气、硫化氢等。

急救措施：一旦发生中毒，立即将中毒者抬到空气新鲜处，注意保温，勿使其受冻；呼吸衰竭者立即进行人工呼吸，并给予氧气，立即送医院抢救。

（2）酸类　最常用的强酸有硫酸、盐酸、硝酸。受到酸蒸气刺激能引起急性炎症。

急救措施：皮肤受到强酸伤害时，应该立即用大量水冲洗，然后用2％的小苏打水溶液冲洗患部。

（3）碱类　最常用的强碱氢氧化钠、氢氧化钾的水溶液有强烈腐蚀性。

急救措施：皮肤受到强碱伤害时，迅速用大量水冲洗，然后用2％稀乙酸或2％硼酸冲洗患部。

（4）氰化物、砷化物、汞和汞盐　常用的氰化物有氰化钾和氰化钠，属于剧毒剂，吸入很少量也会造成严重中毒。

常用的砷化物有氧化砷、砷化氢，这些都属于剧毒物。

汞和汞盐常用的有汞、二氯化汞、氯化高汞，其中汞、二氯化汞毒性最大。

急救措施：发现中毒者应立即抬离现场，施以人工呼吸或给予氧气，立即送往医院。

（5）有机化合物　有机化合物的种类很多，几乎都有毒性，只是毒性大小不同。因此在使用时必须对其性质详细了解，根据不同情况采取安全防护措施。

急性中毒时应立即进行人工呼吸、吸氧、送往医院治疗。

2. 预防中毒措施

为了防止中毒意外的发生，一切实验室工作都应遵守规章制度，并注意以下事项。

① 进行有毒物质实验时要在通风橱内进行，并保持室内通风良好。

② 用嗅觉检查样品时，只能拂气入鼻、轻轻嗅闻，绝不能对着瓶口猛吸。

③ 室内有大量毒气存在时，分析人员应立即离开房间，只许佩戴防毒面具的人员进入室内，打开门窗通风换气。

④ 有机溶剂的蒸气多属于有毒物质。只要实验允许，应选用毒性较小的溶剂，如石油醚、丙酮、乙醚等。

⑤ 实验过程中如有感到头晕、无力、呼吸困难等症状，即表示有可能中毒，应立即离开实验室，必要时到医院进行治疗。

⑥ 尽量避免手与有毒试剂直接接触。实验后及进食前，必须用肥皂充分洗手。不要用热水洗涤。严禁在实验室内进食。

六、安全用电常识

在实验室中经常与电打交道，如果对电器设备的性能不了解，使用不当就会引起触电事故。因此，分析人员必须掌握一定的用电常识。

1. 安全电流和安全电压

(1) 安全电流 通过人体电流的大小对电击的后果起决定作用。一般交流电比直流电危险。通常把 10mA 的交流电流或 50mA 以下的直流电流看作是安全电流。

(2) 安全电压 触电后果的关键在电压，因此根据不同环境采用相应的"安全电压"，使触电时能自主地摆脱电源。安全电压的数值，国家标准中规定有 6V、12V、24V、36V、42V 五个等级。电气设备的安全电压超过 24V 时，必须采取防止直接接触带电体的保护措施。

2. 使用电气动力时，必须做到以下几点

① 保护接地是预防触电的可靠方法之一，就是采用保护性接地。其目的就是在电气设备漏电时，使其对地电压降到安全电压 24V 以下。

② 认真阅读电器设备的使用说明书及操作注意事项，并严格遵守。

③ 打开电源之前，检查设备的电源开关，设备各部分是否安装得当，使用的电源电压是否为安全电压。

④ 实验室内不得有裸露的电线头，不要用电线直接插入电源接通仪器，以免产生电火花引起爆炸和火灾等事故。

⑤ 电器设备发生过热现象，应立即停止运转，进行检修。

⑥ 仪器用完后要及时关掉电源，离开实验室或临时停电时，要关闭一切电气设备的电源开关。

3. 触电的急救

如果遇到触电事故时，必须立即拉闸断电，或用木棍将电源线拨离触电者。在脚底无绝缘体的情况下切记不要用手去拉触电者。触电者脱离电源后，应检查伤员呼吸和心跳情况，若停止呼吸，应立即进行人工呼吸。

复 习 题

1. 食品分析用水的制备方法有哪些？
2. 对食品分析用水有哪些要求？
3. 化学试剂是如何进行分类的？
4. 化学试剂在使用中应注意哪些问题？

5. 对于不同的实验仪器如何洗涤？

6. 分析天平有哪几种称量方法？使用中应遵照哪些规则？

7. 实验室常见的危险性来源于哪些方面？

8. 如何使用与保管好实验室的危险试剂？

9. 如何预防化学反应热起火？实验室灭火应注意的事项有哪些？

10. 实验室预防中毒及急救措施有哪些？

11. 实验室使用电气动力时，必须注意哪些方面？

第二章　食品分析的一般程序

食品分析需要依照一定的程序进行，理化分析一般在感官检验后。食品的理化分析是一个定性、定量检验过程，为了提高分析结果的准确度，要求整个分析操作过程必须严格按照一定的程序进行。即

样品的准备→样品的预处理→检验方法的选择与样品检验→检验结果的数据处理与报告

第一节　样品的准备

样品的准备包括样品的采集、样品的制备与保存等环节。

一、样品的采集

样品的采集就是从大量的分析对象中抽取一定量具有代表性样品的过程，简称采样。样品的采集是检验分析中的第一步，采取的样品必须代表全部被检测的物质，否则以后样品处理及检验、计算结果无论如何严格准确都没有任何价值。

（一）采样的原则和程序

1. 采样的原则

由于食品种类繁多，即使同一种类也品种不一，同时大多食品组成不均匀（如水果等）。要使采集的样品能够代表总体，在采样时必须遵从两个原则：一是采集的样品要均匀，有代表性，能反映全部被测食品的组成、质量和卫生状况；二是采样过程中要设法保持原有的理化指标，防止成分逸散或带入杂质。

2. 采样的程序

为了保证采集的样品能够代表待测食品的整体，在样品的采集过程中必须按照一定的程序完成。即

总体→检样→原始样品→平均样品→检验样品（复检样品、留样样品）

总体是指预备进行感官评价、理化或微生物检验与分析的整批食品。从总体获得检验样品，首先按照一定的原则从总体的各个部分分别采取少量样品，即得到多份检样；其次把采集的多份检样均匀地混合在一起，构成能代表总体的原始样品；最后原始样品经过制备，按一定方法和程序抽取一部分供检测、复检或留存的平均

样品。在平均样品中包含了用于一定项目检测使用的检验样品，用于对有争议的检测结果进行重新检验的复检样品和需封存保留一定时间、以备再次验证用的留存样品等。

（二）采样的方法和数量

采样的方法一般分为随机抽样和代表性采样两种。随机抽样是按照随机的原则，从大批食品中抽取部分样品，每个样品的每个部分都有被抽检的可能。代表性采样是根据样品随空间、时间和位置等变化规律，采集能代表其相应部分的组成和质量的样品，如分层采样、随生产过程的各个环节采样等。

由于食品种类、包装形式的多样化，要采集到具有代表性的样品，具体的采样方法应根据分析对象的不同而选择。

1. 散装样品的采集

（1）固体散堆食品　如粮食等。先将其划分不同的体积层，在每层的中心和四角部位取等量样品，然后按四分法进行操作，获取需要量的平均样品。

四分法是将从总体的各个部分分别采取的多份检样放于大塑料布中，提起四角摇荡，使其充分混匀，然后铺成均匀厚度的圆形或方形，划出两对角线，将样品分为四等份，取其对角两份，再铺平后再分，如此反复操作，至取得需要的平均样品量，四分法原理如图 2-1 所示。

（2）均匀固体大包装　如袋装粮食，应按不同批次分别采样，同一批次产品按式（2-1）确定采样件数。

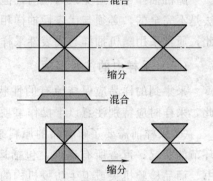

$$N=\sqrt{\frac{M}{2}} \qquad (2-1)$$

图 2-1　四分法原理图

式中　N——采样件数；

M——检验对象的件数。

然后从样品堆放的不同部位，按采样件数确定具体采样袋（桶、包），接下来使用采样管在每一包装的上、中、下三层取出三份检样；最后按"四分法"将原始样品缩减至平均样品。

（3）液体大包装或散装、较稠的半固体食品　由于很难混匀，可用采样器分别在上、中、下三层的中心和四角部位采样，然后置于同一容器内搅拌均匀即可。

2. 小包装食品

按照每生产班次或同一批号的产品连同包装随机抽样。采样数为 1/3000，尾数超过 1000 的加取 1 包，每天每个品种采样数不得少于 3 包。若小包装外还有大包装，先按式（2-1）确定应采集的大包装的数量，再从堆放的不同部位采集大包装，最后从大包装中随机抽取小包装缩分到需要量。

3. 不均匀的固体样品

采集样品时，根据分析的目的和要求不同，有时从样品的不同部位分别采样，经混合后代表整个分析对象；有时从多个同一样品的同一部位多次采样，经混合后代表某一部位的情况。

肉类中个体较大的应从整体的各部位采样（骨及毛发不包括在内）；鱼类中小鱼可取2～3尾，大鱼则分别从头、体、尾各部位分别取适当量，经混合后代表整个分析对象；蔬菜、水果中个体较小的，如葱、菠菜等可取整棵，直接捣碎后进行样品的采集；蔬菜、水果中个体较大的，如白菜、青菜等可从中心剖成2或4个对称部分，然后取其中1～2个对称部分，捣碎后进行样品的采集。

4. 互不相溶的液体的采样

对于互不相溶的液体应按照比例从不同组分中分别采样。

5. 生产过程中的采样

流水生产线上的采样点一般都设在作业线上的一定位置，如罐头生产线的封盖前点，从该位置取出流经此位置的一件或一定量的样品作为检样，然后将一定时间内（如一个班次）的检样混合，就形成原始样品。

随机抽样可以避免人为倾向，但是对不均匀的食品进行采样，仅采用随机抽样法是不完全的，必须与代表性抽样相结合，从具有代表性的各个部分分别采样。因此，通常采用随机抽样与代表性采样相结合的方式进行采样。

（三）采样中的注意事项

采集到的样品应保持原有的性状，在分析前不得受到任何外来因素影响。因此，采样时应特别注意以下操作事项。

① 采样前需要了解食品的原料来源、加工方法、运输和储存条件及销售中各环节的状况；审查所有证件，包括运货单、质量检验证明书、兽医卫生检验证明书、商品检验机关或卫生防疫机构的检验报告等。

② 小包装食品保持原完整包装，防止被检样品中水分和挥发性成分损失，同时避免被检样品吸收水分或有气味物质。

③ 盛放样品容器、工具应清洁，不得带入污染物或被检样品需要检测的成分。

④ 避免检前变化，为防止食品的酶活性改变、抑制微生物繁殖以及减少食物的成分氧化，样品一般应在避光、低温下储存、运输。

⑤ 作好采样记录，样品应贴上标签，标明样品的名称、规格、生产日期、班次、采样地点、采样日期、检验项目、采样人及样品编号等。

（四）采样实例

【实例一】 啤酒样品的采集

1. 清酒罐中啤酒的采样

先用洁净的抹布或滤纸棉花等擦拭采样开关或采样口及其连接的管道，并在采样时防止冷凝水掉入样品中；开启开关或阀门，放出少量清酒液（约 3～5 倍的样品体积），弃去，然后用一个清洁干燥的 1000mL 锥形瓶接取约 500mL 清酒液作为分析样品。

2. 瓶（听）装啤酒的采样

凡同原料、同配方、同工艺所生产的啤酒，经混合过滤，同一清酒罐、同一包装线当天包装出厂（或入库）的为一批。瓶（听）装啤酒从每批产品中随机抽取；箱装啤酒，先按式(2-1)确定应采取的箱数 N，再从堆积的不同部位采取 N 箱，然后分别从 N 箱中各随机抽取 1 瓶（听），作为该批产品的分析样品。

【实例二】　食用淀粉的采样

淀粉产品是固体粉末状物质，采样时先按式(2-1)确定应采取的包装数，再从每包产品的上、中、下三层的中心和边角部分分别采集样品，混匀后按四分法缩分到 500～1000g，装入洁净干燥的样品瓶或袋中，作为检验、复检和留存样品。

二、样品的制备

样品的制备是指对采集样品的分取、粉碎及混匀的过程。样品制备的目的在于保证样品十分均匀，满足在分析检验时，取任何部分都能代表全部被测食品的成分。根据被测物质的性质和检测要求，制备方法有以下几种。

1. 摇动或搅拌

摇动或搅拌主要适用于液体、浆体或悬浮液体样品的制备。常用的工具是玻璃棒、电动搅拌器、磁力搅拌器等。

2. 粉碎或研磨

粉碎或研磨主要适用于固体样品。粉碎用于水分含量较低样品的制备；研磨用于韧性较强样品的制备。常用的工具是粉碎机、研钵等。

3. 切细或捣碎

切细或捣碎主要适用于含水量较高的固体样品。目前一般都用高速组织捣碎机进行样品的制备。

另外，对于带核、带骨头的样品，在制备前应该先去核、去骨、去皮，然后选择适当的方法制备。

三、样品的保存

采集的样品，为了防止其水分或挥发性成分散失以及待测成分含量的变化，应在短时间内进行分析。否则应对样品妥善保存。

1. 保存容器

利用玻璃、塑料、金属等容器进行密闭保存，但要避免保存样品的容器与样品的主要成分发生化学反应。防止样品的失水或吸水，以及挥发性成分的散失。

2. 保存环境

样品应保存在清洁干燥环境中，并置于阴冷处，防止某些成分见光分解。例如维生素 B_1、黄曲霉毒素 B_1 等。

3. 保存温度

一般采用低温冷藏，样品的保存理想温度为 $0\sim5℃$。有的为了防止细菌污染，在不影响分析结果的前提下可加防腐剂，例如，牛奶中可加甲醛作为防腐剂，但量不能加得过多，一般是 $1\sim2g/100mL$ 牛奶。

第二节 样品的预处理

食品本身成分复杂而又相互结合，在对其中某一成分测定时，往往会受到其他成分的干扰，或者被测成分含量较低，为了保证分析工作的顺利进行，得到准确的分析结果，必须在测定前排除干扰组分，或对样品进行浓缩，这样的操作统称为样品的预处理。

样品的预处理是食品分析过程中的重要环节，在进行样品预处理时，要根据分析对象、分析项目选择适宜的方法。选择的原则是：排除干扰因素，完整地保留被测组分，并使被测组分浓缩，以获得满意的分析结果。常用下列几种方法。

一、有机物破坏法

有机物破坏法主要用于食品中矿物质元素的测定。通常采用高温或高温加强氧化剂的条件，使有机物质分解，呈气态逸散，而使被测组分保留下来。根据具体操作条件不同，又可分为干灰化法和湿消化法两大类。

1. 干灰化法

将一定量的样品置于坩埚中加热，小火使其中的有机物脱水、炭化、分解、氧化后，再置于 $500\sim600℃$ 的高温电炉中灼烧灰化，直至残灰为白色或浅灰色为止，所得的残渣即为无机成分。

干灰化法的优点体现在不加或加入很少的试剂，故空白值低；食品经灼烧后灰分的体积很小，能够处理较多的样品，达到富集被测组分、降低检测下限的目的；有机物分解彻底；操作简单，不需要操作者严密看管。但不足之处是所需灰化时间较长；因温度较高，易造成某些易挥发元素的损失；坩埚对被测组分有吸留作用，会降低测定结果和回收率。

除汞以外的大多数金属元素和部分非金属元素的测定均可用干灰化法处理样品。

2. 湿消化法

向样品中加入强氧化剂，并加热消化，使样品中的有机物完全分解、氧化，呈气态逸散，而待测成分转化为无机物状态存在于消化液中，供检验用。常用的强氧化剂有：浓硝酸、浓硫酸、高氯酸、高锰酸钾和过氧化氢等。

湿消化法的优点是：有机物分解速度快，所需时间短；由于加热温度较干灰化法低，故减少了金属因挥发的损失。不足之处在于消化过程中，易产生大量有害气体，因此操作过程需在通风橱内进行。消化初始，常产生大量泡沫，故需操作者严密看管；试剂用量较大，空白值偏高等。

现在，高压消解罐消化法得到广泛应用，样品和氧化剂密封在高压罐中加压、消化，得到的消化液可直接用于测定。这种消化技术克服了常压湿消化法的缺点，但要求密封程度高，且高压消化罐的使用寿命有限。

二、溶剂提取法

溶剂提取法是利用样品中各组分在某一溶剂中溶解度的差异，将各组分完全或部分分离的一种方法。常用于维生素、重金属、农药及黄曲霉毒素测定中样品的处理。

溶剂提取法分为浸提法和溶剂萃取法。

1. 浸提法

浸提法是用适当的溶剂将固体样品中某种待测成分浸提出来的方法，又称为液-固萃取法。

（1）提取剂的选择原则

① 相似相溶原理　极性弱的成分（如有机氯农药）用极性小的溶剂（如正己烷、石油醚）提取，极性强的成分（如黄曲霉毒素）用极性大的溶剂（如甲醇与水的混合溶液）提取。

② 提取剂的沸点应在 $45\sim80℃$　沸点太低易挥发，沸点太高不易浓缩，且热稳定性差的被提取成分容易损失。

③ 溶剂性质稳定　不能与样品发生作用。

（2）提取方法

① 振荡浸渍法　将样品切碎，放入适当的溶剂系统中浸渍、振荡一定时间，便可从样品中提取出被测成分。该法简便易行，但回收率较低。

② 捣碎法　将切碎的样品放入捣碎机中，加入适当的溶剂后捣碎一定时间，便可以提取出被测成分。该法回收率较高，但同时会溶出较多的干扰杂质。

③ 索氏提取法　将一定量的样品放入索氏提取器中，加入适当的溶剂后加热回流一定时间，便可以提取出被测成分。该法的溶剂用量少，回收率高。但操作较麻烦，需要专用的索氏提取器。

2. 溶剂萃取法

溶剂萃取法是利用某组分在两种互不相溶的溶剂中的分配系数不同，使其从一种溶剂中转移到另一种溶剂中，而与其他组分分离的方法。该法操作迅速，分离效果好，应用广泛，但萃取试剂通常易燃、易挥发，且有毒性。

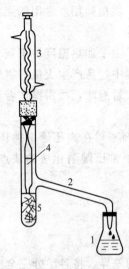

图 2-2　连续萃取
器结构图
1—三角瓶；2—导管；
3—冷凝器；4—中央
套管；5—液层

(1) 萃取溶剂的选择

① 萃取所用溶剂应与原溶剂互不相溶，且对被测组分有最大的溶解度，而对杂质有最小的溶解度，使得萃取后，被测组分进入萃取溶剂中，达到与留在原溶剂中的杂质分离的目的。

② 两种溶剂较容易分层，且不会产生泡沫。

(2) 萃取方法　萃取通常在分液漏斗中进行，一般需经 4～5 次萃取，才能达到完全分离的目的，当用比水轻的溶剂从水溶液中提取分配系数小或振荡后易乳化的物质时，采用连续液体萃取器比采用分液漏斗的效果好。连续萃取器的结构如图 2-2 所示。

三角瓶内的溶剂被加热，产生的蒸气经过导管上升，至冷凝器中被冷却，冷凝液而后滴入中央套管内，并沿中央套管下降，在下端形成小滴，使萃取的液层上升。萃取液回流至三角瓶后，溶剂再次汽化，这样连续反复萃取，可把被测组分全部萃取至烧瓶中。

三、蒸馏法

利用液体混合物中各组分的挥发度差异而进行分离的方法称为蒸馏法。该法具有分离和净化的双重效果，但仪器装置和操作较为复杂。

根据样品中待测成分的性质不同，可选用常压蒸馏、减压蒸馏、水蒸气蒸馏等方法。

当被蒸馏的物质受热后不发生分解或沸点不太高时，可在常压下进行蒸馏。热源应根据被蒸馏物质的沸点和特性，选择水浴、油浴或直接加热等方式，蒸馏装置见图 2-3。

若被蒸馏物质容易分解，或

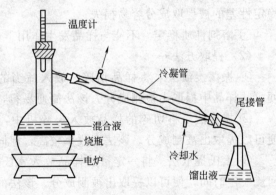

图 2-3　蒸馏装置

其沸点过高时，可以采用减压蒸馏。

若某些物质的沸点较高，直接加热蒸馏时，会出现因受热不均匀而导致局部炭化，或被测成分被加热到沸点时，可能发生分解，对于这些具有一定挥发度的被测组分的提取，可采用水蒸气蒸馏。

四、化学分离法

1. 磺化法和皂化法

磺化法和皂化法是处理含油脂类样品的常用方法，常用于农药和脂溶性维生素测定中样品的预处理。

① 磺化法是用浓硫酸处理样品提取液，浓硫酸使脂肪磺化，并与脂肪和色素中的不饱和键起加成反应，生成可溶于硫酸和水的强极性化合物，使之不再被弱极性的有机溶剂溶解，从而有效地除去脂肪、色素等干扰杂质，达到分离净化的目的。该法操作简单、迅速，净化效果好，但仅适用于对强酸稳定的被测组分的分离，如有机农药六六六的分离与净化。

② 皂化法是用热碱溶液处理样品提取液，利用氢氧化钾-乙醇溶液将脂肪等杂质皂化后除去，以达到净化的目的。此法仅适用于对碱稳定的被测组分的分离。如维生素 D 等提取液的净化。

2. 沉淀分离法

沉淀分离法是利用沉淀反应进行分离的方法，是通过在试样中加入适当的沉淀剂，使被测组分或干扰组分沉淀下来，经过过滤或离心分离将沉淀物与母液分开，从而达到分离目的。

3. 掩蔽法

掩蔽法是利用掩蔽剂与样品溶液中干扰成分的相互作用，使干扰成分转变为不干扰测定的状态，即干扰成分被掩蔽起来。常用于金属元素的测定。

4. 浓缩法

食品样品经提取、净化后，有时净化液的体积较大，在测定前需进行浓缩，以提高被测成分的浓度。常用的浓缩方法有常压浓缩法和减压浓缩法两种。

五、色谱分离法

色谱分离法是在某种载体上进行物质分离的一系列方法的总称。色谱分离法根据分离原理的不同，可分为吸附色谱分离法、分配色谱分离法和离子交换色谱分离法等。色谱分离法常用于分离较为复杂的样品。

随着现代科学技术和分析仪器技术的发展，样品预处理的方法也在不断丰富，如凝胶色谱、固相萃取、超临界萃取、加速溶剂提取等方法在食品分析中已有应用。

第三节　分析方法的选择

获取准确、可靠的食品检验数据是食品理化分析的目的。这不仅需要正确地采集样品，对采集的样品进行科学的制备和预处理，而且要选择合适的测定方法。在各种测定方法中，如何选择最合适的测定方法，需要综合考虑下面几个因素。

（1）分析结果应达到所要求的准确度和精密度　不同分析方法的灵敏度、选择性、准确度、精密度各不相同，首先要根据企业生产和科研工作对分析结果所要求的准确度和精密度来选择适当的分析方法。

（2）分析方法的繁简程度和速度　不同分析方法操作的复杂程度和所需时间及劳力各不相同。因此，应根据待测样品的数目和要求，以及取得分析结果的时间等来选择适当的分析方法。同一样品需要测定几种成分时，应尽可能选择能用同一份样品处理液同时测定几种成分的方法，以达到简便、快速的目的。

（3）样品的特性　由于各类样品中待测成分的状态和含量不同，也可能存在着干扰物质，被测成分提取的难易程度各不相同。这就要求根据样品的不同特征来选择制备待测溶液、消除干扰和检验某成分的适宜方法。

（4）考虑实验室条件　分析工作一般在实验室进行，各级实验室的设备条件和技术条件也不尽相同，因此，应根据自身具体条件来选择适当的分析方法。

（5）分析成本　在满足分析要求的准确度和精密度要求的前提下，通过选择简便、快捷的分析方法，有效地节约分析费用，降低检验成本，提高企业产品的竞争力。

利用所选择的适当方法，对采集样品经过预处理后应直接进行检测分析。

第四节　分析结果的处理与报告

在食品分析过程中，从分析数据的记录、结果计算到出具检测报告，都应注意有效数字的正确应用及误差的控制问题。除此之外，还必须对检测数据进行数理统计和分析，从而对检测对象做出客观的评价和报告。

一、检验数据记录与运算

1. 有效数字

为了得到准确的检验结果，不仅要准确地测量，而且还要正确地记录和运算。记录的数字不仅表示数量的大小，而且要正确地反映测量的准确程度。例如，用分析天平称得某样品的质量为 0.9866g，这一数值中，0.986 是准确的，最后一位数字"6"是可疑的，可能有±0.0001g 的误差，即样品的实际质量应在（0.9866±0.0001）g 范围内的某一数值。这种在分析工作中实际上能测量到的数字称为有效数字。

在记录与运算检验数据时，首先应确定有效数字的位数。如用分析天平称得一样品的质量为 0.0678g，此数据具有三位有效数字。数字前面的"0"只起定位作用，不是有效数字。又如某氢氧化钠溶液的浓度为 0.9600mol/L，后面的两个"0"表示该溶液的浓度准确到小数点后第三位，而第四位可能有±1 的误差，所以这两个"0"是有效数字，数据 0.9600 具有四位有效数字。

2. 检验数据记录与运算规则

① 检验数据记录时，除有特殊规定外，一般可疑数字为最后一位，有±1 个单位的误差。

② 加减法计算的结果，其小数点以后保留的位数，应和参与运算各数中小数点后位数最少（绝对误差最大者）的相同。

例如：0.0326，25.66，1.06786 三数相加。

其中，25.66 小数点后第二位已是可疑数字，即从第二位开始即使与准确的有效数字相加，得出的数字也不会准确，因此，在计算前应以 25.66 为依据，将其他数据按四舍五入原则取到小数点后第二位，然后相加。即

$$0.03 + 25.66 + 1.07 = 26.76$$

③ 乘除法计算的结果，其有效数字保留的位数，应和参与运算各数中有效数字位数最少者（相对误差最大者）相同。

例如：

$$X = \frac{0.0626 \times 56.56 \times 6.678}{131.9} = 0.179$$

各数的相对误差分别为：

$$0.0626 \text{——} \frac{\pm 0.0001}{0.0626} \times 100\% = \pm 0.2\%;$$

$$6.678\text{——}\pm 0.02\%; \quad 56.56\text{——}\pm 0.02\%; \quad 131.9\text{——}\pm 0.09\%$$

可见，四个数中相对误差最大、准确度最差的是 0.0626，是三位有效数字，因此计算结果也应取三位有效数字 0.179。如果把计算得到的 0.179261 作为答案就错了，因为 0.179261 的相对误差为±0.00006%，而在测量中没有达到如此高的准确度。

④ 复杂运算时，中间过程多保留一位有效数字，最后结果保留应有的位数。

二、检验结果的表示

（1）百分数　一般保留到小数点后第二位或两位有效数字。

（2）误差　一般保留一位，最多保留两位。

（3）检验结果单位表示

① 毫克百分含量　mg/100g 或 mg/100mL；

② 百分含量（%）　g/100g 或 g/100L；

③ 千分含量（‰）　g/kg 或 g/L；

④ 百万分含量　mg/kg 或 mg/L；

⑤ 十亿分含量　$\mu g/kg$ 或 $\mu g/L$。

三、检验结果的误差

1. 误差的来源

所谓误差是指测量值与真实值之差。根据其来源，误差通常分为两类，即系统误差与偶然误差。

（1）系统误差　系统误差是由固定原因所造成的误差，在测定过程中按一定的规律性重复出现，一般有一定的方向性，即测量值总是偏高或总是偏低。这种误差的大小是可测的，所以又称"可测误差"。

系统误差主要来源于仪器误差、试剂误差、方法误差和主观误差。

（2）偶然误差　偶然误差是由于一些偶然的外因所引起的误差，产生的原因往往是不固定的、未知的，且大小不一，或正或负，其大小是不可测的，所以又称"不可测误差"。

偶然误差往往来源于检验过程中某些偶然的、暂时不能控制的微小因素，如温度、气压、电压等的变化及仪器的故障等。

（3）过失误差　又称为粗差。它是检验过程中由于检验人员操作缺乏训练或粗心大意，从而测错、读错或记错实验数据，或是没有按规定的操作条件而匆忙进行实验所造成的误差。过失误差可认为是明显歪曲测定结果的误差。这类误差的测定值称为坏值或异常值，应予剔除。

2. 有效消除误差的方法

为了获得准确可靠的实验数据，必须提高分析检验方法的准确度和精密度，这就需要消除或减少分析检验过程中的系统误差和偶然误差。一般要求分析检验人员能够独自完成以下几项工作。

（1）对各种试剂、仪器进行定期校正　各种标准试剂应按规定定期标定，以保证试剂的质量或浓度。各种仪器应按规定定期送技术监督部门鉴定，确保仪器的灵敏度和准确度。

（2）增加测量次数　一般来说，检验次数越多，则平均值越接近真实值，检验结果也越可靠。

（3）做空白实验　空白实验是指除用水代替样品外，其他所加试剂和操作步骤完全与样品测定相同的实验。空白实验的目的，就是在测定值中扣除空白值（测定值-空白值），可以抵消许多不明因素的影响。要求空白实验应与样品测定同时进行。

（4）做对照实验 在检验样品的同时，以标准样品作为对照平行实验，也可以抵消许多不明因素的干扰。

（5）做回收实验 在样品中加入标准物质，测定其回收率，可以验证方法的准确程度和样品所引起的干扰误差。

（6）正确选取样品量 样品中某物质含量的多少，决定其称取的样品量。只有正确选用样品量，才能在检验分析中得到准确结果。例如，在比色分析中，样品中某物质含量与吸光度在某一范围内呈直线关系，因此样品量的高低直接影响其准确性。

（7）标准曲线的回归 标准曲线常用于确定未知浓度，其基本原理是测量值与浓度成比例。在用比色、荧光、分光光度计分析时，常常需要制备一标准溶液系列，例如，在721分光光度计上测出吸光度，根据标准系列的浓度和吸光度绘出标准曲线，理论上标准曲线应该是一条通过原点的直线，但是，实际中绘制标准曲线时各点往往不在一条直线上，对于这种情况可用回归法求出该线的方程，就能最合适的代表此标准曲线。

（8）避免过失误差 加强检验人员的责任心，建立健全必要的规章制度，培训技术人员使之具备检验人员应有的科学态度和良好的工作作风，杜绝过失所致的粗差。

四、检验结果与检验方法的评价和校正

在评价一个检验方法或检验结果可靠性时，通常用精密度、准确度、灵敏度等指标来进行衡量。

1. 精密度

精密度是用来表示在相同条件下进行多次测定，其结果相互接近的程度。它代表着检验方法的稳定性和重现性。

精密度一般用偏差来表示，偏差是指某次测定结果与多次测定结果的平均值之间的差异，分为绝对偏差、相对偏差、算术平均偏差和标准偏差。

$$绝对偏差 = X - \overline{X} \tag{2-2}$$

$$相对偏差 = \frac{|X - \overline{X}|}{\overline{X}} \times 100\% \tag{2-3}$$

算术平均偏差为 d：

$$d = \frac{|d_1| + |d_2| + |d_3| + \cdots + |d_n|}{n} \tag{2-4}$$

标准偏差为 S（或 σ）：

$$S = \sqrt{\frac{\sum_{i=1}^{n} (X_i - \overline{X})^2}{n-1}} \tag{2-5}$$

对于某次测定项目的一组数据，根据标准偏差可以了解可靠的测定结果的范围应在允许的合理误差范围内。即

$$测定结果 \in \overline{X} \pm 2S \tag{2-6}$$

式中　　　　　　$\overline{X}$——多次测定的算术平均值；

X——测定值；

$d_1, d_2, d_3, \cdots, d_n$——1，2，3，…，$n$ 次测定的绝对偏差；

X_i——各次测定值（$i=1, 2, 3, \cdots, n$）。

2. 准确度

准确度是指测定值与实际值相符合的程度，用来反映结果的真实性。准确度是反映检验系统中存在的系统误差和偶然误差的综合性指标。

常用误差来表示，即

$$绝对误差 = \overline{X} - X_T \tag{2-7}$$

$$相对误差 = \frac{\overline{X} - X_T}{X_T} \tag{2-8}$$

式中　$\overline{X}$——多次测定的算术平均值；

X_T——真实值。

对于某一未知样品的测定，实际上真实值是不可能知道的，通常可以通过回收率的测定来判断。

3. 回收率

回收率是用于评价检验方法测定结果准确度而广泛应用的方法。

在回收试验中，加入已知量的标准物的样品，称为加标样品；未加标准物的样品称为未知样品。在相同条件下用同种方法对加标样品和未知样品进行预处理和测定，按式(2-9)计算加入标准物质的回收率。

$$P = \frac{x_1 - x_0}{m} \times 100\% \tag{2-9}$$

式中　P——加入标准物质的回收率，%；

m——加入标准物质的质量，mg 或 g；

x_1——加入标准物质样品的测定值，mg 或 g；

x_0——未知样品的测定值，mg 或 g。

【例 2-1】　测定饮料中维生素 D 的含量，准确称取等量的饮料样品，分别进行多次测定，得饮料中维生素 D 的含量为 2.16mg/100g。在饮料样品中加入标准物质维生素 D5.00mg，测得维生素 D 的含量为 7.13mg/100g。计算该测定的回收率与饮料中维生素 D 的含量。

解：该测定的回收率为

$$P = \frac{7.13 - 2.16}{5.00} \times 100\% = 99\%$$

对测定值加以校正，以消除系统误差，测定结果经校正，应为

$$X = 2.16 \div 99\% = 2.18 \text{ (mg/100g)}$$

即饮料中维生素 D 的含量应为 2.18mg/100g。

4. 灵敏度

灵敏度是指检验方法和仪器能测到的最低限度，一般用最小检出量或最低浓度来表示，也是选择检验方法考虑的指标之一。

五、可疑数据的取舍

在检验分析工作中，检验结果的处理首先要对数据加以整理，凡是由于明显、充分的原因而与其他测定结果相差较大的数据，即可疑数据，均应予以剔除。对于那些相差不大，又无充分根据，但精密度不高的数据，不可只追求实验结果的一致性而随便舍弃，而应按照误差理论来决定取舍。

可疑数据取舍的方法有多种，这里仅对 Q 检验法作一介绍。

1. 置信度与置信区间

在一组多次测定数据中，各个测定值将随机地分布在其平均值 $\overline{X}$ 两边，若以测定值的大小为横坐标，以其相应的重现次数为纵坐标作图，可得到一个正态分布曲线，如图 2-4 所示，曲线与横坐标从 $-\infty \sim +\infty$ 之间所包围的面积，代表了具有各种大小误差的测定值出现的概率的总和，设为 100%。由图可见：一组多次测定数据中，偏离平均值越大，出现的概率越小。假如单次测定值出现在 $\overline{X} \pm 2S$ 这个区间范围内的概率为 99%，这个概率称为置信度，而测定值所处的 $\overline{X} \pm 2S$ 区间称为置信区间。相反，单次测定值出现在小于 $\overline{X} - 2S$ 或大于 $\overline{X} + 2S$ 区间的概率为 1%，1% 称为显著性水平。2S 称为允许合理误差范围，也称临界值。

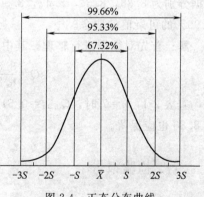

图 2-4　正态分布曲线

2. Q 检验法

当测定次数 $n=3\sim10$ 时，根据所要求的置信度，按以下步骤检验可疑数据是否弃去：

① 将各数据按递增顺序排列；

② 求出最大与最小数据之差 X_n-X_1；

③ 求出可疑数据与最邻近数据之差 X_n-X_{n-1} 或 X_2-X_1。

④ 求出 $Q=\dfrac{X_n-X_{n-1}}{X_n-X_1}$ 或 $Q=\dfrac{X_2-X_1}{X_n-X_1}$；

⑤ 根据测定次数 n 和要求的置信度（如 96%），查表 2-1 得 $Q_{0.96}$；

⑥ 比较 Q 与 $Q_{0.96}$，若 $Q\geqslant Q_{0.96}$，则弃去可疑值；若 $Q\leqslant Q_{0.96}$，则予以保留。

表 2-1　不同置信度下弃去可疑数据的 Q 值

测定次数	置信度		
	0.90%（$Q_{0.90}$）	0.96%（$Q_{0.96}$）	0.99%（$Q_{0.99}$）
3	0.94	0.98	0.99
4	0.76	0.85	0.93
5	0.64	0.73	0.82
6	0.56	0.64	0.74
7	0.51	0.59	0.68
8	0.47	0.54	0.63
9	0.44	0.51	0.60
10	0.41	0.48	0.57

【例 2-2】 检验一食品中脂肪的含量，进行 7 次平行测定，经校正系统误差后数据分别为 8.38，8.54，8.47，8.50，8.62，8.58，8.80，求置信度分别为 90% 和 99% 的可疑值的取舍。

解：首先对数据进行整理。其中 8.80 为可疑值，按 Q 检验法决定取舍，则

$$Q=\frac{8.80-8.62}{8.80-8.38}=0.43$$

查表 2-1，$n=7$ 时，$Q_{0.90}=0.51$，所以 8.80 应保留；同样，$Q_{0.99}=0.68$，所以 8.80 也应保留。

六．检验报告

食品分析检验的结果，最后必须以检验报告的形式表达出来，检验报告单必须列出各个项目的测定结果，并与相应的质量标准相对照比较，从而对产品作出合格或不合格的判断。报告单的填写需认真负责、实事求是、一丝不苟、准确无误，按照有关标准进行公正的仲裁。检验报告的形式见表 2-2。

表 2-2 食品检验报告单

报告日期： 年 月 日

样品名称		检验目的	
样品规格		受检单位	
样品批号		生产厂家	
样品数量		收检日期	
样品包装		检验日期	
样品来源		检验依据	

检验项目及结果：

项目名称　　　检验结果　　　结果单位　　　标准范围　　　结果说明

评价意见：

检验员：　　　　　　　　　　　　审核员：

复 习 题

1. 食品分析的一般程序包括几个步骤？

2. 为下列食品选择适当的样品采集方法：800 袋面粉、一车大豆、一亩白菜、一桶花生油、100 箱酱油。

3. 样品的预处理的目的是什么？预处理的方法有哪些？

4. 样品的制备指的是什么？其目的是什么？

5. 有效消除误差的方法有哪些？

6. 如何做到正确采样？

7. 为什么要对样品进行预处理？选择预处理方法的原则是什么？

8. 如何消除系统误差？

9. 色谱分离根据分离原理的不同，有哪些分离方法？

10. 某化验员对面粉的灰分进行 5 次测定，要求置信度 99%，其数值分别为：0.72%，0.73%，0.75%，0.52%，0.78%，请问他报告的测定结果应为多少？

第三章　食品的物理检验法

物理检验法是根据食品的相对密度、折射率、旋光度等物理常数与食品的组分及含量之间的关系进行检验的方法。物理检验法是食品工业生产中常用的检验方法。

第一节　密度检验法

一、密度与相对密度

密度是指在一定温度下，单位体积物质的质量，用符号 ρ 表示，单位为 g/cm^3。一般情况下，物质都具有热胀冷缩的性质，所以，密度值会随着温度的改变而改变，故密度应标出测定时物质的温度，如 ρ_t。

相对密度是指一定温度下，物质的质量与同体积水的质量之比，用 $d_{t_2}^{t_1}$ 表示。其中右上角 t_1 表示被测物的温度，右下角 t_2 表示水的温度。液体的相对密度指液体在 20℃ 的质量与同体积的水在 4℃ 时的质量之比，以符号 d_4^{20} 表示。

$$d_4^{20} = \frac{20℃物质的质量}{4℃同体积水的质量} \tag{3-1}$$

表 3-1　水的密度与温度的关系

$t/℃$	$\rho/(g/cm^3)$	$t/℃$	$\rho/(g/cm^3)$	$t/℃$	$\rho/(g/cm^3)$	$t/℃$	$\rho/(g/cm^3)$
0	0.999868	9	0.999808	18	0.998622	27	0.996539
1	0.999927	10	0.999727	19	0.998432	28	0.996259
2	0.999968	11	0.999623	20	0.998230	29	0.995971
3	0.999992	12	0.999525	21	0.998019	30	0.995673
4	1.000000	13	0.999404	22	0.997797	31	0.995367
5	0.999992	14	0.999271	23	0.997565	32	0.995052
6	0.999968	15	0.999126	24	0.997323		
7	0.999929	16	0.998970	25	0.997071		
8	0.999876	17	0.99880L	26	0.996810		

一般在各种手册上记载的相对密度多为 d_4^{20}，但用密度计或密度瓶测定溶液的相对密度时，用测定溶液对同温度同体积的水的质量相对方便。如在常温下，用

d_{20}^{20}表示液体在 20℃时对水在 20℃时的相对密度。为了便于比较相对密度，必须将测得的 $d_{t_2}^{t_1}$ 换算成 d_4^{20}，应按式(3-2) 进行换算。

$$d_4^{20} = d_{t_2}^{t_1} \rho_t \tag{3-2}$$

式中 ρ_t——温度 t℃时水的密度（参见表 3-1），g/cm³。

二、液态食品的组成及其浓度与相对密度的关系

相对密度是物质重要的物理常数。各种液态食品都具有一定的相对密度，当其组成成分或浓度发生变化时，其相对密度往往也随之变化。通过测定液态食品的相对密度，可以检验食品的纯度、浓度及判断食品的质量。

液态食品当其水分被完全蒸发干燥至恒重时，所得到的剩余物称为干物质或固形物。液态食品的相对密度与其固形物含量具有一定的数学关系，故测定液态食品相对密度即可求出其固形物含量。

例如，牛乳的相对密度与其总乳固体含量、脂肪含量有关。脱脂后的牛乳的相对密度要比生牛乳高，掺水乳相对密度则比生牛乳低，故可根据测定的牛乳的相对密度大小，来检查牛乳是否脱脂，是否掺水。同理，从酒精溶液的相对密度可查出酒精的体积分数。

由此可见，测定食品的相对密度是食品分析中一种常用的、简便的检验方法。

三、液体食品密度的测定方法及应用

测定液体食品密度的方法主要有密度瓶法、密度计法、密度天平法等，最常用的是密度瓶法、密度计法。

（一）密度瓶法

1. 仪器

密度瓶是测定液体相对密度的专用精密仪器，它是容积固定的玻璃称量瓶，其种类和规格有多种。常用的有带温度计的精密密度瓶和带毛细管的普通密度瓶（如图 3-1）。容积有 20mL，25mL，50mL，100mL 四种规格，但常用的是 20mL 和 50mL 两种。

2. 原理

密度瓶具有一定的容积，在一定温度下，用同一密度瓶分别称取

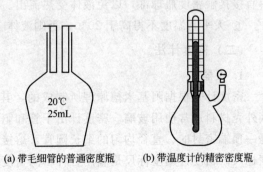

(a) 带毛细管的普通密度瓶　　(b) 带温度计的精密密度瓶

图 3-1　密度瓶

等体积的样品溶液与蒸馏水的质量,从两者的质量比即可求出该样品溶液的相对密度。

3. 测定方法

① 把密度瓶清洗干净,再依次用乙醇、乙醚洗涤,烘干并冷却后,精确称量。

② 装满样品溶液,盖上瓶盖,置 20℃ 水浴中浸泡 30min,使内部液体的温度达到 20℃,用滤纸条吸去支管标线上的样品溶液,盖上侧管帽后取出。用滤纸把瓶体擦干,置天平室内 30min 后称量。

③ 将样品溶液倾出,洗净密度瓶,装入煮沸 30min 并冷却到 20℃ 以下的蒸馏水,按上法操作。测出同体积 20℃ 蒸馏水与密度瓶的质量。

4. 计算

① 把测得 20℃ 时同体积被测液体和水的质量利用式(3-3)求得 d_{20}^{20}。

$$d_{20}^{20} = \frac{m_1 - m_0}{m_2 - m_0} \tag{3-3}$$

② 利用式(3-4)把 d_{20}^{20} 换算成 d_4^{20}。

$$d_4^{20} = d_{20}^{20} \times 0.99823 \tag{3-4}$$

式中　m_0——空密度瓶质量,g;

　　　m_1——空密度瓶与样品溶液的质量,g;

　　　m_2——空密度瓶与蒸馏水质量,g;

　0.99823——20℃ 时水的密度。

5. 说明

① 本法适用于测定各种液体食品的相对密度,特别适合于样品量较少的场合,对挥发性样品也适用,结果准确,但操作较繁琐。

② 测定较黏稠液体时,最好使用具有毛细管的密度瓶。

③ 水及样品溶液必须装满密度瓶,瓶内不得有气泡。

④ 水浴中的水必须清洁无油污,防止瓶外壁被污染。

⑤ 已达恒温的密度瓶拿取时,应戴隔热手套取拿瓶颈或用工具夹取。不得用手直接接触密度瓶球部,以免液体受热流出。

⑥ 天平室温度不得高于 20℃,否则液体会膨胀流出。

（二）密度计法

1. 仪器

密度计是根据阿基米德原理所制成的,其种类很多,但结构及形式基本相同,其外壳材料通常使用玻璃。密度计由干管和躯体两部分组成,如图 3-2 所示。干管是一顶端密封的、直径均匀的细长圆管,熔接于躯体的上部,内壁粘贴有固定的刻度标尺。密度计刻度标尺是利用各种不同密度的液体进行标定,制成不同标度的密度计。躯体是仪器的主体,为一直径较粗的圆管,为避免底部附着气泡,底部呈圆锥形或半球状。底部填有适当质量的压载物（如铅珠、汞或其他重金属等），使其能垂直稳定地漂浮在液体中。某些密度计还附有温度计。食品工业中常用的密度计主要有普通密度计、糖锤度计、波美计、乳稠计等。

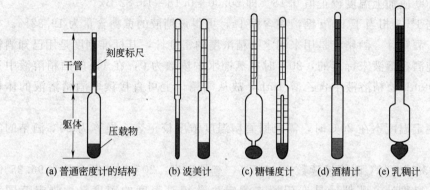

图 3-2　常用的密度计

（1）普通密度计　普通密度计上的刻度标尺直接标出的是相对密度值。相对密度值是以 20℃ 为标准温度，以纯水为 1.000。普通密度计主要有重表与轻表两种。重表刻度是在 1.000～2.000 之间，用于测量密度比水大的液体；轻表刻度是在 0.700～1.000 之间，用于测量密度比水小的液体。

（2）波美计　波美计的刻度符号用 °Bé 表示，用来测定溶液中溶质的质量分数。1°Bé 表示质量分数为 1%。其刻度方法以 20℃ 为标准，蒸馏水中刻度为 0°Bé，在 20% 食盐溶液中为 20°Bé，在纯硫酸（相对密度 1.8427）中其刻度为 66°Bé。波美计分为轻表和重表两种，轻表用以测定相对密度小于 1 的溶液；重表用以测定相对密度大于 1 的溶液。波美度与溶液相对密度的换算按式(3-5) 和式(3-6) 进行。

轻表：　　　$°Bé = \dfrac{145}{d_{20}^{20}} - 145$　　　或　　　$d_{20}^{20} = \dfrac{145}{145 + °Bé}$　　　(3-5)

重表：　　　$°Bé = 145 - \dfrac{145}{d_{20}^{20}}$　　　或　　　$d_{20}^{20} = \dfrac{145}{145 - °Bé}$　　　(3-6)

（3）糖锤度计　糖锤度计是专门用于测定糖液浓度的密度计，以 °Bx 表示。其刻度是用已知浓度的纯蔗糖溶液标定的。温度以 20℃ 为标准，在蒸馏水中为 0°Bx，在 1% 的蔗糖溶液中为 1°Bx，即 100g 糖液中含糖 1g。常用的锤度读数范围有：0～6°Bx、5～11°Bx、10～16°Bx、15～21°Bx、20～26°Bx 等。

当测定温度不在 20℃ 时，必须进行校正。当温度高于标准温度时，糖液体积增大，使相对密度减少，即锤度降低，故必须加上相应的温度校正值（查附录1）；相反，当温度低于标准温度时，相对密度增大，即锤度升高，故必须减去相应的温度校正值。

【例 3-1】　用糖锤度计测得一糖液在 17℃ 时的锤度为 20.00°Bx，那么该糖液的蔗糖含量是多少？

解： 由于测定温度不是 20℃ 时，因此观察锤度 20.00 必须进行校正。由附录 1 查得 17℃ 时温度校正值 0.18。

因 17℃＜20℃，测定温度低于标准温度，相对密度减少，锤度降低，故观察锤度 20.00 应加上温度校正值 0.18。即 20.00＋0.18＝19.82°Bx。

根据 1°Bx 相当于 100g 糖液中含糖 1g，可得该糖液的蔗糖含量为 19.82%。

（4）酒精计　酒精计是用来测定酒精浓度的密度计，其标准刻度是用已知酒精浓度的纯酒精溶液来标定的，20℃ 时在蒸馏水中读数为 0，在 1% 的酒精溶液中为 1，即 100mL 酒精溶液中含乙醇 1mL，故从酒精计上可直接读取酒精溶液的体积分数。

当测定温度不在 20℃ 时，需根据酒精温度浓度校正表，换算为 20℃ 酒精的实际浓度。

【例 3-2】　25℃ 时直接读数为 96.5%，查校正表：20℃ 时实际含量为 96.35%。

（5）乳稠计　乳稠计是专门用来测定牛乳相对密度的密度计，测定范围为 1.015～1.045，刻有 15～45 的刻度，以度表示，若刻度为 30，即相当于相对密度 1.030。乳稠计通常有两种：一种是 15℃/15℃，另一种是 20℃/4℃。这两种乳稠计，前者的读数是后者读数加 0.002，即

$$d_{15}^{15} = d_4^{20} + 0.002 \tag{3-7}$$

正常牛奶的相对密度 $d_4^{20} = 1.030$，而 $d_{15}^{15} = 1.032$。

牛乳的相对密度随温度变化而变化，在 10～25℃ 范围内，若乳温高于标准温度 20℃ 时，则每升高 1℃ 需加上 0.2 度；反之，若乳温低于标准温度 20℃ 时，则每降低 1℃ 需减去 0.2 度。

【例 3-3】　16℃ 时 20℃/4℃ 乳稠计读数为 30 度，换算为 20℃ 应为：

$$30 - (20 - 16) \times 0.2 = 30 - 0.8 = 29.2$$

即牛乳相对密度 $d_4^{20} = 1.0292$

而 $d_{15}^{15} = 1.0292 + 0.002 = 1.0312$

【例 3-4】　25℃ 时 20℃/4℃ 乳稠计读数为 29.8，换算为 20℃ 应为

$$29.8 + (25 - 20) \times 0.2 = 29.8 + 1.0 = 30.8$$

即牛乳相对密度 $d_4^{20} = 1.0308$

而 $d_{15}^{15} = 1.0308 + 0.002 = 1.0328$

若用 15℃/15℃ 乳稠计，其温度校正值可查附录 2 牛乳相对密度换算表。

2. 密度计的使用方法

先用混合均匀的样品溶液润洗适当容积的量筒，再将被测样品溶液沿筒壁缓缓注入量筒中，注意避免起泡沫。将密度计洗净擦干，缓缓放入样品溶液中，待其静止后，再轻轻按下少许，然后待其自然上升，静止并无气泡冒出后，从水平位置读取与液平面相交处的刻度值。同时用温度计测量样品溶液的温度，如测得温度不是标准温度，应对测得值加以校正。

3. 使用密度计时注意的问题

① 密度计法是测定液体相对密度最简便、快捷的方法，但准确度比密度瓶法低。

② 正确选择密度计，若选择不当，不仅无法读数，且有可能使密度计碰撞而损坏。

③ 待测溶液要注满量筒，以方便液面观察。

④ 量筒应与桌面垂直，使密度计不触及量筒内壁。

⑤ 读数要在待测溶液气泡上升完毕，温度一致之后。读数时视线应保持水平。

⑥ 测定溶液的温度，进行温度校正。

四、液体食品密度检验的应用

[实例一] 用密度瓶测定啤酒的密度

1. 仪器

全玻璃蒸馏器：500mL；高精度恒温水浴锅；附温度计密度瓶：25mL。

2. 操作步骤

（1）制备啤酒样品 用反复注流等方式除去啤酒中的二氧化碳。

（2）测定

① 密度瓶的准备 将密度瓶洗净、干燥、称量，反复操作，直至恒重。

② 密度瓶和蒸馏水质量的测定 将煮沸冷却至 15℃ 的蒸馏水注满恒重的密度瓶，插上带温度计的瓶塞（瓶中应无气泡），立即浸于 （20.0±0.1）℃ 的高精度恒温水浴中，待内容物温度达 20℃，并保持 30min 不变后取出。用滤纸吸去溢出支管的水，立即盖好小帽，擦干后，称量。

③ 密度瓶和样品质量的测定 将水倒去，用样品反复冲洗密度瓶三次，然后装满制备的样品，按②同样操作。

3. 计算

由式（3-3）计算出 20℃ 下啤酒的相对密度。

[实例二] 用密度计测定蔗糖溶液的浓度

1. 仪器

糖锤度计；250mL 量筒。

2. 操作步骤

① 先用自来水和蒸馏水冲洗量筒，而后用样品冲洗量筒内壁 2～3 次，弃去。

② 量筒盛满样品溶液，静置至气泡溢出，泡沫上浮至液面，将泡沫除去。

③ 把锤度计擦干后用样品溶液冲洗，然后徐徐插入量筒中，正确读数并记录。

④ 用温度计测量样品溶液的温度。

⑤ 由附录 1 查得温度校正值。

3. 计算

按照 ［例 3-1］ 计算出校正锤度，即蔗糖溶液的浓度。

第二节　折射率检验法

折光法是通过测量物质的折射率来鉴别物质的组成，确定物质的纯度、浓度及判断物质品质的分析方法。

一、折射率

折射率是物质的一种物理性质。它是食品生产中常用的工艺控制指标。光线从一种透明介质进入另一种透明介质时就会产生折射现象。通常在测定折射率时，都是以空气作为对比标准的，即光线在空气中的速率与在这种物质中的行进速率的比值称为相对折射率，简称折射率，用 n 表示。它的右上角注出的数字表示测定时的温度，右下角字母代表入射光的波长。例如，水的折射率 $n_D^{20} = 1.3330$ 表示在 20℃ 时用钠光灯 D 线照射所测得的水的折射率。

二、食品的组成及其浓度与折射率的关系

每一种均一物质都有其固有的折射率，对于同一物质的溶液来说，其折射率的大小与其浓度成正比，因此，测定物质的折射率就可以判断物质的纯度及其浓度。由于折射率不受溶液黏度和表面张力的影响，所以折光法测得的物质含量较为准确。

例如，各种油脂都是由一定的脂肪酸构成的，每种脂肪酸又有其特征折射率，故不同的油脂其折射率是不同的。当油脂酸度增高时，其折射率将降低；当油脂的相对密度增大时，其折射率也增大。故测定油脂的折射率可鉴别其组成及品质。

三、常用的折光计

折光计是用于测定折射率的仪器，一般刻有折射率读数，有的直接刻有糖溶液质量分数。食品工业中常用的折光计有手提式折光计和阿贝折光计。

1. 手提式折光计（糖量计）

（1）结构　手提式折光计主要由目镜（OK）、折光棱镜（P）和盖板（D）三部分组成。结构见图 3-3。

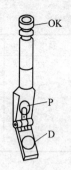

图 3-3 手提式折光计

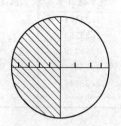

图 3-4 折光计视野

（2）使用方法 使用时，先打开棱镜盖板 D，用擦镜纸将折光棱镜 P 擦净，取一滴待测糖液置于棱镜 P 上，使溶液均匀涂布在棱镜表面，合上盖板 D，将光窗对准光源，调节目镜视度圈 OK，使视场内划线清晰可见（如图 3-4），视场中明暗分界线相应读数即为溶液糖量百分数。

手提式折光计的测定范围通常为 0～90％，其刻度标准温度为 20℃，若测量时在非标准温度下，则需查附录 3 进行温度校正。

2. 阿贝折光计

（1）阿贝折光计的构造 阿贝折光计的构造如图 3-5 所示，其光学系统由两部分组成，即观察系统和读数系统。

（2）阿贝折光计的校正 阿贝折光计的低刻度值部分可用蒸馏水在标准温度（20℃）下校准，测得折射率为 1.33299。若温度不在 20℃，则根据表 3-2 蒸馏水的折射率来校正。

对于高刻度值部分通常是用特制的具有一定折射率的标准玻璃块来校准。校准时，先把进光棱镜打开，在标准玻璃抛光板面上加一滴溴化萘，然后将玻璃抛光板粘在折射棱镜表面上，使标准玻璃板抛光的一端向下，以便接受光线，测得的折射率应与标准玻璃板的折射率一致。如遇读数不准时，可旋动仪器上特有的校正旋钮，将其调整到正确读数。

（3）阿贝折光计的使用方法

① 使用脱脂棉球蘸取乙醇擦净棱镜表面，挥干乙醇。

② 测定液体时，加 1～3 滴样品溶液于下面棱镜上，迅速将两块棱镜闭合，调整反射镜，使光线射入棱镜中。

③ 由目镜观察，转动棱镜旋钮，使视野分成

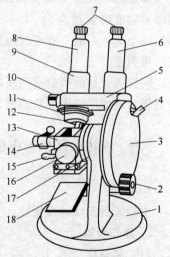

图 3-5 阿贝折光计

1—底座；2—棱镜调节旋钮；3—圆盘组（内有刻度板）；4—小反光镜；5—支架；6—读数镜筒；7—目镜；8—观察镜筒；9—分界线调节旋钮；10—消色调节旋钮；11—色散刻度尺；12—棱镜锁紧扳手；13—棱镜组；14—温度计插座；15—恒温器接头；16—保护罩；17—主轴；18—反光镜

表 3-2　纯水在 10～30℃时的折射率

温度/℃	纯水折射率	温度/℃	纯水折射率	温度/℃	纯水折射率
10	1.33371	16	1.33332	26	1.33242
11	1.33363	17	1.33324	27	1.33231
12	1.33359	18	1.33316	28	1.33220
13	1.33353	19	1.33307	29	1.33208
14	1.33346	20	1.33299	30	1.33196
15	1.33339	25	1.33253		

明暗两部分。

④ 旋动补偿器旋钮，使视野中除黑白两色外，无其他颜色。

⑤ 转动棱镜旋钮，使明暗分界线在十字线交叉点。

⑥ 从读数筒中读取折射率或溶液的质量分数。

⑦ 每次测定后，必须将镜身各机件、棱镜表面擦拭干净，并使之干燥、洁净。在测定水溶性样品后，用脱脂棉擦拭干净。若为油类样品，须用乙醇或苯等擦拭。

⑧ 折射率一般在 20℃下测定，如果测定时温度不在 20℃，应按照实际温度进行校正。

如在 30℃测定某糖浆固形物含量为 21%，由附录 3 查得 30℃校正值为 0.78，则固形物准确含量应为 21%与 0.78%的和，即 21.78%。若室温在 10℃以下或 30℃以上时，一般不宜进行换算，须在棱镜周围通过恒温水流，使样品达到规定温度后再测定。

阿贝折光计的折射率刻度范围为 1.3000～1.7000，测量精确度可达±0.0003，可测糖溶液浓度或固形物范围为 0～95%，可测定温度为 10～30℃内的折射率。

四、液体食品折射率的检验实例——折光法测定饮料中固形物含量

1. 仪器
手提式折光计；温度计。

2. 操作步骤
（1）制备样品

① 透明液体软饮料　将样品混合均匀后直接测定。

② 半黏稠软饮料　先将样品充分混合均匀，然后用 4 层纱布挤出滤液，弃去最初几滴，最后将滤液收集在一起供测定用。

③ 含悬浮物质软饮料　将样品放置于组织捣碎机中捣碎，用 4 层纱布挤出滤液，弃去最初几滴，将滤液收集在一起供测定用。

（2）固形物含量测定

① 用手提折光计测饮料固形物含量，方法见本节手提式折光计部分。

② 温度校正　测样品溶液温度，查附录 3 温度校正表进行校正。或在测定前用蒸馏水校正糖量计刻度为 0（旋动校正螺丝），再进行样品测定，则不用查校正表校正也可获得正确读数。

第三节　旋光度检验法

旋光法是应用旋光仪测量旋光性物质的旋光度以确定其含量的分析方法。

一、偏振光和旋光活性

光是一种电磁波，光波的振动方向是与其前进方向相垂直的。自然光是由不同波长的在垂直于前进方向的各个平面内振动的光波所组成的。如图 3-6 所示，表示一束朝着我们视线直射过来的光的横截面，光波的振动平面可以是 A、B、C 等无数垂直于前进方向的平面。

1. 偏振光

如果使自然光通过一个特制的叫做尼可尔棱镜的晶体，由于这种晶体只能使与棱镜的轴平行的平面内振动的光通过，所以通过尼可尔棱镜的光，其光波振动平面就只有一个和镜轴平行的平面。这种仅在

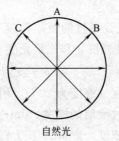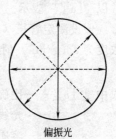

图 3-6　光波振动平面示意图

某一平面上振动的光，就叫做平面偏振光，简称偏振光，见图 3-7。

如果将两个尼可尔棱镜平行放置时，那么通过第一棱镜后的偏振光仍能通过第二棱镜，在第二棱镜后面可以看到最大强度的光。

2. 旋光活性物质与旋光度

如果在与镜轴平行的两个尼可尔棱镜间，放置一支玻璃管，管中分别放入各种有机物的溶液，那么可以发现，光经过某些溶液（如酒精、丙酮）后，在第二棱镜后面仍可以观察到最大强度的光；而当光经过另一些溶液（如蔗糖、乳酸）后，在第二棱镜后面观察到的光的亮度就减弱了，但将第二棱镜向左或向右旋转一定的角度后，在第二棱镜后面又可以观察到最大强度的光。这种现象是因为这些有机物质可以将偏振光的振动平面旋转一定的角度。具有这种性质的物质，我们称其为"旋光活性

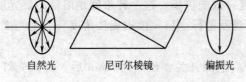

图 3-7　自然光通过尼可尔棱镜后产生偏振光

51

物质"，它使偏振光振动平面旋转的角度叫做"旋光度"，以 α 表示。使偏振光振动平面向左旋转（反时针方向）的称左旋，以符号"－"表示；使偏振光振动平面向右旋转（顺时针方向）的称右旋，以符号"＋"表示。测定物质旋光度的仪器称为旋光仪。

二、旋光度表示方法——比旋光度

旋光度的大小，首先决定于物质的性质，也受光源的波长和测定时温度的影响。因此在记录旋光度时，都应用符号把这些影响因素标明。

例如，用"α_λ^t"表示旋光度时，把温度标在"α"的右上角，光的种类标在右下角。"α_D^{20}"表示 20℃时，用钠光源的旋光度。

在一定条件下，对同一物质来说，旋光度的大小与通过被测溶液的液层的厚度成正比，同时也和旋光物质的浓度成正比关系。如被测物质的浓度为 1g/mL 时，偏振光线通过此种溶液的液层厚度为 1dm，这时的旋光度称为该物质的比旋光度。常以"$[\alpha]_\lambda^t$"表示。

假设测定管长（即光线通过的液层厚度）为 L（dm）时，被测定物质溶液的浓度为 c（g/mL）时，旋光度 α 和比旋光度 $[\alpha]_\lambda^t$ 的关系可用式（3-8）表示。

$$\alpha = [\alpha]_\lambda^t Lc \tag{3-8}$$

式中　　$[\alpha]_\lambda^t$——比旋光度（温度为 20℃，用钠光为光源）；

　　　　L——光线通过液层的厚度，dm；

　　　　c——溶质的浓度，g/mL。

从上式可知，如果已知物质的比旋光度，就可以根据测定物质的旋光度，求得物质的含量。

三、旋光仪

旋光仪又称旋光计，是一种能产生偏振光的仪器，可用来测定光学活性物质对偏振光旋转角度的方向和大小，从而进一步定性与定量。

1. WXG-4 旋光仪的工作原理

旋光计中放进存有被测溶液的旋光管后，由于溶液具有旋光性，使平面偏振光旋转了一个角度，零点视场便发生了变化，如图 3-8 所示。转动测量手轮（12）及检偏镜（7）一定角度，能再次出现亮度一致的视场，这个转角就是溶液的旋光度，它的数值可通过读数放大镜（10）从度盘及游标（11）读出旋转角度——旋光度。

2. 旋光仪的使用方法

① 将仪器接通 220V 交流电源，开启电源开关，预热约 5min 后，待钠光灯正常发光，就可开始观察使用。

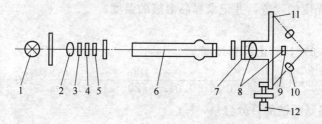

图 3-8　WXG-4 型旋光仪光路图
1—钠光源；2—聚光镜；3—滤色镜；4—起偏器；5—半荫片；6—旋光测定管；
7—检偏镜；8—物镜、目镜组；9—聚焦手轮；10—放大镜；
11—读数度盘；12—测量手轮

② 检查仪器零点三分视场亮度是否一致　如果不一致，说明零点有误差，应在测量读数中加上或减去偏差值，或放松度盘盖背面 4 只螺钉，微微转动度盘校正（只能校正 0.5°左右误差）。

③ 选取适宜长度的旋光管，注满待测溶液，将旋光管中气泡赶入凸出部位，擦干两头残留溶液，放入镜筒中部空舱内后，闭合镜筒盖。

④ 转动度盘、检偏镜，在视场中寻得亮度一致的位置，再从度盘游标上读数。读数是正的为右旋物质，读数是负的为左旋物质。

⑤ 读数。

⑥ 使用完毕，清洗旋光管，用柔软绒布擦干，安放入箱内原位。

四、旋光度检验法在食品检验中的应用——味精纯度的测定

1. 原理

味精的主要成分为 L-谷氨酸钠。L-谷氨酸分子具有不对称碳原子，故具有旋光性。可用旋光仪测定其旋光度，计算味精中谷氨酸钠的百分含量，即味精纯度（%）。L-谷氨酸在盐酸溶液中的比旋光度在一定盐酸浓度范围内随酸度增加而增加，在测定味精纯度时，加入盐酸（1+1），此时谷氨酸钠以谷氨酸形式存在。比旋光度 $[\alpha]_D^{20}=25.16$。

2. 仪器

旋光仪；温度计。

3. 测定步骤

准确称取在 (98±1)℃下已干燥 5h 的味精样品 10.0000g，加 20mL 水溶解，一边搅拌一边加入浓盐酸（1+1）40mL，使其全部溶解，冷却至室温，用水定容至 100mL，混匀备用。

用少量空白溶液润洗旋光管三次，然后注满一管，用干布擦干旋光管，打开旋光计光源，稳定后校正零点。将样品溶液注入旋光管（管内不得有气泡），置于仪

器中，记录旋光度的读数，并记录样品溶液的温度。

4. 计算

利用式（3-9）计算出味精纯度。

$$\omega(\text{味精}) = \frac{\alpha \times 100}{[25.16 + 0.047 \times (20-t)] \times L \times m} \times 100 \tag{3-9}$$

式中　ω——谷氨酸钠的百分含量，%；

　　　α——实测样品溶液的旋光度；

　　　t——测量时样品溶液的温度，℃；

　　　L——旋光管长度，dm；

　　　m——味精样品质量，g。

25.16——谷氨酸钠的比旋光度 $[\alpha]_D^{20}$；

0.047——温度校正值。

5. 说明

旋光计零点校正有以下方法，校正后所测得的旋光零点校正值在正式测定中加上或减去。

（1）空白溶液校正法的校正　吸取 20mL 浓盐酸置于 100mL 容量瓶中，用水稀释至刻度，于旋光计上测定旋光度。

（2）空气法校正　空着仪器观测其旋光度。

第四节　饮用水色度、浊度的测定

水的色度是指被测水样与特别配备的一组有色标准溶液的颜色比较值。标准规定，当 1L 水中含 1mg 铂时所具有的颜色为一个色度单位，即 1 度。

纯洁的水是无色透明的。产生颜色是由于溶于水的腐殖质、有机物或无机物质所造成的。同时，当水体受到工业废水的污染时也会呈现不同的颜色。这些颜色分为真色与表色。真色是由于水中溶解性物质引起的，也就是除去水中悬浮物后的颜色。而表色是指在没有除去水中悬浮物时产生的颜色。这些颜色的定量程度就是色度。水的色度一般是针对真色而言的。

我国的饮用水标准规定，饮用水的色度不应超过 15 度，也就是说，一般饮用者不应察觉水有颜色，而且也应无异常的气味和味道，水呈透明状，不浑浊，也无用肉眼可以看到的异物。

浑浊度是反映天然水及饮用水的物理性状的一项指标。一般把相当于 1mg 一定粒度的硅藻土在 1000mL 水中所产生的浑浊程度作为一个浑浊度单位，即 1 度。水中含有泥土、悬浮物、细微的有机物和无机物时，会产生浑浊现象，在一定条件下，水中的悬浮物对光线透过时的阻碍程度叫做浑浊度，其大小与物质在水中的含量、颗粒大小、性状及表面反射性能有关。

一、饮料用水色度的测定——铂-钴标准溶液比色法

1. 原理

用氯铂酸钾和氯化钴配置成标准溶液，将水样用目视比色法与此标准色度系列进行对照。

2. 试剂

铂-钴标准溶液：称取 1.2456g 氯铂酸钾和 1.000g 干燥的氯化钴，共溶于 100mL 纯水中，加入 100mL 浓盐酸，然后用纯水定容至 1000mL。此标准溶液的色度为 500 度。

3. 仪器

50mL 成套具塞比色管；离心机。

4. 分析步骤

水样澄清与否直接影响测定，即使轻微浑浊也会干扰测定，可以用离心机除去沉淀，然后取上层清液测定。

取 50mL 透明的水样，置于 50mL 的比色管中，如果水样色度过高，可取少量水样，加蒸馏水稀释后比较，结果中乘以稀释倍数。

另取 50mL 比色管 11 支，分别加入铂-钴标准溶液 0.00mL，0.50mL，1.00mL，1.50mL，2.00mL，2.50mL，3.00mL，3.50mL，4.00mL，4.50mL，5.00mL，加蒸馏水至刻度，摇匀，即配置成 0 度，5 度，10 度，15 度，20 度，25 度，30 度，35 度，40 度，45 度，50 度的标准色列，可长期使用。

将水样与标准色列比较，如水样与标准色列的色调不一致，即为异色，可用文字描述。

5. 计算

利用式（3-10）计算出水的色度。

$$X = \frac{V_0}{V} \times 500 \tag{3-10}$$

式中　X——水的色度，度；

　　　V_0——相当于铂-钴标准溶液用量，mL；

　　　V——水样体积，mL。

6. 说明

① 本方法适用于测定生活饮用水及其水源水的色度。

② 测定前应先除去水样中的悬浮物质引起的表色。但水样不可以滤纸过滤，因为滤纸会吸附部分颜色，而使测定结果偏低。

二、饮用水浊度的测定——硅藻土比浊法

1. 原理

用纯净的硅藻土制备浑浊度标准溶液，将水样与浑浊度标准溶液进行目视比浊，确定水样的浑浊度。

2. 试剂

(1) 浑浊度的标准液　将纯净的硅藻土过 0.1mm 的筛后置于 105℃ 的烘箱中烘干 2h，冷却后称取 10g，加蒸馏水调制成糊状，于研钵中研成细末，并移至 100mL 量筒中，加蒸馏水稀释至刻度，充分搅拌后于 20℃ 室温下静置 24h，用虹吸法将上层 80mL 悬浮液移至另一只 100mL 的量筒中，弃去剩余含有较多粗颗粒的悬浮液。向存有 80mL 悬浮液的量筒中加蒸馏水稀释至刻度，充分搅拌后静置 24h，吸出上层含有较细颗粒的 80mL 悬浮液并弃去。下部沉积物加蒸馏水至 100mL，充分搅拌后储于具塞玻璃瓶内，其所含硅藻土的颗粒直径大致为 $400\mu m$。

吸取此悬浮液 50mL，置于已恒重的蒸发器内，在水浴上蒸干后，放入 105℃ 的烘箱内烘干 2h，置于干燥器内冷却 30min 后，称量，反复操作至恒重。求出 1mL 悬浮液中所含硅藻土的质量。

(2) 250 度的标准液　吸取含有 250mg 硅藻土的悬浮液，置于 1000mL 容量瓶中，加入蒸馏水稀释至刻度，振摇均匀。

(3) 100 度的标准液　吸取浑浊度为 250 度的标准液 100mL，置于 250mL 容量瓶中，加蒸馏水稀释至刻度，振摇均匀。

3. 仪器

250mL 成套具塞无色玻璃瓶；100mL 成套具塞比色管。

4. 分析步骤

(1) 浑浊度 10 以下的水样　取 11 支 100mL 比色管，分别加入浑浊度为 100 度的标准溶液 0.00mL，1.00mL，2.00mL，3.00mL，4.00mL，5.00mL，6.00mL，7.00mL，8.00mL，9.00mL，10.00mL，各加蒸馏水稀释至 100mL，混匀，即得到浑浊度为 0 度，1 度，2 度，3 度，4 度，5 度，6 度，7 度，8 度，9 度，10 度的浑浊度标准溶液。

取 100mL 水样，置于 100mL 同样规格的比色管中，与浑浊度标准溶液同时振摇均匀，从上至下垂直观察比较，选出与水样相近的标准液，确定水样的浑浊度。

(2) 浑浊度 10 以上的水样　取 11 个 250mL 的容量瓶，分别加入浑浊度为 250 度的标准溶液 0mL，10mL，20mL，30mL，40mL，50mL，60mL，70mL，80mL，90mL，100mL，加蒸馏水稀释至刻度，振荡均匀后移至 250mL 的具塞玻璃瓶中，即得浑浊度为 0 度，10 度，20 度，30 度，40 度，50 度，60 度，70 度，80 度，90 度，100 度的标准液。为防止细菌生长，可在每瓶中加入 1g 氯化汞，塞

紧瓶塞，防止水分蒸发。

取水样于 250mL 具塞玻璃瓶中，将水样与标准液同时振荡均匀，同时从瓶侧观察，根据目标清晰程度，选出与水样相近的标准液，确定水样的浑浊度。

5. 计算

浑浊度比浊结果可于测定时直接读取，如果水样在比浊前经过稀释，可乘以稀释倍数。

6. 说明

① 本法适用于测定生活饮用水及其水源水的浑浊度，最低检验浓度为 1 度。

② 配制浑浊度标准溶液的标准物质有硅藻土、高岭土、漂白土和白陶土等，它们的主要成分是二氧化硅和三氧化二铝。

③ 水样的浑浊度若超过 100 度，可以加蒸馏水稀释后再进行测定。

第五节　气体压力的测定

一、真空度的检验

在某些罐装或瓶装食品中，容器内气体的分压通常是产品的重要质量指标，如罐头食品内的真空度是罐内残留气体压力和罐外大压力之差，要求这个压强值必须小于零，即为负压。

真空度习惯上用毫米汞柱（mmHg）或厘米汞柱（cmHg）表示，根据国际单位制，压力单位应以帕（Pa）来表示，$1cmHg = 1.333 \times 10^3 Pa$。

罐头食品内的真空度现在一般用罐头真空表测定，它是末端带有尖锐针头和橡胶塞的圆盘状表。表盘上刻有真空度数字，静止时的指针指向零刻度，表示没有真空存在。

测量时，用水润湿穿刺部位上的橡胶塞，甩掉多余水分；橡胶塞紧压在罐头顶盖上，防止罐外空气在刺孔时渗入罐内；向下压罐头真空表，那么装在橡胶塞中间的尖锐针头穿透罐头盖刺入罐内，罐内分压与大气压差使表内隔膜移动，从而带动表示针头转动，此时真空表上指针指示的数值即为罐内的真空度。真空表读数范围为 $0 \sim 76.0$ mmHg。

二、碳酸饮料中 CO_2 的检验

碳酸饮料是含有碳酸气（二氧化碳）饮料的总称，因此二氧化碳是碳酸饮料的灵魂，二氧化碳的含量是碳酸饮料一个重要的理化指标，可用饮料二氧化碳压力测定器测定。其测定步骤如下：

① 将压力测定器上的针头刺入样品瓶盖中，旋开排气阀。

② 指针复零后，关闭排气阀。

③ 将样品瓶往复剧烈振荡 40s，待压力稳定后，记下压力表读数。

④ 旋开排气阀，随即打开瓶塞，用温度计测定容器内饮料的温度。

⑤ 根据测得的压力和温度，查附录 5 碳酸气吸收系数表，即可得到二氧化碳的体积倍数。

第六节 食品的比体积及膨胀率的测定

一、食品比体积的检验

单位质量的固态食品所具有的体积（mL/g 或 mL/100g）称为比体积。固态食品如面包、饼干、固体饮料等所表现出来的体积与质量的关系，即比体积是一项很重要的物理指标。这些指标会影响产品的感观质量。如面包，若比体积过小，内部组织不均匀，风味不好；若比体积过大，体积膨胀过分，内部组织粗糙，面包质量降低。

1. 固态饮料比体积的测定

在 250mL 量筒中，倒入已称量好的 (100.0±0.1)g 的固体饮料，抹平，记下此时量筒中固态饮料的体积，即为其比体积。

根据国家标准，固态饮料比体积指标为真空法不小于 195mL/100g，喷雾法不小于 160mL/100g。

2. 面包比体积测定

用小颗粒填充剂（如小米）填充具有一定容积的容器，填满，摇实，抹平。将填充剂倒进量筒内，记下其体积为 V_1。取待测面包，称量，放入该容器内，加入填充剂，填满，摇实，抹平。取出面包，将填入的填充剂倒入量筒中量出其体积 V_2。

利用式 (3-11) 计算出面包的比体积。

$$\nu = \frac{V_1 - V_2}{m} \tag{3-11}$$

式中　ν——面包的比体积，mL/g；

　　　V_1——容器中小颗粒填充剂的体积，mL；

　　　V_2——放入面包后小颗粒填充剂的体积，mL；

　　　m——面包的质量，g。

两次测定数值，允许误差不超过 0.1，取其平均值为测定结果。根据国家标准，面包比体积指标为不小于 3.2~3.4mL/g。

二、冰激凌膨胀率的测定——乙醚消泡法

冰激凌的膨胀率是指混合物料在生产过程中的冷却阶段迅速冷却，水形成了微细结晶，而混进来的大量空气则以微小的气泡均匀地分布于物料中，使冰激凌的体积膨胀，赋予其良好的口感和组织状态。

① 取一只 250mL 的容量瓶，一只玻璃漏斗，准确称取 $50cm^3$ 冰激凌样品，用 200mL 40～50℃ 蒸馏水将称好的冰激凌样品全部移到容量瓶内，放入温水中，待泡沫消除后冷却。

② 吸取 2mL 乙醚作消泡剂，滴入容量瓶内消除泡沫。补加蒸馏水至容量瓶刻度，记下所补加的蒸馏水的体积（mL）。

③ 计算。利用式（3-12）计算出冰激凌的膨胀率。

$$\beta = \frac{V_1 + V_2}{50 - (V_1 + V_2)} \times 100\%$$ (3-12)

式中　β——冰激凌的膨胀率，%；

V_1——加入乙醚的体积，mL；

V_2——加入蒸馏水的体积，mL。

行业标准要求冰激凌的膨胀率指标在 85%～95%。

复　习　题

1. 测定食品的相对密度有什么意义？
2. 如何用密度瓶法测定可口可乐的相对密度？
3. 密度计有哪些类型？如何正确使用密度计？
4. 简述食品的组成及其浓度与折射率的关系。
5. 简述使用手提折光计测糖液浓度的操作步骤。
6. 写出普通密度计测定酱油的相对密度的原理、操作、计算过程及注意问题。
7. 简述旋光法在食品分析中的应用。
8. 如何测定固态食品的比体积？
9. 测定饮用水色度、浑浊度有什么意义？通常采用什么方法测定？
10. 名词解释：相对密度、折射率、旋光度、比旋光度、比体积、冰激凌的膨胀率。

第四章 常用仪器分析方法

第一节 吸光光度分析法

一、吸光光度分析法概述

吸光光度分析法是基于物质对不同波长单色光的选择性吸收而建立起来的分析方法，又称分子吸收光谱分析或分光光度分析。它主要研究物质分子或离子吸收 $200\sim1000nm$ 波长范围内的吸收光谱。通过测定物质分子或离子对紫外、可见光的吸收，可以定性鉴定和定量测定大量的无机化合物和有机化合物。吸光光度分析法按吸收单色光的波长不同可分为比色分析法、可见吸光光度分析法、紫外吸光光度分析法和红外吸光光度分析法等。

吸光光度分析法在仪器分析和食品检测等分析技术中应用广泛，是实验室进行痕量分析和化学研究最常用的手段。它所测定的样品溶液的浓度下限可达 $10^{-6}\sim10^{-5}mol/L$（达微克量级），在某些条件下甚至可测定 $10^{-7}mol/L$ 的物质。它具有较高的灵敏度，适用于微量组分的测定。与传统的化学分析方法相比，它具有以下几个特点：

① 灵敏度高，检出限低。吸光光度分析常用于测定样品中 $0.001\%\sim1\%$ 的微量成分，甚至可测定低至 $10^{-7}\sim10^{-6}mol/L$ 的痕量成分。

② 准确度好。吸光光度分析测定的相对误差为 $2\%\sim5\%$。若采用精密的分光光度计测量，相对误差可减少至 $1\%\sim2\%$。对于常量组分的测定，准确度不及化学法，但对于微量组分的测定，由于标准溶液消耗体积太小，无法用滴定法进行测定，吸光光度分析能完全满足测定要求。所以，吸光光度分析特别适用于低含量和微量组分的测定，不适于中、高含量组分的测定。但若采取适当的方法（如用示差法），也可测定高含量组分。

③ 适用范围广。几乎所有的无机化合物和许多有机化合物都可以用吸光光度分析直接或间接地测定。

④ 操作简便、快速。

⑤ 仪器设备简单，仪器价格低廉，应用广泛。目前，吸光光度分析法在食品、医学、地质、冶金、材料等领域发挥着重要的作用。

二、吸光光度分析法的基本原理

1. 物质对光的选择性吸收

（1）物质颜色的产生　某两种颜色的光按适当的强度比例混合时，可以形成白光，则这两种色光称为互补光。如图 4-1 所示，图中处于直线方向上的两色光为互补光。

蓝 紫红 红
青绿—白光—橙
青　绿　黄
图 4-1　光色互补示意图

当一束白光照射某一透明溶液时，如果该溶液对可见光区各波长的光都不吸收，即入射光全部通过溶液，这时看到的溶液是透明无色的。如果该溶液对可见光区各种波长的光全部吸收，此时看到的溶液呈黑色。如果该溶液选择性地吸收了可见光区某一波长的光，则该溶液即呈现出被吸收光的互补色光的颜色。例如，一束白光通过铬酸钾溶液时，该溶液选择性地吸收了可见光中的蓝色光，所以溶液呈蓝色的互补光——黄色。所以，物质的颜色是基于物质对光有选择性吸收的结果，物质呈现的颜色是被物质吸收光的互补色。

以上例子简单说明了物质颜色的产生过程。若要更精确地说明物质具有选择性吸收不同波长范围光的性质，则必须用光吸收光谱曲线来描述。

（2）物质的吸收光谱　物质的吸收光谱又叫吸收光谱曲线，可通过实验获得。将不同波长的光依次通过某一固定浓度和厚度的有色溶液，分别测出它们对各种波长光的吸收程度（用吸光度 A 表示），以波长为横坐标，以吸光度为纵坐标作图，画出曲线，此曲线即称为该物质的光吸收曲线，或称吸收光谱曲线，如图 4-2 所示。

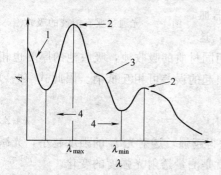

图 4-2　吸收光谱曲线图

1—末端吸收；2—吸收峰；3—肩峰；4—谷

物质的吸收光谱曲线描述了物质对不同波长光的吸收程度。在吸收曲线上，都有一些特征值，曲线上比左右相邻的都高之处称为吸收峰，所对应的波长称为最大吸收波长（λ_{max}）；而比左右相邻的都低之处称为谷，所对应的波长称为最小吸收波长（λ_{min}）；介于两者之间形状像肩的小曲折处称为肩峰（λ_{sh}）。在吸收曲线最短的一端，吸光度相当大但不成峰形的部分称为末端吸收。

不同浓度溶液的吸收光谱曲线不同。不同浓度高锰酸钾溶液的三条光吸收曲线如图 4-3 所示。由图可看出：①不同浓度的高锰酸钾（$KMnO_4$）溶液的吸收曲线的形状相似，最大吸收波长也一样，但吸收峰的峰高随浓度的增加而增高。②高锰酸钾溶液对不同波长的光的吸收程度不同，吸收峰在波长 525nm 处，对绿色光吸

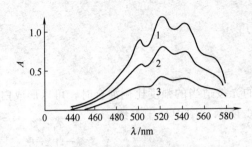

图 4-3 KMnO₄ 溶液的三条光吸收曲线

$1—c_{(KMnO_4)} = 1.56 \times 10^{-4} mol/L$;
$2—c_{(KMnO_4)} = 3.12 \times 10^{-4} mol/L$;
$3—c_{(KMnO_4)} = 4.68 \times 10^{-4} mol/L$

收最多。因此，在对高锰酸钾溶液进行光度测定时，通常都是选取在 $\lambda_{max} = 525nm$ 的波长处来测量，因为这时的灵敏度最高。

不同物质的吸收光谱曲线，其形状和最大吸收波长都各不相同。因此，物质的吸收光谱曲线可作为物质定性分析的依据。

2. 光的吸收定律

当光束照射到物质上时，物质可以对光产生反射、散射、吸收、透射。

当一束波长为 λ 的平行单色光通过某一均匀的溶液时，光的散射可以忽略，光的一部分被比色皿的表面反射回来，一部分被溶液吸收，一部分则透过溶液，如图 4-4 所示。这些数值间有如下的关系：

$$I_0 = I_a + I_r + I_t \tag{4-1}$$

式中 I_0——入射光的强度；

　　I_a——被吸收光的强度；

　　I_r——反射光的强度；

　　I_t——透射光的强度。

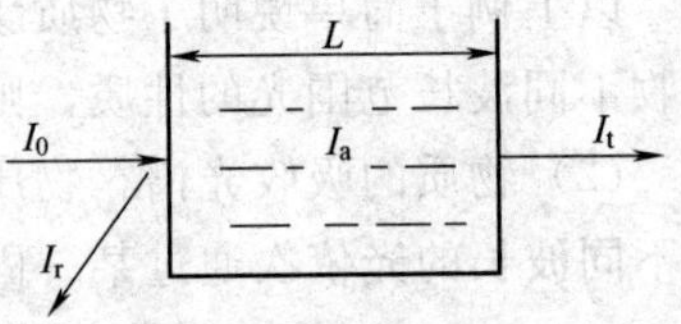

当光照射溶液时，光的反射损失主要由器皿的材料、形状和大小以及溶液的性质所决定，这些因素都是固定的。在光度分析中，由于采用同材质的吸收池，吸收池的厚度也相同，其反射光的强度也是不变的，反射光所引起的误差可相互抵消。因此式 (4-1) 简化为：

图 4-4 光通过盛有溶液的吸收池

$$I_0 = I_a + I_t \tag{4-2}$$

式 (4-2) 中 I_a 越大，说明溶液对光吸收得越强，透射光 I_t 的强度越小，光减弱的越多。因此，所谓吸光光度分析实质上就是测量透射光强度的变化。

我们把透射光强度 I_t 与入射光强度 I_0 之比称为透射比，用 τ 表示。即

$$\tau = \frac{I_t}{I_0} \tag{4-3}$$

透射比的倒数的对数称为吸光度，用 A 表示。即

$$A = \lg(1/\tau) = \lg(I_0/I_t) \tag{4-4}$$

通过实验可以证实，透射光强度的改变与有色溶液浓度和液层厚度有关。溶液浓度愈大，液层愈厚，透射的光愈少，入射光的强度减弱得愈显著。这就是光的吸收定律的意义。其数学表达式如下：

$$\lg(I_0/I_t) = KLc \tag{4-5}$$

式中　$\lg(I_0/I_t)$——光线通过溶液被吸收的程度，即吸光度 A；

　　　　L——液层厚度；

　　　　c——溶液浓度；

　　　　K——比例常数，它与入射光的波长和物质性质有关，与入射光的强度、溶液的浓度及液层厚度无关。

根据吸光度定义，上式可写为：

$$A = KLc \qquad (4-6)$$

式（4-6）表明：如果溶液的浓度一定，则光的吸收程度与液层的厚度成正比。这就是朗伯定律。当单色光通过液层厚度一定的溶液时，溶液的吸光度与溶液的浓度成正比。这就是比尔定律。如果同时考虑吸收层的厚度和溶液的浓度对单色光吸收率的影响，即得朗伯-比尔定律，也叫做光的吸收定律。式（4-6）为朗伯-比尔定律的数学表达式，是吸光光度分析的理论基础。

3. 摩尔吸收系数

在光的吸收定律式（4-6）中，比例常数 K 又称为吸收系数，它与入射光波长、溶液的性质有关。如果浓度 c 以 mol/L 为单位、液层厚度以 cm 为单位，则比例常数称为摩尔吸收系数，以 ε 表示，单位为 $L/(mol \cdot cm)$。此时光的吸收定律可写成：

$$A = \varepsilon Lc \qquad (4-7)$$

摩尔吸收系数可通过测量吸光度值，经计算而求得。

摩尔吸收系数的意义是：表示物质对某一特定波长光的吸收能力，是吸收物质的重要参数之一。ε 愈大，表明该物质对某波长光的吸收能力愈强，测定的灵敏度也就愈高。因此，在进行测定时，为了提高分析的灵敏度，必须选择具有最大 ε 值的波长作入射光，选择摩尔吸收系数大的有色化合物进行测定。

4. 比吸收系数

如果溶液浓度用 g/100mL 表示，液层厚度仍以 cm 为单位，公式（4-6）中的比例常数 K 称为比吸收系数，以 $E\%_m$ 表示。

比吸收系数的意义是：在入射光波长一定时，溶液浓度为 1%、液层厚度为 1cm 时的吸光度。

5. 吸光度的加和性原理

在多组分体系中，在某一波长 λ，如果各种对光有吸收的物质之间没有相互作用，则体系在该波长的总吸光度等于各组分吸光度之和，即：

$$A_{\text{总}} = A_1 + A_2 + A_3 + \cdots + A_n \qquad (4-8)$$

式中，A_1，A_2，A_3，$\cdots$，A_n 分别表示组分 1，2，3，$\cdots$，n 的吸光度。

式（4-8）表明吸光度具有加和性，称之为吸光度加和性原理。吸光度的加和性对多组分的同时定量测定、校正干扰等极为有用。

6. 影响光吸收定律的因素

朗伯-比尔定律的使用是有一定条件的。朗伯定律适用于各种有色的均匀溶液。但比尔定律只在一定浓度范围内适用。从理论上讲，吸光度 A 对溶液浓度 c 作图可得到斜率为 εL，截距为零的直线。而实际上，吸光度 A 与溶液浓度的关系有时是非线性的，或者不通过零点，这种现象称为偏离光吸收定律。如果溶液的实际吸光度比理论值大，为正偏离吸收定律；如果实际吸光度比理论值小，为负偏离吸收定律。如图 4-5 所示。

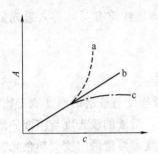

图 4-5　偏离光吸收定律
a—正偏离；b—无偏离；
c—负偏离

引起偏离吸收定律的因素主要有三个方面：

（1）入射光的非单色性　严格讲，朗伯-比尔定律只适用于单色光，但实际上，一般单色器所提供的入射光并非是纯单色光，而是由波长范围较窄的光带组成的复合光。由于各种物质对不同波长的吸收程度不同（即吸收系数不同），因而导致了对吸光定律的偏离。入射光中不同波长的摩尔吸收系数差别愈大，偏离吸收定律就愈明显。实验证明，测定时通常选择物质的最大吸收波长的光为入射光，其所含的波长范围在被测溶液的吸收曲线较平坦的部分，这样，偏离朗伯-比尔定律的程度较小，测定的灵敏度较高。

（2）比尔定律的局限性　比尔定律只适用于浓度小于 0.01mol/L 的稀溶液，是一个有限制的定律。因为浓度高时，吸光粒子间平均距离减小，受粒子间电荷分布相互作用的影响，它们的摩尔吸收系数发生改变，导致偏离比尔定律。为此，在实际工作中，被测溶液的浓度应控制在 0.01mol/L 以下。

（3）溶液中的化学反应　溶液中的吸光物质因离解、缔合，形成新的化合物或互变异构体等化学变化，使吸光物质的浓度发生改变，导致偏离光吸收定律。所以，测量前样品的化学预处理工作十分重要，应控制好显色反应条件、溶液的酸碱性和溶液的化学平衡等，以防止偏离朗伯-比尔定律。

三、显色反应、显色反应中的干扰及消除

1. 显色反应

吸光光度分析是利用测定有色物质对某一单色光吸收程度来进行测定的，而许多物质本身无色或颜色很浅，对可见光的吸收程度很小，不能直接测定，这就必须事先通过适当的化学处理，使该物质转变为能对光产生较强吸收的有色化合物，然后才能进行测定。将被测组分转变成有色化合物的反应叫做显色反应；与被测组分形成有色化合物的试剂称为显色剂。

显色反应分为氧化还原反应和配位反应两类，其中配位反应应用最为普遍。

在吸光光度分析中，选择合适的显色反应，并严格控制反应条件是一项十分重要的实验技术。同一种组分可与多种显色剂反应生成不同有色物质。在测定时，对选择的显色反应有六点要求。

① 选择性好，干扰少。一种显色剂最好只与一种被测组分发生显色反应，或者显色剂与干扰离子生成的有色化合物的吸收峰与被测组分的吸收峰相差较大。

② 灵敏度高。要求生成的有色化合物的摩尔吸收系数大。有色物质的 ε 应大于 $10^4 L/(mol \cdot cm)$。实际分析中还应该综合考虑选择性。

③ 生成的有色配合物离解常数要小。离解常数愈小，生成的有色配合物愈稳定，吸光度测定的准确度就愈高，同时还可以避免或减少样品中其他离子的干扰。

④ 如果显色剂有色，则要求有色配合物与显色剂之间的颜色差别要大，以减小试剂空白值，提高测定的准确度。一般要求显色剂与有色配合物的对比度（两种物质最大吸收波长之差称为"对比度"）$\Delta\lambda$ 在 60nm 以上。

⑤ 生成的有色配合物的组成要恒定，化学性质稳定。

⑥ 显色条件要易于控制。如果条件难以控制，测定结果的再现性就差。所以要选择条件易于控制的显色反应，以保证测定结果有较好的再现性。

2. 显色反应中的干扰及消除

（1）显色反应中的干扰　当被测溶液中的其他成分影响被测组分吸光度时就构成干扰。分光光度分析中的干扰主要来自共存离子，有以下几种类型：

① 共存离子本身具有颜色，如 Fe^{3+}、Ni^{2+}、Co^{2+}、Cu^{2+}、Cr^{3+} 等有色离子的存在影响被测离子的测定。

② 共存离子与被测离子或显色剂反应，生成更稳定的配合物或发生氧化还原反应，使被测离子或显色剂的浓度降低，显色反应进行不完全，导致测量结果偏低。

③ 共存离子与试剂作用生成有色配合物。共存离子与显色剂反应生成有色化合物，导致测量结果偏高。如用钼蓝法测定硅时，磷也能生成磷钼蓝，使结果偏高。

④ 共存离子与显色剂反应生成的配合物虽然无色，但由于消耗了大量的显色剂，致使显色剂与被测离子的显色反应不完全。

（2）消除干扰的方法　为了获得准确的测定结果，需要采取适当的措施来消除干扰。消除干扰的方法一般分为两类，一类是不分离杂质的情况下消除干扰，一类是分离杂质消除干扰。一般情况下应尽可能使用前者。以下几种消除干扰的常用方法，可在实际工作中根据情况选择使用。

① 控制溶液的酸度。这是一种消除干扰的简便而重要的方法。控制酸度使被测离子显色，干扰离子不显色。例如，以磺基水杨酸测定 Fe^{3+} 时，若 Cu^{2+} 共存，此时 Cu^{2+} 也能与磺基水杨酸形成黄色配合物而干扰测定。若溶液酸度控制在pH＝2.5，此时 Fe^{3+} 能与磺基水杨酸形成配合物，而 Cu^{2+} 不能，Cu^{2+} 的干扰消除。

② 加入掩蔽剂掩蔽干扰离子。该方法要求加入的掩蔽剂不与被测离子反应，掩蔽剂和掩蔽产物的颜色不干扰测定。

③ 选择适当波长的入射光消除干扰。

④ 选择合适的参比溶液，消除显色剂和某些有色共存离子干扰。

⑤ 利用氧化还原反应改变干扰离子价态消除干扰。利用氧化还原反应改变干扰离子价态，使干扰离子不与显色剂反应，达到消除干扰的目的。

⑥ 分离干扰离子。当没有适当掩蔽剂或无合适方法消除干扰时，应采用适当的分离方法（如电解法、沉淀法、溶剂萃取及离子交换法等），将被测组分与干扰离子分离，然后再进行测定。其中萃取分离法使用较多，可以直接在有机相中显色。

⑦ 采用新技术消除干扰，如双波长法、导数光谱法等。

四、吸光光度分析法与分光光度计

1. 吸光光度分析法

（1）目视比色法　目视比色法是用眼睛比较溶液颜色的深浅，也就是说用眼睛作为溶液透过光的检测器，从而确定物质含量的方法。

（2）光电比色法　光电比色分析是利用光电转换元件（如光电池或光电管）代替人的眼睛作为检测器确定物质含量的方法。

在测定原理上光电比色分析与目视比色分析是不同的，目视比色分析是比较溶液透过光的强度，而光电比色分析是用仪器检测溶液对某一单色光的吸收程度，光电比色分析所用的仪器叫光电比色计。

（3）分光光度法　分光光度分析已有多种定量测定方法，可以根据样品的性质、被测组分的个数、被测组分的含量及干扰情况进行选用。

① 工作曲线法　工作曲线法又称标准曲线法。工作曲线的绘制方法是：配制四个以上适当比例浓度的被测组分的标准溶液，以空白溶液为参比溶液，在选定的波长下，分别测定各标准溶液的吸光度。然后以标准溶液浓度（c）为横坐标，吸光度（A）为纵坐标，在图纸上绘制 A-c 吸收曲线，如图 4-6 所示，即为工作曲线。在工作曲线上应注明工作曲线的名称、坐标分度及单位，所用标准溶液名称、浓度、测量条件（仪器型号、入射光波长、吸收池厚度、参比液名称）、制作者姓名和制作日期等。

如果样品是单一组分，且遵守朗伯-比尔定律，只要测出被测吸光物质的最大吸收波长（λ_{max}），就可在此波长下，选用适当的参比溶

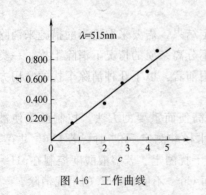

图 4-6　工作曲线

液，测量被测溶液的吸光度，然后再用工作曲线法求得分析结果。在测定样品时，应按相同的方法制备被测溶液，在相同测定条件下测定被测溶液与标准溶液的吸光度，然后在工作曲线上查出被测溶液浓度。对于成批单一组分样品的分析，工作曲线法特别适用，它可以消除一定的随机误差。

② 比较法　又称对照法。比较法适于个别样品的测定。在一定条件下，用一个已知浓度的标准溶液（c_s），测定其吸光度（A_s），然后在相同条件下测定被测溶液 c_x 的吸光度 A_x，如果被测溶液、标准溶液完全符合朗伯-比尔定律，用下式计算：

$$c_x = \frac{A_x}{A_s} c_s \tag{4-9}$$

需要注意的是：c_x 与 c_s 浓度应接近，都符合朗伯-比尔定律，且标准样品的吸光度在 $0.4 \sim 0.8$ 以内比较好。

分光光度分析法求得被测物质的含量的方法还有吸收系数法、解方程组法、示差分光光度法等，在实践中可根据不同的情况选用。

2. 分光光度计

目前，分光光度计的仪器型号繁多，性能差别也较大，下面主要介绍分光光度计的工作原理和基本组件。

各种型号的分光光度计仪器的构造基本相似，都由光源、单色器、样品吸收池、信号检测器、信号处理器和信号显示器等基本组件组成。其基本组件的组成框图如图 4-7 所示。

光源 → 单色器 → 吸收池 → 信号检测器 → 信号处理器 → 信号显示器

图 4-7　分光光度计组成部件框图

由光源发出的光，经单色器获得一定波长单色光，单色光照射到样品溶液，被吸收后经检测器将光强度变化转变为电信号变化，并经信号处理器处理、调制、放大，然后由信号显示器显示或打印机打印出吸光度（或透射比），完成测定。

（1）光源　光源的作用是提供符合要求的入射光。分光光度计对光源有一定的要求。

① 在使用波长范围内提供连续的光谱，满足分析的要求。

② 能产生足够强度的光束，以便测出和测量。

③ 有良好的稳定性，使用寿命长。

（2）单色器　单色器是把光源发出的复合光分解并能准确方便地"分离"出所需要的某一波长的单色光的装置。它是分光光度计的核心组件，主要由入光狭缝、准光器、色散器、投影器和出光狭缝等五部分组成。

色散器的作用是将连续光谱色散成为单色光。色散器是单色器的核心。色散器的色散元件是棱镜和光栅，或两者的组合。根据色散元件不同色散器分为棱镜单色器和光栅单色器。

（3）吸收池　吸收池是盛放被测溶液和决定透光液层厚度的器件，又叫比色皿。吸收池一般为长方体（也有圆鼓形或其他形状的），它有两个厚度精确、相互平行的光学透光面。根据光学透光面的材质不同，吸收池有玻璃吸收池和石英吸收池之分。玻璃吸收池用于可见光光区测定，石英吸收池用于紫外光区测定。吸收池的规格是以光程长度为标志的。

（4）信号检测器　信号检测器是根据光电效应原理制成的一种光电转换设备。它的作用是对透过吸收池的光作出响应，并把它转变成电信号输出。其输出电信号的大小与透射光的强度成正比。信号检测器对光电转换设备的要求是：响应灵敏度要高、速度要快；噪声低、稳定性高；光电转换有恒定的函数关系；产生的电信号易于检测放大等。

常用的信号检测器有光电池、光电管和光电倍增管等。

① 光电池　常用的光电池是硒光电池和硅光电池。光电池的半导体材料不同，对光的响应波长范围和最灵敏波长各不相同。硒光电池对光的响应波长范围一般为 $250 \sim 750nm$，灵敏区为 $500 \sim 600nm$，最高灵敏峰波长约为 $530nm$。光电池的优点是不需要外接电源、不需要放大装置而直接测量电流的。缺点是：内阻小，不能用一般的直流放大器放大，不适于较微弱光的测量。并且受光照时间太久或受强光照射容易产生"疲劳"现象，失去正常的响应，连续使用时一般不能超过 $2h$。

② 光电管　光电管是一个阳极和一个光敏阴极组成的真空二极管。与光电池比较，它具有灵敏度高、光敏范围广、不易疲劳等优点。按阴极上光敏材料的不同，光电管有锑-铯阴极的紫敏光电管和银-氧化铯-铯阴极的红敏光电管两种，前者可用波长范围为 $200 \sim 625nm$；后者可用波长范围为 $625 \sim 1000nm$。

③ 光电倍增管　光电倍增管是检测弱光最常用的光电元件。目前分光光度计普遍使用光电倍增管作检测器。它利用二次电子发射来放大电流，放大倍数可高达 10^8 倍。它具有响应速度快、灵敏度高等优点。

（5）信号处理器　处理由检测器产生的电信号，经放大进行数据处理，然后输出至信号显示器。

（6）信号显示器　作用是显示由信号处理器输出的数据，以便于计算和记录。

3. 分光光度计的保养和维护

分光光度计是精密光学仪器，正确安装、使用和保养对保持仪器良好的性能和保证测定的准确度有着十分重要的作用。

（1）分光光度计对工作环境的要求　放置分光光度计的工作室应与化学分析操作室隔开，室内应保持干燥，温度保持在 $15 \sim 28℃$，相对湿度控制在 $45\% \sim 65\%$，不应超过 70%。分光光度计应安装在稳固的工作台上，周围不应有强磁场，以防电磁干扰。室内应无腐蚀性气体，室内光线不宜过强。

（2）分光光度计的保养和维护

① 防震动　仪器一般放在稳固的工作台上，移动时应将仪器关闭，防止仪器受震动影响读数的准确性。

② 防腐蚀，防灰尘　仪器使用过程中和使用后，应防止腐蚀性气体（如二氧化硫等）和灰尘侵蚀仪器。

③ 防潮湿　仪器应放在比较干燥的地方，并在仪器中放置干燥剂。单色器是仪器的核心部分，装在密封盒内，不能拆开，为防止色散元件受潮发霉，必须经常更换单色器盒内干燥剂。

④ 防光照　光电转换元件不能强光直接照射和长时间曝光，应避免强光照射或受潮积尘，以延长其使用寿命。

⑤ 防光源损坏　为了延长光源使用寿命，不使用时不要开光源灯。如果光源灯亮度明显减弱或不稳定，应更换新灯。更换后要调节好灯丝位置，不要用手直接接触窗口或灯泡，避免油污沾附，若不小心接触过，要用无水乙醇擦拭。

⑥ 防电压波动　仪器工作电源一般为 220V，允许 10% 的电压波动。为保持光源灯和检测系统的稳定性，电源电压波动较大的实验室，应配备稳压器。

⑦ 防吸收池受损　为了保护吸收池光学面，应正确使用吸收池。

第二节　原子吸收光谱法

一、原子吸收光谱法概述

原子吸收光谱法是根据基态原子对特征波长光的吸收，测定样品中被测元素含量的分析方法，又称为原子吸收光谱分析。

原子吸收光谱法是 1953 年澳大利亚物理学家 A. Walsh 建议使用的一种分析方法。近 20 年来，由于计算机技术、微电子、自动化、人工智能技术和化学计量学的迅速发展，各种新材料与元器件的陆续出现，改善了原子吸收光谱仪器的性能，各种用于测定微量元素的高性能光谱仪器大量产生，大大提高了原子吸收光谱分析的精确度、准确度及自动化程度，使原子吸收光谱分析成为微量和痕量元素分析最灵敏最有效的分析方法之一，广泛地应用于工农业生产和科学研究领域。

原子吸收光谱法与分光光度法都是基于物质对紫外和可见光的吸收建立起来的分析方法，属于吸收光谱分析。这两种分析方法的主要区别在于分光光度法的吸光物质是溶液中的分子或离子，原子吸收光谱法的吸光物质是基态原子蒸气；正是由于这种差别，使它们所用的仪器及分析方法有许多不同之处。

原子吸收光谱法具有准确度好、选择性好、灵敏度高、检出限低、分析速度快、仪器简单、操作方便、应用范围广等特点。正是由于这些特点，原子吸收光谱法被广泛应用各领域中。

原子吸收光谱分析和其他分析方法一样也存在不足。其不足之处是：分析不同元素，必须使用不同的元素灯，给同时测定多种元素带来困难；某些元素测定的灵敏度还比较低（如钽、银等）；对于复杂样品需要进行复杂的化学预处理，否则干扰严重。

二、原子吸收光谱法的基本原理

1. 原子吸收的过程

原子吸收的过程如图 4-8 所示。在原子吸收过程中，最常用的方法是将被测元素的样品溶液喷射成细雾，并且与燃气混合，然后引入燃烧的火焰中，在火焰热能作用下，被测元素转化为原子状态的蒸气。当由空心阴极灯发射的该元素共振谱线通过火焰时，被测元素的气态的基态原子就吸收波长相同的共振特征谱线，使该谱线的强度减弱，再经分光系统分光后，由检测器接收。检测器产生电信号，再经放大器放大处理后，由显示系统显示吸光度或光谱图。

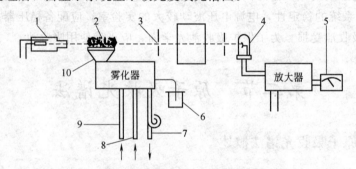

图 4-8　原子吸收过程示意图

1—空心阴极灯；2—火焰；3—狭缝；4—光电倍增管；5—显示装置；
6—被测样品溶液；7—废液出口；8—燃气；9—助燃气；10—燃烧器

2. 原子吸收光谱法的基本原理

原子吸收光谱法的基本原理是将光源射出的被测元素的特征光谱通过样品的蒸气，被蒸气中的被测元素的基态原子吸收，在一定条件下，入射光被吸收而减弱的程度与样品中被测元素的含量呈正比关系，符合朗伯-比尔定律，因此，可得到样品中被测元素的含量。

三、原子吸收分光光度计

目前，生产和使用的原子吸收分光光度计种类和型号很多，其构造和工作原理大致相同。

1. 原子吸收分光光度计的构造

原子吸收光谱分析使用的仪器是原子吸收分光光度计，又叫原子吸收光谱仪。

仪器的构造主要由光源、原子化系统、分光系统、检测系统四个部分组成，如图4-9所示。

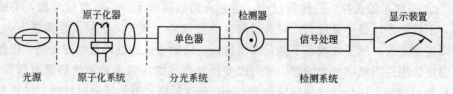

图 4-9　原子吸收分光光度计构造示意图

（1）光源　光源的作用是发射被测元素的特征光谱。对光源的基本要求是：

① 光源必须能发射出比吸收线宽度更窄的线光谱。

② 光源的发光强度大而稳定、背景低、噪声小。

③ 光源的使用寿命长。

（2）原子化系统　将样品中被测元素变成气态的基态原子的过程称为样品的"原子化"。所用的设备称为原子化器，又叫原子化系统。原子化系统的作用是将样品中的被测元素转化为原子蒸气。样品的原子化是进行原子吸收光谱分析的关键，原子吸收光谱分析的测定的灵敏度和准确度，以及干扰情况，在很大程度上决定于原子化情况。因此，原子化系统在原子吸收分光光度计中是一个重要设备。原子化的方法可分为火焰原子化法和非火焰原子化法两类。前者是利用火焰热能使样品转化为气态原子，操作简便、快速，灵敏度较高。后者是利用电加热或化学还原等方式使样品转化为气态原子，原子化效率高，样品用量少，适用于高灵敏度的分析。

另外还有化学原子化法。化学原子化法又称低温原子化法。它是利用化学反应将被测元素转变为易挥发的金属氢化物或氯化物或低沸点纯金属，在较低的温度下原子化。常用的方法有氢化物原子化法和汞低温原子化法。

（3）分光系统　分光系统（又称单色器）由凹面反射镜、入射狭缝、出射狭缝和色散元件（棱镜或光栅）组成。分光系统的作用是将被测元素的吸收线与邻近的谱线分开。转动光栅，各种波长的单色谱线按顺序从出射狭缝射出，被检测系统接受。

（4）检测系统　检测系统由检测器、放大器、对数转换器和显示装置等组成。检测系统的作用是将透过分光系统的光信号转换成电信号后进行测定。

2. 仪器原子化条件的选择

（1）火焰原子化条件的选择

① 火焰的选择　火焰的温度影响原子化效率。合适的温度不仅使样品充分分解为原子蒸气状态，而且可以提高测定的灵敏度和稳定性。温度过高，增加原子的电离或激发，使基态原子数减少，对原子吸收不利。温度过低，使样品不能充分分解为原子蒸气状态。因此，必须根据样品具体情况，合理选择火焰温度。火焰温度由火焰种类确定，应根据测定需要选择合适种类的火焰。当火焰种类选定后，还要

选用合适的燃气和助燃气比例。最佳的燃气和助燃气比例应通过测定绘制吸光度-燃气、助燃气流量曲线来确定。

②进样量的选择 进样量过小，进入火焰的溶液太少，吸收信号弱，灵敏度低，不易测定。进样量过大，对火焰产生冷却效应，同时由于较大雾滴进入火焰，难以完全蒸发，原子化效率下降，灵敏度低。确定合适的进样量的方法是：根据样品黏度选用适当粗细的毛细管，然后改变压缩空气的压强来调节进样量至所需值。进样量的观察方法是，样品溶液装至 10mL 刻度量筒，开始吸喷时计时，计算每分钟吸入量。为保持恒定的进样量，要固定样品溶液的位置，使样品溶液的温度要与室温一致，各连接勿漏气。样品的进样量一般在 3～6mL/min 较为适宜。

③燃烧器高度的选择 合适的燃烧器高度应使光束从原子浓度最大的区域通过。不同元素在火焰中形成的基态原子的最佳浓度区域高度不同，因而灵敏度也不同。一般在燃烧器狭缝口上方 2～10mm 附近火焰具有最大的基态原子密度，灵敏度最高。但对于不同被测定元素和不同性质的火焰有所不同。最佳的燃烧器高度应通过实验确定。方法是：固定燃气和助燃气流量，用一固定样品溶液喷雾，逐步上下缓慢改变燃烧器高度，调节零点，测定吸光度，绘制吸光度-燃烧器高度曲线，选择最佳高度。

④燃烧器角度的选择 通常情况下燃烧器的角度为 0°，即燃烧器缝口与光轴方向一致。在测定高浓度样品时，可选择一定的角度，当角度为 90°时，灵敏度仅为 0°的 1/20。

(2)无火焰原子化条件的选择 常用的无火焰原子化是石墨炉原子化，其灯电流、狭缝宽度等都与火焰原子化条件相同。不同的是干燥、灰化、原子化和除残温度和时间等。

①干燥时间与温度的选择 干燥时间与温度影响测定结果的重现性。适宜的干燥时间与温度以蒸尽溶剂而不发生迸溅为原则。一般选择略高于溶剂沸点的温度。斜坡升温有利于干燥。干燥时间与干燥温度相配合，一般取样 10～100μL 时，干燥时间为 15～60s，具体时间应通过实验确定。

②灰化时间与温度的选择 灰化温度和时间的选择原则是：在保证被测元素不挥发损失的条件下，尽量提高灰化温度，以除去比被测元素化合物容易挥发的样品基体，减少背景吸收。适宜的灰化温度和灰化时间由实验确定，即在固定干燥时间与温度，原子化程序不变情况下，通过绘制吸光度-灰化温度或吸光度-灰化时间曲线确定最佳灰化温度和灰化时间。

③原子化时间与温度的选择 原子化温度是由元素及其化合物自身的性质决定的。不同原子有不同的原子化温度，选择原则是：选用达到最大吸收信号的最低温度作为原子化温度，这样可以延长石墨管的使用寿命。原子化时间与原子化温度相配合，原子化时间以保证完全原子化为准。一般情况是在保证完全原子化前提下，原子化时间尽可能短一些。对易形成碳化物的元素，原子化时间可适当长些。

实际工作中，原子化温度是通过实验绘制吸光度-原子化温度曲线确定的。如图 4-10 所示。

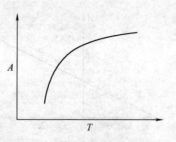

图 4-10　吸光度-原子化温度曲线

④ 除残时间与温度的选择　除残的目的是消除仪器对残留物的记忆效应，一般采用空烧的方法除残。除残温度高于原子化温度，一般为 3000℃，除残时间为 3～5s，否则使石墨管寿命大为缩短。

⑤ 载气流量的选择　载气通常用氩气或氮气。使用较多的是氩气。载气流量影响测定的灵敏度和石墨管寿命。目前，大多采用内外单独供气方式，外部气体流量在 1～5L/min，内部气体流量在 60～70L/min。在原子化期间，内气流量的大小与测定元素有关，可通过实验确定。

⑥ 冷却水的选择　为使石墨管温度迅速降至室温，常用水温约 20℃，流量为 1～2L/min 的冷却水（可在 20～30s 内冷却）。水温不宜过低，流速不宜过大，避免在石墨锥体或石英窗上产生冷凝水。

四、定量分析方法

原子吸收光谱分析进行定量测定时，常使用标准工作曲线法和标准加入法。

1. 标准工作曲线法

标准工作曲线法操作简便、快速，适用于组成简单的大批样品分析。

标准工作曲线法与分光光度分析的工作曲线法相似。其方法是：先配制一组浓度合适的标准溶液，在最佳测定条件下，由低浓度到高浓度依次测定它们的吸光度，然后以吸光度 A 为纵坐标，标准溶液浓度 c 为横坐标，绘制吸光度（A）-浓度（c）标准工作曲线，如图 4-11 所示。然后在相同的条件下，喷入被测溶液，测其吸光度，再从标准工作曲线上查出该吸光度所对应的浓度，即为被测溶液中被测元素的浓度，再通过计算求出被测元素的含量。

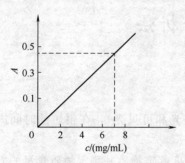

图 4-11　标准工作曲线

为了保证测定的准确度，测定时应注意以下三点。

① 标准溶液与被测溶液的基体（指溶液中除被测组分外的其他成分的总体）要相似，以消除基体干扰。标准溶液浓度范围应将样品溶液中被测元素浓度包括在内。浓度范围大小应以获得合适的吸光度读数为准。

② 在测定过程中要吸喷去离子水或空白溶液校正零点。

③ 由于燃气和助燃气流量变化会引起标准工作曲线斜率变化，所以每次分析

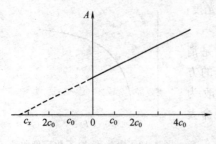

图 4-12　标准加入法工作曲线

都要重新绘制工作曲线。

2. 标准加入法

当样品中共存物不明或基体复杂而又无法配制与样品组成相匹配的标准溶液时，可使用标准加入法进行分析。具体方法是：吸取 4～5 份相同体积的被测元素溶液，第一份不加被测元素标准溶液，从第二份起依次分别加入同一浓度不同体积的被测元素的标准溶液，然后用溶剂稀释至相同体积，在相同实验条件下，依次测定各份溶液的吸光度，绘制出工作曲线，并将此曲线向左外延长至与横坐标相交，则在浓度轴上的截距，即为未知浓度 c_x，如图 4-12 所示。

标准加入法可以消除基体效应带来的影响，并在一定程度上消除了化学干扰和电离干扰，但不能消除背景干扰。所以只有扣除背景以后，才能得到被测元素的真实含量，否则将使测定结果偏高。

使用标准加入法测定分析时应注意以下几点。

① 相应的标准曲线应是一条通过原点的直线，被测组分的浓度应在此线性范围内。

② 第二份中加入的标准溶液的浓度与样品的浓度应当接近（可通过试喷样品和标准溶液比较两者的吸光度来判断），避免曲线的斜率过大或过小，造成较大的测定结果误差。

③ 为了保证得到准确的外推结果，至少要采用四个点来绘制外推曲线。

此外还有内标法、稀释法等。

第三节　荧光分析法

一、荧光分析法概述

荧光是分子吸收了较短波长的光（通常是紫外光和可见光），在很短的时间内发射出比照射光波长更长的光。

荧光分析法是根据物质的荧光谱线位置及其强度鉴定物质并测定物质含量的方法，通常又叫荧光光度分析法。

荧光分析法具有灵敏度高、选择性强、试样量少、方法简便、能提供比较多的物理参数等优点。

荧光分析法虽然具有以上这些优点，但是也有它的不足。由于它对环境因素敏感，所以在荧光测定时，干扰因素也就比较多，如光分解、猝灭、容易污染等。

随着科学技术的发展，荧光分析的手段越来越多。但从分析方法来说，则大致可分为直接测定法和间接测定法两种。直接测定法是利用物质自身发射的荧光，即所谓"自荧光"或"内源荧光"来进行测定的。间接测定法是由于有些物质本身荧光很弱或不发荧光，就需要使其转化成荧光物质再进行测定。这可以利用某些试剂（如荧光染料），使其与荧光较弱或不显荧光的物质共价或非共价结合，以形成发荧光的配合物等再进行测定，这叫做"外源荧光"的方法，也就是所谓的"荧光探针"技术。荧光分析法除了上述两种主要的方法以外，还有同步荧光法、三维荧光光谱法、导数荧光法、时间分辨荧光法、相分辨荧光法、荧光偏振测定法、荧光猝灭敏化法等各种新技术。

二、荧光分析法的基本原理

1. 荧光的分类

荧光按辐射源（即入射光）可分为三类。

① 紫外-可见光荧光　物质受紫外-可见光激发而发出的荧光，即所谓的荧光。

② X 射线荧光　以 X 射线为辐射源发射出比入射 X 光波长稍长的 X 光。

③ 红外光荧光　物质受红外光照射后发射出的比红外光波长稍长的红外光。

荧光按被测物质的存在形式可分为分子荧光和原子荧光。二者的区别是分子荧光是待测物质以分子形式存在，原子荧光是待测物质以原子形式存在。下面主要介绍分子的紫外-可见光荧光。

2. 激发光谱和荧光光谱

任何荧光物质都有两个特征光谱：激发光谱（或称吸收光谱）和荧光光谱（或称发射光谱）。

激发光谱是在逐渐改变激发光的波长下测定所发射荧光在某一固定波长处的荧光强度，以荧光强度为纵坐标，激发光波长为横坐标所描绘的曲线（如图 4-13a）。荧光光谱是固定激发光的波长和强度，测定所发射荧光在不同波长的强度，以荧光波长为横坐标，荧光强度为纵坐标所描绘的曲线（如图 4-13b）。

激发光谱是引起荧光的激发辐射在不同波长的相对效率。荧光光谱表示在所发射的荧光中各种波长的相对强度。

激发光谱和荧光光谱可用于鉴别荧光物质，而且是选择测定波长的依据。

3. 荧光效率

不同物质发射荧光的效率强度是不同的，通常用荧光效率来描述荧光物质的发射本领。荧光效率等于发射荧光的量子数与吸收激发光的量子数的比值（在 0～1 之间）。

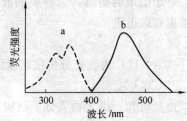

图 4-13 硫酸奎宁的激发光谱（虚线）和荧光光谱（实线）

4. 影响荧光强度的因素

（1）影响荧光强度的内在因素　影响荧光
强度的内在因素是物质的结构。一般共轭效应特别强的刚体平面结构的分子都会产
生荧光。

（2）影响荧光强度的外在因素

① 溶剂的影响　如果溶剂与被测物质发生反应，改变被测物质的电离状态，
带入荧光物质，则被测物质的荧光强度会受到影响。一般情况下，随溶剂极性的增
加，荧光强度增大。另外，溶剂黏度减小，可以增加分子间碰撞机会，将消耗掉部
分能量，从而使荧光强度减弱，故荧光强度随溶剂黏度减小而减弱。

② 温度的影响　一般来说，被测物质溶液温度升高，荧光强度降低。因为温
度升高后，被测物质分子运动速度加快，有效碰撞增加，将消耗掉部分能量，从而
降低了荧光效率。同时溶剂的黏度也会发生改变。

③ 溶液酸度的影响　如果被测物质的溶液酸度发生改变，其电离情况随之改
变，则被测物质的荧光强度也会改变。每一种荧光物质都有其最适宜的发射荧光的
存在形式，即最适宜的酸度范围。如苯胺在 $pH=7\sim12$ 范围内主要以分子形式存
在，由于氨基是提高荧光效率的取代基，所以苯胺分子会发出蓝色荧光；但在
$pH<7$ 或 $pH>13$ 的溶液中苯胺均以离子形式存在，故不显荧光。

除上述影响因素外，还要防止测定溶液的光分解、荧光污染、猝灭、散射等因
素的影响。

5. 荧光强度与溶液浓度之间的关系

对于稀溶液，荧光强度与溶液浓度之间有如下关系

$$F=\Phi_F I_0 \varepsilon Lc \tag{4-10}$$

式中　F——荧光强度；

Φ_F——荧光效率；

I_0——激发光强度；

ε——荧光物质的摩尔吸收系数；

L——液层厚度；

c——溶液浓度。

对于给定的物质，当物质的波长、强度、液层厚度一定时，荧光强度 F 与溶
液浓度 c 成正比：

$$F=Kc \tag{4-11}$$

式（4-11）为荧光分析法定量的依据。注意式（4-10）、式（4-11）成立的前提
是：$cL\leqslant0.05$。

由此可知：由于物质分子结构不同，所吸收的紫外光的波长和发射出的荧光波
长也各不相同，故可利用该特性进行物质的鉴别。物质分子发射出的荧光强度与该
物质分子在样品中的数量（或含量）成比例，因此，通过测定样品中物质分子发射

的荧光强度，采用适当方法进行校正，便可求出该物质分子在样品中的百分含量。
荧光物质的激发光谱和荧光光谱是荧光分析法用于物质的定性分析和定量分析的
依据。

三、荧光分光光度计

1. 荧光分光光度计的结构

荧光分光光度计又叫荧光色谱仪。目前，荧光分析法使用的仪器主要是荧光分
光光度计。荧光分光光度计的种类很多，但其基本构造主要有激发光源、激发单色
器、发射单色器、样品池和检测器等部分组成，如图 4-14 所示。

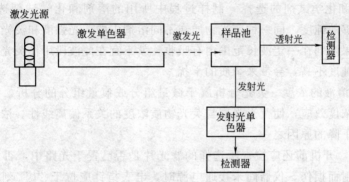

图 4-14　荧光分光光度计结构示意图

由图 4-14 可以看出，荧光分光光度计与紫外分光光度计较为相似。但荧光分
光光度计中荧光射出的方向垂直于入射光方向；荧光分光光度计的光信号检测是在
暗视野下进行。

（1）激发光源　通常用氙灯作为荧光分光光度计的激发光源。此外还有汞灯、
氢灯、氘灯、钨灯等。

（2）单色器　荧光分光光度计中有激发和发射两个独立的单色器。单色器的作
用是将复合光变成单色光。单色器主要包括光栅和狭缝。为了避免透射光的干扰，
荧光接收要在与入射光垂直的方向上。

① 光栅　光栅是单色器的主要元件，分为透射光栅和反射光栅两种，为荧光
分光光度计的扫描提供了条件。现在多采用光栅作为单色器。

② 狭缝　狭缝分为入射和出射两种狭缝。狭缝越宽，波长范围越宽，单色效
果越差；狭缝越窄，通过的光越弱，仪器灵敏度越低。选用合适的狭缝，需综合
考虑。

（3）样品池　主要有玻璃和石英两种样品池，最常用的厚度为 1cm。

（4）检测器　荧光分光光度计中最常用的检测器是光电倍增管，它能使光信号
得以放大，体现出较高的灵敏度。一些高级仪器中采用光电二极管阵列检测器进行

检测，以记录下完整的荧光光谱。

2. 仪器的操作方法及注意事项

使用荧光分光光度法进行检测时，应先对仪器进行性能测试，再按规定配制对照品和供试品溶液。按仪器说明书要求的方式，选定激发光波长和发射光波长，并在测定前用一定浓度的对照品溶液校正仪器的灵敏度，然后在相同条件下，读取对照品溶液及其试剂空白、供试品溶液及其试剂空白的读数即得所测值。

(1) 操作方法

① 配制对照品溶液和供试品溶液　荧光分光光度法的样品处理与其他分光光度法相似，按各药品项下的规定，选定激发光波长和发射光波长，并配制对照品溶液和供试品溶液。但需注意以下两个方面：

a. 溶剂和化学试剂的选择　制样过程中所用的溶剂和化学试剂选择要适宜，而且要有足够的纯度。同一种荧光物质在不同溶剂中的荧光强度和荧光光谱有显著的不同；如果溶剂在一定波长范围内有吸收，就不宜在此波段用作荧光试剂；如果化学试剂的纯度不高，会带来杂质的干扰。

b. 被测溶液的浓度　荧光分析属于微量组分或痕量组分的分析，当 $A \geqslant 0.05$ 时，将产生浓度效应，使荧光强度与荧光物质浓度的关系偏离线性。浓度效应是导致荧光强度下降的原因之一。

② 开机　开机前还应检查所选择的滤光片是否已置于光路中，否则光电管将受到强光照射而损伤。仪器尚未接通电源时，电表指针应位于"0"刻度线。开机程序是先开主机电源，再开氙灯的触发电源，最后开电路板控制电源，打开计算机进入程序，仪器开始自检。

③ 设置参数　按仪器说明书设置仪器参数。

④ 测定　将盛有已知浓度的溶液置于样品池中（约 4/5 高度），放在样品池架上，盖上样品室盖，调节满度调节钮，使电表指示在接近满度或其他任何数值。然后，将盛有样品溶液的样品池放在样品池架上，盖上样品室盖，即可测量读数并记录。

⑤ 关机　关机跟开机步骤相反，但不用去点氙灯的触发电源钮，保证不删除应用程序即可。

(2) 注意事项

① 由于荧光分析法的灵敏度高，溶剂不纯会带入较大荧光，故应做空白检查，必要时溶剂可用玻璃磨口蒸馏器蒸馏后再用。

② 对易被光分解的品种，应选择一种激发光波长和发射光波长都与之相近而对光稳定的物质的溶液作对照品溶液，校正仪器的灵敏度。

③ 温度对荧光强度有较大的影响，测定时应控制前后温度一致。

④ 溶液中的悬浮物对光有散射作用，如果荧光光谱与这种散射光谱重叠，就会影响荧光的测量，因而在测定前应设法将悬浮物除去，除去的方法是用垂熔玻璃

过滤或用离心法除去。

⑤ 溶液 pH 值的改变对荧光强度也有很大影响，当荧光物质本身为强酸或强碱时，应保持测定前后 pH 值一致。

⑥ 测定用的玻璃仪器与样品池等必须保持高度洁净。

⑦ 氙灯内充气处于高压状态，安装或更换氙灯时，要戴上防护眼镜并严格按规定的程序进行。而且要等氙灯稳定后再开计算机。小心发生意外。

⑧ 操作者不能直视光源，以免紫外线损伤眼睛。

第四节　气相色谱分析法

一、气相色谱分析法概述

以气体作为流动相的色谱法叫做气相色谱法或气相层析法。它是英国生物化学家、诺贝尔奖获得者马丁和辛格在研究液-液分配色谱的基础上于 1952 年创立，近 50 多年来迅速发展起来的新型分离和分析技术，主要用于低分子量、易挥发有机化合物（约占有机物的 15%～20%）的分析，目前从基础理论、实验方法到仪器研制已发展成为一门趋于完善的分析技术。

气相色谱法的种类繁多，可以从不同的角度对其分类。根据所用固定相状态的不同，气相色谱可分为气固色谱和气液色谱。前者是用固体吸附剂作固定相，后者则以涂布在载体表面上的固定液作为固定相。根据色谱柱的粗细，气相色谱可分为填充柱色谱和毛细管柱色谱。填充柱是将固定相填充在金属或玻璃管柱中，毛细管柱是将固定液直接涂布在毛细管内壁上。按分离原理不同，气相色谱可分为吸附色谱和分配色谱。气固色谱属于吸附色谱，它利用固体吸附剂对不同组分的吸附性能不同而进行分离。气液色谱用于分配色谱，它利用不同组分在两相中的分配系数不同而达到分离目的。

气相色谱法的主要特点有分析速度快、分离效能高、灵敏度高、高选择性、应用范围广等。气相色谱法的这些优点，大大扩展了它在各种工业中的应用。但气相色谱法也存在不足之处，首先是从色谱峰不能直接给出定性结果，因而不能直接分析未知物，必须用已知纯物质的色谱图和它对照。其次，分析无机物和高沸点有机物时比较困难，需要采用其他的色谱分析方法来完成。

二、气相色谱法的基本原理

1. 气相色谱流出曲线的特征

（1）色谱图　被分析的样品经气相色谱分离、鉴定后，由记录仪绘出样品中各个组分的流出曲线，即色谱图，也称色谱流出曲线，典型的气相色谱流出曲线如图 4-15 所示。色谱图是进行定性和定量分析的主要依据。

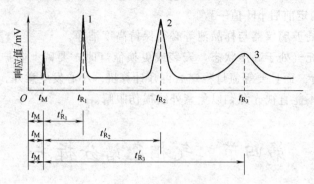

图 4-15　气相色谱流出曲线

（2）色谱峰　由于色谱柱流出组分通过检测器系统时所产生的响应信号的微分曲线大部分都是峰形的，所以称为色谱峰。从色谱图上可得到一组色谱峰，每个峰代表样品中的一个组分。由每个色谱峰的峰位、峰高和峰面积、峰的宽窄及相邻峰间的距离可获得色谱分析的重要信息。

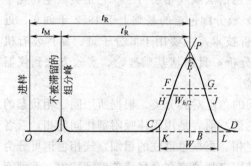

图 4-16　典型的色谱峰

典型的色谱峰呈正态分布，其峰形是对称的，峰图的横坐标为流出时间（以 t 表示，或记录纸的走纸距离），纵坐标为组分浓度的变化（以 mV 表示），典型的色谱峰如图 4-16 所示。

① 峰底　从峰的起点与终点之间连接的直线。如图 CD 线，与基线重合。

② 峰高　从峰最大值到峰底的距离，用 h 表示。如图 BE 线。

③ 峰宽　在峰两侧拐点（F，G）处作切线与峰底相交两点间的距离，称为峰宽，用 W 表示。如图 KL 线。

④ 半峰宽　峰高一半处的峰宽称为半峰宽，用 $W_{h/2}$ 表示。如图 HJ 线。

⑤ 峰面积（A）　峰面积是指每个组分的流出曲线和峰底所包围的面积，如图 4-16 中的 $CDJEHC$。对于峰形对称的色谱峰，可看成是一个近似等腰三角形的面积，峰面积可由峰高和半峰宽来计算。

峰高和峰面积大小与每个组分在样品中的含量有关，因此色谱峰的峰高或峰面积是气相色谱进行定量分析的重要依据。

（3）色谱定性参数　色谱定性参数有：死时间，保留时间，调整保留时间，保留体积，调整保留体积，校正保留体积，净保留体积，比保留体积，相对保留值等。

2. 气相色谱分离原理

气相色谱法的分离原理有气液分配色谱和气固吸附色谱之分。

（1）气液色谱的分离原理　当用液体固定相进行气相色谱分离时，其主要机理是分配色谱。当载气携带被分析样品各组分蒸气进入色谱柱时，接触到固定液，产生溶解作用。被分析组分是溶质，固定液是溶剂。由于各组分的物理性质不同，在固定液中的溶解度也不相同。溶解度大的组分，在液相中的浓度大，而在气相中的浓度小，即挥发度小；反之溶解度小的组分，在液相中的浓度小，在气相中的浓度大，即挥发度大。由于分配能力不同，各组分间具有不同的分配系数。当两相做相对运动时，各组分也随载气一起流动，并在两相间不断进行溶解和解吸过程，这种反复多次的分配，使得那些分配系数只有微小差别的组分，在移动速度上产生很大的差异。溶解度小的组分，即分配系数小的组分，在气相中浓度大，移动得快，先从柱中流出；反之则后流出，从而达到分离的目的。

（2）气固色谱的分离原理（吸附型）　以固体吸附剂作固定相进行气相色谱分离时，其主要机理是吸附色谱。样品各组分由载气携带进入柱子时，立刻被吸附剂所吸附。后面的载气不断流过吸附剂，吸附着的组分又被洗脱下来，这种洗脱下来的现象称为脱附。脱附的组分随着载气继续前进，又可被前面的吸附剂所吸附。随着载气的流动，被测组分在吸附剂表面进行反复多次的物理吸附-脱附过程。由于被测各组分的性质不同，在吸附剂表面的吸附能力就不一样。较难吸附的组分容易脱附，逐渐走在前面；容易被吸附的组分则不易被脱附，而留在后面。经过一定时间，即通过一定量的载气后，样品中的各个组分就彼此分离而先后流出色谱柱。

三、气相色谱仪简介

气相色谱分析所用的仪器称作气相色谱仪。目前国内外各厂家生产的气相色谱仪型号很多，性能各有差异，但它们的基本结构都包括气路系统、进样系统、柱分离系统、检测系统、温度控制系统和信号记录系统，其组成方框图如图 4-17 所示，结构示意图如图 4-18 所示。

图 4-17　气相色谱仪的组成

载气由高压钢瓶供给，经减压阀减压后，进入载气净化干燥管以除去载气中的水分，由针形阀控制载气的压力和流量（流量计和压力表用以指示载气的柱前流量和压力），再流经进样器（包括汽化室），样品从进样器注入，由载气携带进入色谱

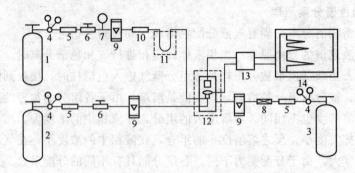

图 4-18　气相色谱仪的结构

1—氮气钢瓶；2—氢气钢瓶；3—空气钢瓶；4—减压阀；5—干燥器；

6—稳压阀；7—压力表；8—针形阀；9—转子流量计；10—汽化室；

11—色谱柱；12—检测器；13—电流放大器；14—记录器

柱，样品中各组分按分配系数的大小顺序，依次被载气带出色谱柱，进入检测器，检测器将物质的浓度或质量变化转变为电信号，由记录仪记录，得到色谱图，根据色谱峰的峰高或峰面积可以定量测定样品中各个组分的含量。

1. 气路系统

气路系统包括气源、气体净化器、气体流速控制和测量器。气体从载气瓶经减压阀、流量控制器和压力调节阀，然后通过色谱柱，由检测器排出，形成气路系统。整个系统应保持密封，不能有气体泄漏。

气相色谱法中的流动相是气体，通常称为载气。常用的载气有氢气和氮气。载气的选用和纯化主要取决于选用的检测器、色谱柱以及分析要求。

2. 进样系统

进样系统的功能是引入试样并使试样瞬间汽化。进样系统包括汽化室和进样器。

（1）汽化室　汽化室一般要求死空间小、热容量大、无催化效应即不使样品分解，常用金属块制成汽化室。为了避免汽化的样品和金属接触分解，一般在汽化室装有石英或玻璃衬管以便及时清洗更换。

（2）进样器　进样量大小和进样时间长短直接影响色谱柱的分离和测定结果。常用微量注射器取样后刺破密封硅橡胶垫推入汽化室。通常样品要经汽化室汽化后才进入色谱柱。进样量一般不超过数微升，进样器温度应高于柱温 $30\sim50℃$。

3. 柱分离系统

柱分离系统的功能是使样品在柱内运行的同时得到分离。柱分离系统主要由色谱柱组成，是气相色谱仪的核心部分。

4. 检测系统

检测系统的功能是对柱后已被分离的组分进行检测。

检测器是气相色谱仪的重要组成部分，将各组分的浓度或质量信号转变成相应的电信号。

5. 温度控制系统

温度是气相色谱分析的重要操作参数之一，它直接影响到色谱柱的选择性、分离效率以及检测器的灵敏度和稳定性。温度控制系统的功能是控制并显示汽化室、色谱柱柱箱、检测器及辅助部分的温度。

汽化室、色谱柱和检测器的温度各具有不同的作用，因此气相色谱仪具有三种不同的温控。汽化室、色谱柱和检测器的温度均需精密控制。通常汽化室的温度最高，检测器的温度次之，色谱柱的温度第三。有些色谱仪将检测器和色谱柱置于同一恒温室中，则两者的温度相等。正确选择和精密控制各处的温度是顺利完成分析任务的重要条件。

（1）色谱室温度　色谱室的温度要求严格，目的是为色谱柱提供一个均匀、恒定的温度或程序改变的温度环境，来保证仪器的稳定性。这就要求柱室温度梯度小、保温性能好、控温精度高、升温降温速度快。

（2）汽化室温度　在汽化室温度下，样品能瞬间汽化而不分解，所以正确选择与控制汽化室温度对高沸点和易分解的样品尤为重要。汽化温度一般比柱温高$10 \sim 50 \text{℃}$。

（3）检测器温度　除氢火焰离子化检测器外，所有检测器对温度的变化均敏感，特别是热导检测器，温度变化直接影响检测器的灵敏度和稳定性，因此必须严格控制检测器的温度，一般控制在$\pm 0.1 \text{℃}$以内。

6. 信号记录系统

信号记录系统的功能是记录并处理由检测器输入的信号、给出对试样定性和定量的结果。

综上所述，气相色谱法的工作过程是：以气体作流动相（载气），当样品由微量注射器"注射"进入进样器后，被载气携带进入色谱柱，由于样品中各组分在色谱柱中的流动相（气相）和固定相（固定液或吸附剂）之间分配系数的差异，在载气的冲洗下，各组分在两相间进行多次反复的分配，使各组分在柱中得到分离，然后用连接在柱后的检测器根据组分的物理和化学特性，将各组分按顺序检测出来，由气相色谱仪上的记录器自动记录色谱图。

复 习 题

1. 物质的颜色是怎样产生的？
2. 简述分光光度分析的原理。
3. 何谓光吸收定律？其适用条件是什么？
4. 分光光度计的基本组件有哪些？各起什么作用？
5. 原子吸收光谱分析的定量方法有几种？

6. 简要叙述原子吸收光谱分析的基本原理。

7. 什么是荧光分析法？荧光分析的特点是什么？

8. 气相色谱法的分离原理是什么？

9. 简述原子吸收分光光度计的基本组成。并简要说明各部件的作用。

10. 在456nm处，用1cm吸收池测定显色后的锌标准溶液的吸光度得到以下结果

c_{Zn}/(μg/mL)	2.00	4.00	6.00	8.00	10.0
吸光度 A	0.105	0.205	0.310	0.415	0.515

（1）绘制工作曲线；（2）求摩尔吸收系数；（3）求吸光度 $A=0.260$ 时未知样品溶液的浓度。

11. 如何正确使用与维护分光光度计？

12. 荧光分光光度计由哪几部分组成？

13. 气相色谱仪有哪几部分组成？它们的作用分别是什么？

第五章　食品一般成分的测定

食品的一般成分包括水分、蛋白质与氨基酸、脂类、碳水化合物、酸、灰分等，这些成分的含量往往作为评价食品品质的重要指标。

第一节　水分的测定

水是维持动、植物和人类生存必不可少的物质之一，又是食品中的重要组成成分。不同种类的食品，水分含量差别很大。如蔬菜含水分 85%～97%、水果 80%～90%、鱼类 67%～81%、蛋类 73%～75%、乳类 87%～89%、猪肉 43%～59%；谷物和豆类等种子类食品为 12%～16%，即使是干态食品，也含有少量水分，如饼干 2.5%～6.0%。

食品中水分含量对保持食品的感官性质、维持食品中其他组分的平衡关系、保证食品保存期起着重要作用。例如，新鲜面包的水分含量若低于 28%～30%，其外观形态干瘪，失去光泽；硬糖的水分含量一般控制在 3.0% 左右，过低出现返砂现象，过高易返潮；乳粉水分含量控制在 2.5%～3.0% 以内，可抑制微生物生长繁殖，延长保存期。此外原料中水分含量高低对于成本核算、提高经济效益有重大意义。故食品水分含量的测定是食品分析的重要项目之一。

食品中水分的存在状态，按照其物理、化学性质，可分为结合水和自由水。结合水包括结晶水和吸附水，具有不易结冰（冰点 $-40℃$）、不能作为溶剂、不能被微生物利用、不易蒸发等特点。自由水或游离水指组织、细胞中容易结冰且能溶解溶质的水，包括表面湿润水分、渗透水分和毛细管水，其性质与结合水相反。

水分测定的方法很多，在食品分析中应用较多的有干燥法和蒸馏法。此外，还可利用食品的密度、折射率等测出食物的干物质含量，再间接计算出水分的百分含量。比较起来，前者的准确度高于后者。

一、干燥法

干燥法是指样品在一定条件下受热，使其中水分蒸发，根据样品在蒸发前后的失重，计算水分含量的一类测定方法。食品组成比较复杂，除水分外，还含有醛、酮、香料等其他挥发性物质。另外不饱和脂肪酸、果糖等成分在一定的加热条件下能够发生氧化、分解反应，使样品本身的组成发生变化。这样，根据样品失重计算出来的水分含量往往与真实值相差较大。因此，对于含较多挥发性成分及在加热条件下易发生氧化分解反应的样品，应控制适当的操作条件或选择其他合适的方法。根据测定条件的不同，干燥法可分为常压干燥法、减压干燥法和红外线干燥法等。

（一）常压干燥法

1. 原理

食品中的水分受热后产生的蒸气压高于电热干燥箱中空气的蒸气分压，使食品中的水分蒸发出来，通过不断加热并排走水蒸气，达到完全干燥的目的。

2. 试剂

（1）6mol/L 盐酸　准确量取 100mL 盐酸，加水稀释至 200mL。

（2）6mol/L 氢氧化钠溶液　准确称取 24g 氢氧化钠，加水溶解并稀释至 100mL。

（3）海沙　用水洗去泥土的海沙或河沙先用 6mol/L 盐酸煮沸 0.5h 后，再用水洗至中性，然后用 6mol/L 氢氧化钠溶液煮沸 0.5h 后，用水洗至中性，最后经 105℃ 干燥备用。

3. 仪器

扁形铝制或玻璃制称量瓶（内径 60～70mm，高 35mm 以下）；电热恒温干燥箱。

4. 分析步骤

（1）固体样品　取洁净称量瓶，置于 95～105℃ 干燥箱中，瓶盖斜支于瓶边，加热 0.5～1.0h，取出盖好，置干燥器内冷却 0.5h，称量，并重复干燥至恒重。称取 2.00～10.00g 切碎或磨细的样品，放入称量瓶中，样品厚度约为 5mm，加盖，精密称量后，置 95～105℃ 干燥箱中，瓶盖斜支于瓶边，干燥 2～4h 后，盖好取出，放入干燥器内冷却 0.5h 后称量。然后再放入 95～105℃ 干燥箱中干燥 1h 左右，取出，放干燥器内冷却 0.5h 后再称量。至前后两次质量差不超过 2mg，即为恒重。

（2）半固体或液体样品　取洁净的蒸发皿，内加 10.0g 海沙及一根小玻棒，置于 95～105℃ 干燥箱中，干燥 0.5～1.0h 后取出，放入干燥器内冷却 0.5h 后称量，并重复干燥至恒重。然后精密称取 5～10g 样品，置于蒸发皿中，用小玻棒搅匀放在沸水浴上蒸干，并随时搅拌，擦去皿底的水滴，置 95～105℃ 干燥箱中干燥 4h 后取出，放入干燥器内冷却 0.5h 后称量。然后再放入 95～105℃ 干燥箱中干燥 1h 左右，取出，放干燥器内冷却 0.5h 后再称量。至前后两次质量差不超过 2mg，即为恒重。

5. 计算

测定结果按式(5-1)计算，计算结果保留三位有效数字。

$$X=\frac{m_2-m_3}{m_1-m_3}\times100\%\tag{5-1}$$

式中　X——样品中水分的含量，%；

　　　m_1——称量瓶（或蒸发皿加海沙、玻棒）与样品的质量，g；

　　　m_2——称量瓶（或蒸发皿加海沙、玻棒）与样品干燥后的质量，g；

　　　m_3——称量瓶（或蒸发皿加海沙、玻棒）的质量，g。

6. 说明

① 本法使用设备及操作都很简单，但时间较长，适应于测定对热稳定、含挥发性成分少的食品中自由水的含量，如谷物及其制品、水产品、豆制品、乳制品、肉制品及卤菜制品等。但不适用于胶体、高脂肪、高糖食品及含有较多的高温易氧化、易挥发物质的食品。

② 本法测得的水分还包括微量的芳香油、醇、有机酸等挥发性物质。

③ 加入海沙，是为了增大受热和蒸发面积，防止食品结块，加速水分蒸发，缩短分析时间。

④ 水分是否完全蒸发，无直观指标，只能依靠恒重来判断。恒重的标准一般定为 $1\sim3$mg 范围内，依照食品种类和测定要求而定。

⑤ 加热过程中，可能发生各种化学反应，引起误差。如在高温条件下长时间加热，单糖可能氧化分解，含氮物质可能发生羰氨反应析出水分而导致误差等。

（二）减压干燥法

1. 原理

利用低压下水的沸点降低的原理，食品中的水分在较低温度下蒸发，根据样品干燥前后所失去的质量，计算水分含量。

2. 仪器

真空干燥箱。

3. 分析步骤

（1）样品的制备　粉末和结晶样品直接称取；硬糖果经乳钵粉碎；软糖用刀片切碎，混匀备用。

（2）测定　准确称取约 $2\sim10$g 样品转入已干燥至恒重的称量瓶，放入真空干燥箱内，将干燥箱连接真空泵，抽出干燥箱内空气至所需压力（一般为 $40\sim53$kPa），并同时加热至所需温度（60 ± 5）℃。关闭真空泵上的活塞，停止抽气，使干燥箱内保持一定的温度和压力，经 4h 后，打开活塞，使空气经干燥装置缓缓通入至干燥箱内，待压力恢复正常后再打开干燥箱。取出称量瓶，放入干燥器中冷却 0.5h 后称量，并重复以上操作至恒重。

4. 计算

测定结果按公式（5-1）计算，计算结果保留三位有效数字。

5. 说明

减压干燥法适应于在较高温度下加热易分解、氧化、变性的食品，如糖浆、果糖、果蔬及其制品等。

除了上述两种干燥法以外，为了进行水分的快速测定，可采用红外线干燥法，但比较起来，其精密度较差，可作为简易法用于测定 2～3 份样品的大致水分，或快速检验在一定允许偏差范围内的水分含量。一般测定时间短（只需 10～30min）。当样品份数多时，效率反而降低。

二、蒸馏法

蒸馏法测定过程在密闭容器中进行，加热温度较常压干燥法低，对易氧化、分解及热敏性的样品，均可减少测定误差，适用于含有大量挥发性物质的样品，也适用于含水较多的食品如水果、蔬菜等水分的测定，因而在食品分析中应用较为广泛。对于香辛料，蒸馏法是惟一公认的水分测定方法。

1. 原理

根据两种互不相溶的混合液体的沸点低于各组分的沸点的原理，样品与溶剂混合后加热，样品中水分与溶剂共同蒸出，收集于刻度接收管中，由于水与溶剂不相溶，可以读取接收管下层水层的体积，根据体积计算出样品中水的含量。

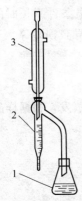

2. 试剂

取甲苯或二甲苯，先以水饱和后，分去水层，进行蒸馏，收集馏出液备用。

3. 仪器

水分测定器　如图 5-1 所示（带可调式电炉），水分接收管容量 5mL，最小刻度值 0.1mL，容量误差小于 0.1mL。

4. 分析步骤

准确称取适量样品（估计含水 2～5mL），放入 250mL 锥形瓶中，加入新蒸馏的甲苯（或二甲苯）75mL，连接冷凝管与水分接收管，从冷凝管顶端注入甲苯，装满水分接收管。

图 5-1　水分
测定器
1—250mL 锥形
瓶；2—水分接
收管，有刻度；
3—冷凝管

加热慢慢蒸馏，开始使每秒钟得馏出液两滴，待大部分水分蒸出后，加速蒸馏约每秒 4 滴，当水分全部蒸出后，接收管内的水分体积不再增加时，从冷凝管顶端加入甲苯冲洗。如冷凝管壁附有水滴，可用附有小橡皮头的铜丝擦拭，再蒸馏片刻至接收管上部及冷凝管壁无水滴附着，接收管水平面保持 10min 不变，为蒸馏终点，读取接收管水层的容积。

5. 计算

结果按式(5-2) 计算，计算结果保留三位有效数字。

$$X = \frac{V}{m} \times 100 \tag{5-2}$$

式中　X——样品中水分的含量，mL/100g；

　　　V——接收管内水的体积，mL；

　　　m——样品的质量，g。

6. 说明

① 甲苯、二甲苯能溶解少量的水，所以可先用水饱和再蒸馏，取蒸馏液用。

② 水分测定蒸馏器的使用。每次使用前必须用重铬酸钾-硫酸洗涤液充分洗涤，用水冲净后烘干；蒸馏时，冷凝管上端的管口要塞上少许脱脂棉；蒸馏烧瓶与接收管的连接要紧密。不能漏气，要防止水分、溶剂泄漏。

三、食品中水分活度的测定

水分活度（A_w）是指在同一温度下，纯水的饱和蒸气压与食品中水分所产生的蒸气分压之比。即

$$A_w = P/P_0 = RH/100 \tag{5-3}$$

式中　P——食品中水蒸气分压；

　　　P_0——在相同温度下纯水的饱和蒸汽压；

　　　RH——平衡相对湿度。

在一定温度下，食品与周围环境处于水分平衡状态时，食品的水分活度值在数值上等于用百分率表示的相对湿度。其数值在 0～1 之间。

水分含量、水分活度值、相对湿度三者概念不同。水分含量是指食品中水的总含量（包括自由水和结合水），即一定量食品中含水的百分数；水分活度反映了食品中水分存在的状态，即水分与食品的结合程度或游离程度。结合程度越高，水分活度值越低；结合程度越低，水分活度值越高。而相对湿度是指食物周围的空气状态。

食品的水分活度反映了食品中水分存在的状态，它直接影响着食品的色、香、味、组织结构以及食品的稳定性。不同微生物的生命活动、食品中的生物化学反应都要求一定的水分活度值，因此水分活度值对食品保藏具有重要意义。利用水分活度原理，控制水分活度，从而提高产品质量，延长食品保藏期，在食品工业生产中已得到越来越广泛的重视。如软糖生产中添加琼脂、面包中添加乳化剂、糕点生产中添加甘油等都起了调整食品水分活度值的作用，使产品结构松软、可口，保存期延长。故食品中水分活度值的测定已逐渐成为食品分析中的一个重要项目。

食品中水分活度的测定方法很多，常用的有扩散法、溶剂萃取法和水分活度测定仪法，下面主要介绍扩散法。

1. 原理

样品在康卫氏扩散皿的密封和恒温条件下，分别在 A_w 值较高和较低的标准饱和溶液中扩散平衡后，根据样品质量的增加（在较高 A_w 值标准溶液中平衡）和减少（在较低 A_w 值标准溶液中平衡）的量，求出样品的 A_w 值。

2. 试剂

所用试剂均为分析纯，水为重蒸馏水或相当纯度的水。实验过程中所用标准水分活度试剂如下：

(1) 硫酸钾饱和溶液　$RH=96.9$，$t=25℃$。
(2) 磷酸二氢铵饱和溶液　$RH=93.0$，$t=25℃$。
(3) 硝酸钾饱和溶液　$RH=92.0$，$t=25℃$。
(4) 硫酸铵饱和溶液　$RH=81.1$，$t=25℃$。
(5) 氯化铵饱和溶液　$RH=79.3$，$t=25℃$。
(6) 氯化钠饱和溶液　$RH=75.8$，$t=25℃$。
(7) 氯化铵、硝酸钾饱和溶液　$RH=71.2$，$t=25℃$。

注：RH 为饱和溶液的相对湿度，t 为温度。

3. 仪器

康卫皿；恒温箱（±0.1℃）；样品盒（直径 3.5cm，高 0.7cm 的塑料或不易腐蚀的金属盒）；分析天平。

4. 样品处理

固体、液体或流动酱汁样品，可直接均匀取样进行称量，若为瓶装固体、液体混合样品可取液体部分；若为混合样品，则应取代表性的混合均匀的样品。

5. 分析步骤

① 取约 20g 样品，用塑料薄膜密封包装，置（25.0±0.1）℃恒温箱中，恒温 30min。

② 取重蒸馏水和上述七种饱和溶液 12mL，分别放入康卫氏皿的外室，盖上毛玻璃板，使其密封，置（25.0±0.1）℃恒温箱中，30min。

③ 分别将保温过的样品约 1.5g 放入干燥至恒量的 8 个样品盒中称量，精确到 0.001g。

④ 分别将样品盒放入康卫氏皿的内室中，用毛玻璃板密封，放入（25.0±0.1）℃恒温箱，恒温 3h，取出样品盒称量，精确到 0.001g。

⑤ 同一样品进行两次测定。

6. 结果处理

（1）作图　以上述七种平衡饱和溶液的 RH 为横坐标，样品经饱和溶液平

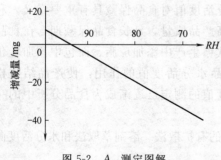

图 5-2　A_w 测定图解

衡后的单位增减量（X_0）为纵坐标作图，见图 5-2。

（2）计算样品增减量　样品增减量按式(5-4)计算。计算结果保留一位小数。

$$X = \frac{m_1 - m}{m - m_0} \tag{5-4}$$

式中　X——样品增减量；

　　m_1——(25.0±0.1)℃恒温 3h 后的样品盒和样品质量；

　　m——(25.0±0.1)℃恒温前样品盒和样品质量；

　　m_0——样品盒质量。

（3）计算　水分活度值按式(5-5)计算，计算结果保留三位小数。

$$水分活度值 = \frac{横轴截距}{100} \tag{5-5}$$

7. 说明

① 实验室室温应保持在 18~25℃，取样操作应迅速，各份样品称量应在同一条件下进行。

② 康卫氏皿密封性要求良好。

③ 样品的大小形状对结果影响不大，取样品的固体部分或液体部分，样品平衡后其结果没有差异。

第二节　灰分的测定

食品的组成既包括大量有机物质，又有丰富的无机成分。食品经高温灼烧时，将发生一系列物理和化学变化，最后有机成分挥发逸散，而无机成分（主要是无机氧化物）则残留下来，这些残留物称为灰分。灰分是表示食品中无机成分总量的一项指标。但食品在灰化时，某些易挥发元素，如氯、碘、铅等会挥发散失，磷、硫等也能以含氧酸的形式挥发散失，使这些无机成分减少。某些金属氧化物会吸收有机物分解产生二氧化碳而形成碳酸盐，又使无机成分增多。因此，灰分与食品中原来存在的无机成分在数量和组成上并不完全相同。并不能准确地表示食品中原来的无机成分的总量。从这种观点出发通常把食品经高温灼烧后的残留物称为粗灰分。

不同的食品，因所用原料、加工方法及测定条件不同，各种灰分的组成和含量也不相同，当这些条件确定后，某种食品的灰分常在一定范围内。如果灰分含量超过了正常范围，说明食品生产中使用了不合乎要求的原料或食品添加剂，或食品在加工、储存过程中受到了污染。因此，测定灰分可以判断食品受污染的程度，也可以评价食品的加工精度和食品的品质。例如，面粉加工中以灰分含量作为评定面粉等级的指标之一。

同时，灰分在评价某些食品的营养价值、控制产品质量方面也有重要意义。

一、总灰分的测定——直接灰化法

1. 原理

食品中的有机物质经小火炭化、高温灼烧，氧化分解为二氧化碳、水蒸气等气态（汽态）物质而挥散，残余的白色或浅灰色物质即为总灰分。

2. 主试剂

(1) 1+4 盐酸溶液。

(2) 0.5％三氯化铁溶液与等量蓝墨水混合液。

3. 仪器

马弗炉；分析天平；石英坩埚或瓷坩埚；干燥器；坩埚钳。

4. 分析步骤

(1) 瓷坩埚的准备　取大小适宜的石英坩埚或瓷坩埚，先用盐酸煮过、洗净，置马弗炉中，在 (550±25)℃下灼烧 0.5h，冷却至200℃以下后，取出，放入干燥器中冷却至室温，准确称量，并重复灼烧至恒重。

(2) 样品处理

① 谷物豆类等固体样品，一般先粉碎成均匀样品备用。

② 水分含量高的样品，如果汁、牛乳等，先准确称样于瓷坩埚中，置于水浴上蒸发致近干，再进行炭化、灼烧；也可利用测定水分后的残留物作样品。若直接进行炭化，液体沸腾，易造成样品损失。

③ 果蔬、动物性食品，先正确采样，经制备成均匀样品后再准确称样于坩埚中，置于低温下使水分蒸发至近干，再进行炭化。

④ 含脂肪较多的样品，经捣碎均匀准确称样后，先提取脂肪，再将残留物进行炭化。

(3) 测定　坩埚内加入 2～3g 固体样品或 5～10g 液体样品后，准确称量。液体样品应先在沸水浴上蒸干。固体或蒸干后的样品，先以小火加热使样品充分炭化至无烟，然后置马弗炉中，在 (550±25)℃灼烧 4h。冷却至200℃以下后取出放入干燥器中冷却 30min，在称量前如灼烧残渣有炭粒时，向样品中滴入少许水湿润，使结块松散，蒸出水分再次灼烧至无炭粒即灰化完全，准确称量。重复灼烧至前后两次称量相差不超过 0.5mg 为恒重。

5. 计算

结果按式(5-6)计算，计算结果保留三位有效数字。

$$X = \frac{m_1 - m_2}{m_3 - m_2} \times 100 \tag{5-6}$$

式中　X——样品中灰分的含量，g/100g；

　　　m_1——坩埚和灰分的质量，g；

m_2——坩埚的质量，g；

m_3——坩埚和样品的质量，g。

6. 说明

① 炭化时先用小火，再用大火，避免样品溅出。若样品含糖量较高，炭化前应先滴加数滴橄榄油，以防止样品膨胀溢流。

② 灰化温度不能超过 600℃，否则磷酸盐熔化，使钾、钠挥发损失。

③ 含水分多的样品，应适当增加取样量，以减小误差。

二、水溶性灰分和水不溶性灰分的测定

在测定总灰分所得残留物中加入 25mL 无离子水，加热至沸，用无灰滤纸过滤，用 25mL 热的无离子水多次洗涤坩埚、滤纸及残渣，将残渣连同滤纸移回原坩埚中，在水浴上蒸发至干涸，放入干燥箱中干燥，再进行灼烧、冷却、称量、直至恒重。按式(5-7) 分别计算水不溶性灰分和水溶性灰分含量。

$$水不溶性灰分（\%）=\frac{m_4-m_2}{m_3-m_2}\times100\% \tag{5-7}$$

式中　m_4——坩埚和水不溶性灰分的质量，g；

m_2——坩埚的质量，g；

m_3——坩埚和样品的质量，g。

$$水溶性灰分（\%）=总灰分（\%）-水不溶性灰分（\%）$$

三、酸不溶性灰分的测定

在总灰分或水不溶性灰分中加入 25mL 0.1mol/L 盐酸，以下操作同水溶性灰分的测定，按式(5-8) 计算酸不溶性灰分含量。

$$酸不溶性灰分（\%）=\frac{m_5-m_2}{m_3-m_2}\times100\% \tag{5-8}$$

式中　m_5——坩埚和酸不溶性灰分的质量，g；

m_2——坩埚的质量，g；

m_3——坩埚和样品的质量，g。

第三节　食品中酸类物质的测定

食品中的酸味物质，主要是溶于水的一些有机酸和无机酸。在果蔬及其制品中以苹果酸、柠檬酸、酒石酸、琥珀酸和乙酸为主；在肉、鱼类食品中则以乳酸为

主。此外，还有一些无机酸如盐酸、磷酸等。这些酸味物质，有的是食品中的天然成分如葡萄中的酒石酸，苹果中的苹果酸；有的是人为加进去的，如配制型饮料中加入的柠檬酸；还有的是在发酵中产生的，如牛奶中的乳酸。

食品中的有机酸影响食品的色、香、味、稳定性和质量的好坏。大多数的有机酸具有爽快的酸味，可增进食品的风味。水果中适量的挥发酸也会带来特定的香气。食品中有机酸含量高，则其 pH 值低，而 pH 值的高低，对食品的稳定性有一定的影响。降低 pH 值能减弱微生物的抗热性和抑制其生长，在水果及其制品中控制介质 pH 值还可以抑制褐变，有机酸还可以提高维生素 C 的稳定性，防止氧化。食品中的酸度不但是呈味成分，而且在加工、储运及品质管理等方面都具有重要作用。因此测定食品中的酸度具有重要意义。

食品中的酸度，可分为总酸度（滴定酸度）、有效酸度（pH 值）和挥发性酸度。总酸度是指食品中所有酸性物质的总量，包括已离解酸的浓度和未离解酸的浓度。常采用标准碱溶液进行滴定，并以样品中主要代表酸的百分含量表示。有效酸度，则是指样品中呈现游离状态的氢离子的浓度（严格地说应该是活度），用 pH 计进行测定，可直接测定样品的 pH 值。挥发酸则指食品中易挥发的部分有机酸，如乙酸、甲酸等。可用直接法或间接法进行测定。

一、总酸度的测定

1. 原理

食品中所含的酸主要是有机弱酸或其酸式盐。利用酸碱中和原理，以酚酞作为指示剂，用强碱标准溶液进行滴定，根据消耗强碱标准溶液的体积，计算求出食品的总酸度。

2. 试剂

(1) 0.1mol/L 氢氧化钠标准溶液。

(2) 1%酚酞指示剂溶液。

3. 仪器

组织捣碎机；水浴锅；研钵。

4. 分析步骤

(1) 样品的制备

① 液体样品　不含二氧化碳的样品充分混匀。含二氧化碳的样品至少称取 200g 样品于 500mL 烧杯中，置于电炉上边加热边搅拌至微沸，保持 2min，称量，用蒸馏水补充至煮沸前的质量。

② 固体样品　如果蔬原料及其制品，去除不可食部分，取有代表性的样品至少 200g，置于研钵或组织捣碎机中，加入与样品等量的水，研碎或捣碎，混匀后备用。

③ 固液体样品　按样品的固、液体比例至少取 200g，去除不可食部分，用研钵或组织捣碎机研碎或捣碎，混匀后备用。

（2）样品的预处理

① 液体样品　总酸含量小于或等于 4g/kg 的液体样品直接测定；大于 4g/kg 的液体样品取 10~50g 精确至 0.001g，置于 100mL 烧杯中。

② 固体样品　用 80℃热蒸馏水将烧杯中的内容物转移到 250mL 容量瓶中（总体积约 150mL）。置于沸水浴中煮沸 30min（摇动 2~3 次，使固体中的有机酸全部溶解于溶液中），取出，冷却至室温（约 20℃），用快速滤纸过滤。收集滤液备用。

（3）分析步骤　取 25.00~50.00mL 样品处理液，使之含 0.035~0.070g 酸，置于 250mL 三角瓶中。加 40~60mL 水及 0.2mL 1%酚酞指示剂，用 0.1mol/L 氢氧化钠标准溶液滴定至微红色 30s 不褪色。记录消耗 0.1mol/L 氢氧化钠标准溶液的体积（mL）。同一被测样品须测定两次。同时做空白实验。

5. 计算

结果按式（5-9）计算，计算结果精确到小数点后第二位。

$$X = \frac{c(V_1 - V_2)KF}{m} \times 1000 \qquad (5\text{-}9)$$

式中　X——样品中酸的含量，g/kg（或 g/L）；

c——氢氧化钠标准溶液的浓度，mol/L；

V_1——滴定样品处理液时消耗氢氧化钠标准溶液的体积，mL；

V_2——空白实验时消耗氢氧化钠标准溶液的体积，mL；

F——样品处理液的稀释倍数；

m——样品的取样量，g 或 mL；

K——酸的换算系数。苹果酸 0.067；乙酸 0.060；酒石酸 0.075；柠檬酸 0.064；柠檬酸 0.070（含一分子结晶水）；乳酸 0.090。

6. 说明

① 葡萄（汁）的可滴定酸度以酒石酸表示；仁果类、核果类水果以苹果酸表示；菠菜以草酸表示；盐渍、发酵制品、豆浆制品以乳酸表示；醋渍制品以乙酸表示；柑橘类、浆果类水果及碳酸饮料、果汁型固体饮料以结晶柠檬酸表示。

② 有些果蔬样品溶液滴定至接近终点时，出现黄褐色，这时可加入样品溶液体积 1~2 倍的热水稀释，再加入 0.5~1mL 酚酞，继续滴定，此时酚酞变色易观察。

③ 新鲜正常的乳，其酸度为 16~18°T。乳的酸度因微生物的作用而增高，酸度（°T）是以酚酞为指示剂，中和 100mL 乳所需氢氧化钠标准溶液（0.1000mol/L）的体积（mL）。实际操作时，准确吸取 10mL 样品于 150mL 锥形瓶中，加 20mL 新煮沸过又冷却的水及数滴酚酞指示液，混匀，用氢氧化钠标准溶液（0.1000mol/L）滴定至初显粉红色，且于 0.5min 内不褪色，消耗的氢氧化钠标准

溶液（0.1000mol/L）的体积（mL）乘以10即为牛乳酸度（°T）。

④ 实验过程中使用的蒸馏水不能含二氧化碳，需将蒸馏水于使用前煮沸15min，并迅速冷却备用，否则二氧化碳在水中形成碳酸，影响滴定终点的判断。

⑤ 若样品溶液颜色过深或浑浊，则宜采用电位滴定法。

二、有效酸度——pH 值的测定

1. 原理

以玻璃电极为指示电极，以甘汞电极为参比电极，插入样品中组成一个化学原电池，产生一定电位差。电位差的大小取决于样品中氢离子的活度，pH 值的大小。通过测量原电池的电位差，在酸度计上也可直接显示待测样品的 pH 值。

2. 试剂

（1）pH＝4.01 标准缓冲溶液（20℃）　称取在（115±5）℃烘干 2～3h 的优级纯邻苯二甲酸氢钾 10.12g，溶于不含二氧化碳的蒸馏水中，稀释到 1000mL。

（2）pH＝6.88 的标准缓冲溶液（20℃）　称取在（115±5）℃烘干 2～3h 的优级纯磷酸二氢钾 3.39g 和优级纯无水磷酸氢二钠 3.53g 溶于蒸馏水中，稀释至 1000mL。

3. 仪器

酸度计。

4. 分析步骤

（1）样品的制备

① 液态样品和易过滤的样品　将样品充分混合均匀。若样品含有 CO_2，则加热煮沸除去，再冷却备用。

② 黏稠或半黏稠的样品及难以分离出液体的样品（如果酱、糖浆等）　取一部分实验样品，在捣碎机中捣碎或在研钵中研磨。如果得到的样品仍较稠，则加入等量的水混匀，过滤备用。

③ 冷冻样品　取一部分实验样品，解冻，除去核或子腔硬壁后，在捣碎机中捣碎或在研钵中研磨。

④ 干制样品　取一部分实验样品，切成小块，除去核或子腔硬壁，将其置于烧杯中。加入其质量 2～3 倍或更多些的水，以得到合适的稠度。在水浴中加热30min，然后在捣碎机中捣碎、混匀，过滤备用。

⑤ 固相和液相明显分开的样品（如糖水菠萝等水果罐头）　取渣和液捣碎混匀后，过滤备用。

（2）仪器校正

① 开关置于 pH 挡，温度补偿器旋钮指示缓冲溶液温度，根据标准缓冲溶液选择"pH"范围。

② 用标准缓冲溶液洗涤烧杯和电极，然后将标准溶液注入烧杯内，两电极浸入溶液中，注意电极高度，要使玻璃电极上玻璃球及参比电极的毛细管浸入溶液，但不碰杯壁和杯底。

③ 调节零点调节器使指针指在 pH＝7 位置。

④ 将电极接头同仪器相连（甘汞电极接入接线柱，玻璃电极接入插孔内）。

⑤ 按下读数开关，调节电位调节器，使指针指示缓冲溶液的 pH 值。

⑥ 放开读数开关，指针应指示 pH＝7 处。

⑦ 按⑤、⑥项重复调节 3～4 次。校正完毕后定位调节旋钮不可再旋动，否则必须重新校正。

（3）测定

① 用新鲜蒸馏水冲洗电极和烧杯，再用样品溶液洗涤电极和烧杯，然后将电极浸入样品中，轻轻摇动烧杯，使样品溶液均匀。

② 调节温度补偿旋钮至被测样品溶液的温度。

③ 按下读数开关，指针所指示的数值，即为被测样品溶液的 pH 值。

④ 测量完毕后，将电极和烧杯洗干净，妥善保存。

5. 结果处理

取两次测定的算术平均值作为测定结果，准确到小数点后第二位。

6. 说明

样品溶液制备后，立即测定，不宜久存。

三、挥发性酸酸度测定

食品中的挥发酸是指所有低分子的有机酸，主要是乙酸和微量的甲酸。其来源有两个方面：一部分是原料本身所含有的，另一部分是在加工、储藏过程中，通过发酵而产生的。在不同的食品中，挥发酸的含量有其一定的指标，例如，果酒中挥发酸含量为 0.05g/100mL（以乙酸计），倘若在生产中使用不合格的原料、不洁净的容器、杀菌不彻底，或在储藏过程中，被微生物污染，则会由于糖的发酵，使挥发酸含量增高，而降低了制品的品质。因此，挥发酸的含量是评定某些食品特别是果酒的一项重要的质量指标。

测定挥发酸的方法有间接法和直接法，间接法是将挥发酸蒸发除去后，滴定不挥发的残酸，然后由总酸减去残酸，即为挥发酸，直接法用标准溶液直接滴定蒸馏出来的挥发酸。由于挥发酸包括游离态和结合态两部分，前者在蒸馏时较易挥发，后者则比较困难，为了准确地测出挥发酸的含量，在直接蒸馏的基础上，发展了水蒸气蒸馏，在食品分析中，常用水蒸气蒸馏法来测定挥发酸的含量。

1. 原理

样品经酒石酸酸化后，用水蒸气蒸馏出挥发性酸类，以酚酞为指示剂，用氢氧

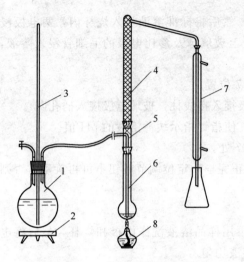

图 5-3 水蒸气蒸馏装置

1—蒸汽发生器；2—电炉；3—安全管；

4—分馏柱；5—连接器；6—起泡器；

7—冷凝管；8—酒精灯

化钠标准溶液滴定馏出液。

2. 试剂

（1）酒石酸。

（2）鞣酸。

（3）氢氧化钙稀溶液 1 体积饱和氢氧化钙溶液加 4 体积水。

（4）氢氧化钠 0.1mol/L 标准溶液。

（5）酚酞 称取 1g 酚酞，溶解在 100mL95％乙醇溶液中。

3. 仪器

蒸馏装置见图 5-3。

4. 分析步骤

（1）样品的制备

① 新鲜果蔬样品（苹果、橘子、冬瓜等） 取待测样品适量，洗净、沥干，取可食部分置于捣碎机中，加定量水捣成匀浆，多汁果蔬类可直接捣浆。

② 液体制品和容易分离出液体的制品（果汁、泡菜水等） 将样品充分混匀，若样品有固体颗粒，可过滤分离。若样品在发酵过程中产生或含有二氧化碳，用量筒取约 100mL 样品于 500mL 长颈瓶中，在减压下振摇 2～3min，除去二氧化碳。为避免形成泡沫，可在样品中加入少量消泡剂，例如，50mL 样品加入 0.2g 鞣酸。

③ 黏稠或固态制品（橘酱、果酱、干果等） 必要时除去果核、果子，加一定量水软化后于捣碎机中，捣成匀浆。

④ 冷冻制品（速冻马蹄、青刀豆等） 将冷冻制品于密闭容器中解冻后，定量转移至捣碎机中捣碎均匀。

（2）测定

① 取样

a. 液体样品 用移液管吸取 20mL 样品于起泡器中，如样品挥发性酸度强，可少取，但需加水至总容量 20mL。

b. 黏稠的或固态的或冷冻制品 称取样品约（10.00±0.01）g 于起泡器中，加水至总容量 20mL。

② 蒸馏 将氢氧化钙稀溶液注入蒸汽发生器至其容积的 2/3，加 0.5g 酒石酸和约 0.2g 鞣酸于起泡器里的样品中。连接蒸馏装置，加热蒸汽发生器和起泡器。若起泡器内容物最初的容量超过 20mL，调节加热量使容量浓缩到 20mL，在整个蒸馏过程中，使起泡器内容物保持恒定（20mL）。蒸馏时间约 15～20min。

收集馏出液于锥形瓶中，直至馏出液体积为 250mL 时停止蒸馏。

③ 滴定 在 250mL 馏出液中滴加 2 滴酚酞指示剂，用氢氧化钠标准溶液滴定至呈现淡粉红色，保持 15s 不褪色。

5. 计算

挥发性酸度以每 100mL 或 100g 样品中乙酸质量（g）表示，由式（5-10）求得。

$$X = \frac{cV \times 0.06 \times 100}{m}$$

(5-10)

式中 X——样品中乙酸的含量，g/100g 或 g/100mL；

    m——样品的质量或体积，g 或 mL；

    c——氢氧化钠标准溶液浓度，mol/L；

    V——滴定样品时消耗氢氧化钠标准溶液的体积，mL；

    0.06——与 1.000mol/L 的 1.00mL 的氢氧化钠标准溶液相当的乙酸质量，g。

6. 说明

① 测定中所用蒸馏水，包括蒸汽发生器内的水，均需经过煮沸，去除二氧化碳。

② 若制品含二氧化硫、山梨酸、苯甲酸、甲酸等防腐剂，则测定馏出液中防腐剂的量，以校正其滴定结果。

第四节 脂类物质的测定

食品中的脂类物质主要包括脂肪及一些类脂化合物，如脂肪酸、磷脂、糖脂等，大多数动物性食品及某些植物性食品（如种子、果实、果仁）都含有天然脂肪或类脂化合物。脂肪含有较高的能量，为人体提供亚油酸、亚麻酸等必需的脂肪酸及脂溶性维生素，在食品加工过程中，脂类含量对产品的风味、组织结构、品质、外观、口感等都有直接的影响，故食品中脂类物质含量是衡量食品营养价值高低及食品质量的一项重要指标。

食品中脂肪的存在形式有游离态的，如动物性脂肪及植物性的油脂，也有结合态，如天然存在的磷脂、糖脂、脂蛋白及某些食品加工中形成的结合脂，如焙烤食品或麦乳精中的脂肪，与蛋白质、碳水化合物形成结合态。

脂肪不溶于水，易溶于有机溶剂。测定脂肪含量大多采用低沸点的有机溶剂萃取的方法。常用的溶剂有乙醚、石油醚、氯仿-甲醇混合溶剂等。如索氏提取法，此方法被认为是测定多种食品脂类含量的有代表性的方法。但此法的测定在某些情况下结果往往偏低，且即使是同一样品，由于前处理不同，其测定值的变化也很大。因此还应探讨适用于不同种类食品能取得有重现性的方法。

总地来说，脂肪的测定必须事先破坏脂类与非脂成分的结合再行提取。如利用强酸破坏有机物，然后采用乙醚提取的酸分解法，能对包括游离态脂类及结合态脂类在内的全部类脂进行定量，适用于高糖、高蛋白、脂肪球被包裹的一类食品。利用氯仿-甲醇混合液作为提取剂，提取全部脂类，再用石油醚溶解、定量的方法，常用于高水分生物样品的测定。

一、索氏提取法

1. 原理

根据相似相溶原理，将样品制备成分散状并除去水分，放入圆筒滤纸内，置于索氏提取管中，用无水乙醚或石油醚等溶剂回流提取，使样品中的脂肪进入溶剂中，回收溶剂后所得的残留物，即为样品中的脂肪含量。

2. 试剂

无水乙醚或石油醚。

3. 仪器

索氏提取器；电热恒温水浴锅；电热恒温干燥箱。

4. 分析步骤

（1）样品处理

① 固体样品　谷物或干燥制品用粉碎机粉碎过 40 目筛，肉类用绞肉机绞两次，称取 2.00～5.00g（可取测定水分后的样品），必要时拌以海沙，在（100±5）℃干燥，研细，全部移入已干燥至恒重的滤纸筒内。

② 液体或半固体样品　称取 5.00～10.00g，置于蒸发皿中，加入约 20g 海沙于沸水浴上蒸干后，在（100±5）℃干燥，研细，全部移入滤纸筒内。蒸发皿及附有样品的玻棒，均用蘸有乙醚的脱脂棉擦净，并将棉花放入滤纸筒内。

（2）提取　将滤纸筒放入脂肪提取器的提取筒内，连接已干燥至恒重的接收瓶，由提取器冷凝管上端加入无水乙醚或石油醚至瓶内容积的 2/3 处，于水浴上加热，使乙醚或石油醚不断回流提取（6～8 次/h），一般提取 6～12h。

（3）称量　取下接收瓶，回收乙醚或石油醚，待接收瓶内乙醚剩 1～2mL 时在水浴上蒸干，再于恒温干燥箱中（100±5）℃干燥 2h，放入干燥器内冷却 0.5h 后称量。重复以上操作直至前后两次质量差不超过 2mg，即为恒重。

5. 结果计算

$$X = \frac{m_1 - m_0}{m} \times 100 \tag{5-11}$$

式中　X——样品中粗脂肪的含量，g/100g；

m_1——接收瓶和粗脂肪的质量，g；

m_0——接收瓶的质量，g；

m——样品的质量（如是测定水分后的样品，则按测定水分前的质量计），g。

6. 说明

① 样品应干燥无水，样品中的水分会妨碍有机溶剂对样品的浸润，而且会使样品中的水溶性成分溶出，造成测定结果偏高。

② 提取时水浴温度不可过高，以每分钟从冷凝管滴下 80 滴左右且每小时回流 6～12 次为宜。提取过程中，要防止出现安装不严密引起的漏气现象。

③ 由于提取溶剂为易燃的有机溶剂，故应特别注意防火，切忌明火加热。恒重烘干前应驱除全部残余的乙醚或石油醚等溶剂，因为乙醚或石油醚等溶剂稍有残留，放入干燥箱中，都会有发生爆炸的危险。

④ 用有机溶剂提取时，提取到的脂肪中还含有色素、磷脂、挥发油、蜡和树脂等物质，计算结果称为脂肪或粗脂肪。

⑤ 食品中的游离态脂肪一般都能直接被乙醚或石油醚等溶剂回流提取，而结合态脂肪不能直接被乙醚或石油醚等溶剂回流提取，需要在一定条件下进行水解等处理，使之转变为游离脂肪后方能提取。故索氏提取法所测得的脂肪含量只是游离态脂肪的含量，而结合态脂肪测不出来。

二、酸水解法

某些食品中，脂肪被包含在食品组织内部，或与食品成分结合成结合态脂类。如谷物等淀粉颗粒中的脂类，面条、焙烤食品等组织中包含的脂类，用索氏提取法不能完全提取出来。这种情况下，必须用强酸将淀粉、蛋白质、纤维素水解，使脂类游离出来，再用有机溶剂提取。酸水解法对于易吸潮、结块、难以干燥的食品中脂肪含量测定效果较好，但不适宜于高糖类或含大量磷脂的食品，因糖类遇强酸易碳化而影响测定结果；脂类中的磷脂，在水解条件下将几乎完全分解为脂肪酸及磷酸，测定值将偏低，如蛋及其制品、鱼类及其制品。

1. 原理

样品经盐酸水解消化后，将结合态脂类和包含在食品组织内部的脂肪游离出来，再用乙醚提取脂肪，最后回收并除去溶剂，称量即得游离及结合态脂肪的含量。

2. 试剂

(1) 盐酸。

(2) 乙醇（95%）。

(3) 乙醚。

(4) 石油醚（30～60℃沸程）。

3. 仪器

100mL 具塞量筒；恒温水浴锅。

4. 分析步骤

(1) 样品处理

① 固体样品　谷物或干燥制品用粉碎机粉碎过 40 目筛，肉类用绞肉机绞两次，称取约 2.00g 置于 50mL 大试管内，加 8mL 水，混匀后再加 10mL 盐酸。

② 液体样品　称取 10.00g，置于 50mL 大试管内，加 10mL 盐酸。

(2) 样品水解　将试管放入 70～80℃ 水浴中，每隔 5～10min 以玻璃棒搅拌一次，至样品水解完全，约 40～50min。

(3) 脂肪的提取、溶剂回收、干燥、称量　取出试管，加入 10mL 乙醇混合。冷却后将混合物移入 100mL 具塞量筒中，以 25mL 乙醚分次洗涤试管，一并倒入量筒中。待乙醚全部倒入量筒后，加塞振摇 1min，小心开塞，放出气体，再塞好，静置 12min，小心开塞，并用石油醚-乙醚等量混合液冲洗塞及筒口附着的脂肪。静置 10～20min，待上部液体澄清，吸出上清液于已恒重的锥形瓶内，再加 5mL 乙醚于具塞量筒内，振摇，静置后，仍将上层乙醚吸出，转入锥形瓶内。将锥形瓶置水浴上蒸干，置 (100±5)℃ 烘箱中干燥 2h，取出放干燥器内冷却 0.5h 后称量，重复以上操作直至恒重。

5. 计算

样品中粗脂肪的含量按式(5-11)计算。

6. 说明

① 开始加入 8mL 水是为防止后面加盐酸时干样品固化。水解后加入乙醇可使蛋白质沉淀，降低表面张力，促进脂肪球聚合，同时溶解一些糖、有机酸等。后面用乙醚提取脂肪时因乙醇可溶于乙醚，故需加入石油醚降低乙醇在乙醚中的溶解度，使乙醇溶解物残留在水层，使分层清晰。

② 挥干溶剂后残留物中若有黑色焦油状杂质，是分解物与水一同混入所致，会使测定值增大造成误差，可用等量的乙醚及石油醚溶解后，过滤，再次进行挥干溶剂的操作。

三、氯仿-甲醇提取法

索氏提取法对包含在组织内部的脂类及结合脂等不能完全提取出来，酸水解法常使磷脂因分解而损失。而在一定水分存在下，极性的甲醇及非极性的氯仿混合溶液却能有效地提取结合脂，如脂蛋白、蛋白脂等及磷脂。氯仿-甲醇提取法对于高水分样品中如鲜鱼、蛋类等脂类的测定更为有效，对于干燥样品可先在样品中加入一定量的水分。

1. 原理

将样品分散于氯仿-甲醇混合液中，于水浴上轻微沸腾，氯仿-甲醇混合液与一定的水分形成提取脂类的有效溶剂，在使样品组织中结合态脂类游离出来的同时与磷脂等极性脂类的亲和性增大，从而有效地提取出全部脂类。经过滤，除去非脂成分，回收溶剂，残留脂类用石油醚提取，定量。

2. 试剂

(1) 氯仿　97％以上。

(2) 甲醇　96％以上。

(3) 氯仿-甲醇混合液　按 2：1 体积混合。

(4) 石油醚。

(5) 无水硫酸钠　以 120～135℃干燥 1～2h。

3. 仪器

具塞三角瓶；电热恒温水浴锅；提取装置；布氏漏斗：11G-3、过滤板直径 40mm，容量 60～100mL；具塞离心管；离心机。

4. 分析步骤

(1) 提取　准确称取均匀样品 5g 于烧瓶内（高水分食品可加适量硅藻土使其分散），加入 60mL 氯仿-甲醇混合液（对于干燥食品，可加入 2～3mL 水）。连接提取装置，于 65℃水浴中，由轻微沸腾开始，加热 1h 进行提取。

(2) 回收溶剂　提取结束，取下烧瓶用布氏漏斗过滤，并且用氯仿-甲醇混合液洗涤过滤器、烧瓶及过滤器中样品残渣，滤液、洗涤液一并收集于具塞三角瓶内，置 65～70℃水浴中回收溶剂至具塞三角瓶内物料呈浓稠态，不能使其干涸，然后冷却。

(3) 石油醚萃取、定量　用移液管在具塞三角瓶中加入 25mL 石油醚，然后加入 15g 无水硫酸钠，立即加塞混摇 1min，将醚层移入具塞离心管进行离心分离（3000r/min）5min。用 10mL 移液管迅速吸取离心管中澄清的石油醚 10mL，于称量瓶内，蒸发去除石油醚，于 100～105℃干燥箱中干燥至恒重。

5. 计算

$$X = \frac{2.5 \times (m_2 - m_1)}{m} \times 100 \tag{5-12}$$

式中　X——样品中粗脂肪的含量，g/100g；

　　　m——样品质量，g；

　　　m_2——称量瓶与粗脂肪质量，g；

　　　m_1——称量瓶质量，g；

　　　2.5——从 25mL 乙醇中取 10mL 进行干燥，换算系数为 2.5。

6. 说明

① 提取结束后用玻璃过滤器过滤，后用溶剂洗涤烧瓶，每次用 5mL 洗 3 次，然后用 30mL 洗涤残渣及过滤器，洗涤残渣时可用玻璃棒一边搅拌样品残渣，一边用溶剂洗涤。

② 溶剂回收至残留物尚具有一定的流动性，不能完全干涸，否则脂类难以溶解于石油醚而使测定值偏低。故最好在残留有适量水分时停止蒸发。

③ 在用石油醚萃取时，应先加石油醚后加无水硫酸钠，以免影响脂肪的溶解。

四、碱性乙醚提取法

本法也称为罗紫·哥特里法，是测定乳类样品中脂肪含量的基准方法，适用于乳及乳制品，如奶粉、酸奶、冰激凌、奶油等，除乳及乳制品外，也适用于豆乳或加水呈乳状的食品。

1. 原理

乳及乳制品利用氨水处理，使组成乳脂肪球膜的酪蛋白钙盐成为可溶性的铵盐，乳脂肪游离出来，再用乙醚提取乳脂肪，挥发除去乙醚后，残留物即为乳脂肪。

2. 试剂

（1）乙醚。

（2）乙醇。

（3）石油醚（沸程 30～60℃）。

（4）浓氨水。

（5）无水硫酸钠。

3. 仪器

100mL 具塞量筒；水浴锅。

4. 分析步骤

① 吸取 10mL 牛乳于具塞量筒中，加入 1.25mL 氨水，充分混匀，置于 60℃ 的水浴中，加热 50min，再振摇 2min，冷却。

② 加入 10mL 乙醇，摇匀；再加入 25mL 乙醚，振摇 30s；然后加入 25mL 石油醚，振摇 30s，静置分层，约 30min。

③ 待上层液澄清后，放出下层提取残液至另一容器内，再用乙醚、石油醚各 10mL 重复提取一次。将两次提取后的上层液通过无水硫酸钠过滤到已恒重的同一脂肪杯内，再用少量洁净的无水乙醚淋洗无水硫酸钠，淋洗液也并入脂肪杯中，读取醚与脂肪的混合液体积。

④ 取出一定量的醚液至已恒重的烧瓶中，蒸馏回收乙醚。将烧瓶置于 98～100℃ 的干燥箱中，干燥 1h，冷却，称量，再干燥，冷却，称量，至前后两次质量相差不超过 1mg 为止。

5. 计算

$$W = \frac{(m_1 - m_2)}{m} \times \frac{V_1}{V_2} \times 100 \qquad (5\text{-}13)$$

式中　W——样品中脂肪的含量，g/100g 或 g/100mL；

m——样品的质量或体积，g 或 mL；

V_2——回收乙醚所取乙醚与脂肪的混合液的体积，mL；

V_1——读取的醚与脂肪的混合液的体积，mL；

m_1——烧瓶和脂肪的总质量，g；

m_2——烧瓶的质量，g。

6. 说明

① 乙醚易燃，蒸发温度不宜过高。

② 提取用醚类应不含过氧化物。

③ 测定乳粉中的脂肪含量时，可将乳粉按 1 : 8 的比例溶于水中。

除了上述方法外，乳与乳制品中脂肪含量的测定还可以采用巴布科克法、盖勃法等，这些方法常用于乳与乳制品的常规分析。

第五节　碳水化合物的测定

碳水化合物俗称糖类，包括了单糖、双糖、低聚糖及多糖，是食品中的重要组成成分，也是人和动物的重要能量来源。一些糖能与蛋白质结合成糖蛋白，与脂肪合成糖脂，是构成人体细胞组织的成分，具有重要的生理功能。

糖类是食品工业的主要原料和辅料，在食品加工中糖类对改变食品的形态、组织结构、物化性质以及色、香、味等感官指标起着十分重要的作用。食品中糖类的含量标志着营养价值的高低，是某些食品的主要质量指标。

糖类的测定通常以还原糖的测定为基础，普遍采用氧化还原滴定法。对于非还原性糖类，经酸或酶水解为还原糖再进行测定。在工厂生产过程控制中，也常用简便的密度法、折光计法测定，果胶及纤维素常以重量法测定。

一、还原糖的测定

葡萄糖分子中含有游离醛基，果糖分子中含有游离酮基，乳糖和麦芽糖分子中含有游离的半缩醛羟基，因而都具有还原性，这些糖类统称为还原糖。食品中的还原糖，有些是天然存在的，有些是加工过程中所添加或在加工过程中由蔗糖、淀粉或糊精水解而来的。

还原糖的测定方法很多，目前主要采用直接滴定法及高锰酸钾滴定法。

（一）直接滴定法

1. 原理

碱性酒石酸铜甲液、乙液等量混合，即生成天蓝色的氢氧化铜沉淀，氢氧化铜沉淀与酒石酸钾钠反应生成深蓝色的可溶性酒石酸钾钠铜。在加热条件下，以次甲基蓝为指示剂，用样品溶液滴定，样品溶液中的还原糖与酒石酸钾钠铜反应，生成红色的氧化亚铜沉淀，待二价铜全部被还原后，稍过量的还原糖把次甲基蓝还原，溶液由蓝色变为无色，溶液迅速显示出氧化亚铜的鲜红色，即为滴定终点。根据样品溶液的消耗量计算出还原糖的含量。

2. 试剂

（1）盐酸。

（2）氢氧化钠溶液（40g/L）。

（3）碱性酒石酸铜甲液　称取15g硫酸铜及0.05g次甲基蓝，溶于水中并稀释至1000mL。

（4）碱性酒石酸铜乙液　称取50g酒石酸钾钠、75g氢氧化钠，溶于水中，再加入4g亚铁氰化钾，完全溶解后，用水稀释至1000mL，储存于橡胶塞玻璃瓶内。

（5）乙酸锌溶液　称取21.9g乙酸锌，加3mL冰醋酸，加水溶解并稀释至100mL。

（6）亚铁氰化钾溶液　称取10.6g亚铁氰化钾，加水溶解并稀释至100mL。

（7）葡萄糖标准溶液　准确称取1.0000g经过（96±1）℃干燥2h的纯葡萄糖，加水溶解后加入5mL盐酸，并以水稀释至1000mL。此溶液每毫升相当于1.0mg葡萄糖。

3. 仪器

酸式滴定管：25mL；可调式电炉。

4. 分析步骤

（1）样品处理

① 乳类、乳制品及含蛋白质的冷食类　称取约2.50～5.00g固体样品（吸取25.00～50.00mL液体样品），置于250mL容量瓶中，加50mL水。

② 含酒精饮料　吸取100.0mL样品，置于蒸发皿中，用氢氧化钠（40g/L）溶液中和至中性，在水浴上蒸发至原体积的1/4后，移入250mL容量瓶中，加水至刻度。

③ 含大量淀粉的食品　称取10.00～20.00g样品置于250mL容量瓶中，加200mL水，在45℃水浴中加热1h，并时时振摇。冷却后加水至刻度，混匀，静置，沉淀。吸取200mL上清液于另一250mL容量瓶中。

④ 汽水等含有二氧化碳的饮料　吸取100.0mL样品置于蒸发皿中，在水浴上除去二氧化碳后，移入250mL容量瓶中，并用水洗涤蒸发皿，洗液并入容量瓶中，再加水至刻度，混匀后备用。

对于①、③类样品，处理后，再慢慢加入5mL乙酸锌溶液及5mL亚铁氰化钾溶液，加水至刻度，混匀，沉淀，静置30min，用干燥滤纸过滤，弃去初滤液，滤液备用。

（2）标定碱性酒石酸铜溶液　吸取5.0mL碱性酒石酸铜甲液及5.0mL乙液，置于150mL锥形瓶中，加水10mL，加入玻璃珠2粒，从滴定管滴加约9mL葡萄糖标准溶液，控制在2min内加热至沸，趁热以每两秒1滴的速度继续滴加葡萄糖标准溶液，直至溶液蓝色刚好褪去为终点，记录消耗葡萄糖的总体积，同时平行操作三份，取其平均值，计算每 10mL（甲、乙液各 5mL）碱性酒石酸铜溶液相当于葡萄糖的质量（mg）。

（3）样品溶液预测　吸取 5.0mL 碱性酒石酸铜甲液及 5.0mL 乙液，置于 150mL 锥形瓶中，加水 10mL，加入玻璃珠 2 粒，控制在 2min 内加热至沸，趁沸以先快后慢的速度，从滴定管中滴加样品溶液，并保持溶液沸腾状态，待溶液颜色变浅时，以每两秒 1 滴的速度滴定，直至溶液蓝色刚好褪去为终点，记录样品溶液消耗体积。当样品溶液中还原糖浓度过高时应适当稀释，再进行正式测定，使每次滴定消耗样品溶液的体积控制在与标定碱性酒石酸铜溶液时所消耗的还原糖标准液的体积相近，约在 10mL 左右。当浓度过低时则采取直接加入 10mL 样品液，免去加水 10mL，再用还原糖标准溶液滴定至终点，记录消耗的体积与标定时消耗的还原糖标准溶液体积之差相当于 10mL 样品溶液中所含还原糖的量。

（4）样品溶液测定　吸取 5.0mL 碱性酒石酸铜甲液及 5.0mL 乙液，置于 150mL 锥形瓶中，加水 10mL，加入玻璃珠 2 粒，从滴定管滴加比预测体积少 1mL 的样品溶液至锥形瓶中，使在 2min 内加热至沸，趁沸继续以每两秒 1 滴的速度滴定，直至蓝色刚好褪去为终点，记录样品溶液消耗体积。同时平行操作三份，取其平均值。

5. 计算

样品中的还原糖含量按式(5-14) 计算，计算结果表示到小数点后一位。

$$X = \frac{A}{m \times (V/250) \times 1000} \times 100 \qquad (5\text{-}14)$$

式中　X——样品中还原糖的含量（以葡萄糖计），g/100g；

　　　A——10mL 碱性酒石酸铜溶液（甲、乙液各半）相当于某种还原糖（以葡萄糖计）的质量，mg；

　　　m——样品质量，g；

　　　V——测定时平均消耗样品溶液体积，mL；

　　　250——样品处理液的总体积，mL。

6. 说明

① 本法所用的氧化剂即碱性酒石酸铜的氧化能力较强，醛糖和酮糖都可被其氧化，所以测得的是总还原糖的含量。

② 本法是根据一定量的碱性酒石酸铜溶液（Cu^{2+} 量一定）消耗的样品溶液的体积来计算其还原糖含量的，即反应体系中 Cu^{2+} 的含量是定量的基础，所以在处理样品时，不能用铜盐作为澄清剂，以免样品溶液中引入 Cu^{2+}，得到错误的结果。

③ 次甲基蓝也是一种氧化剂，但在测定条件下氧化能力比 Cu^{2+} 弱，故还原糖先与 Cu^{2+} 反应，Cu^{2+} 反应完全后，稍过量的还原糖把次甲基蓝还原，溶液由蓝色变为无色，即为滴定终点。

④ 滴定必须在沸腾条件下进行，原因是：可以加快还原糖与 Cu^{2+} 的反应速度；而且次甲基蓝的变色反应是可逆的。还原型次甲基蓝遇到空气中的氧又会被氧化为氧化型；此外，氧化亚铜也极不稳定，易被空气中氧所氧化，因此保持反应液处于沸腾状态，可防止空气进入，避免次甲基蓝和氧化亚铜被氧化而增加耗糖量。

⑤ 加入少量亚铁氰化钾，可使生成的红色氧化亚铜沉淀络合，形成可溶性络合物，消除红色沉淀对滴定终点观察的干扰，使终点变色更明显。

⑥ 结果计算时，若以其他还原糖如乳糖、果糖、转化糖等计算时，则需配制其标准溶液，按直接滴定法操作进行。

⑦ 10mL 碱性酒石酸铜溶液（甲、乙液各半）相当于某种还原糖（以葡萄糖计）的质量 $A=V_0c$，其中 c 是葡萄糖标准溶液的浓度；V_0 是标定时消耗葡萄糖标准溶液的总体积。

（二）高锰酸钾滴定法

1. 原理

样品经除去蛋白质后，加入过量的碱性酒石酸铜溶液，还原糖把二价铜离子还原为氧化亚铜，加入硫酸铁后，氧化亚铜又被氧化为二价铜离子，以高锰酸钾溶液滴定氧化作用后生成的亚铁盐，根据高锰酸钾消耗量，计算氧化亚铜含量，再查表得还原糖量。

2. 试剂

（1）碱性酒石酸铜甲液　称取 34.639g 硫酸铜，加适量水溶解，加 0.5mL 硫酸，再加水稀释至 500mL，用精制石棉过滤。

（2）碱性酒石酸铜乙液　称取 173g 酒石酸钾钠与 50g 氢氧化钠，加适量水溶解，并稀释至 500mL，用精制石棉过滤，储存于橡胶塞玻璃瓶内。

（3）精制石棉　取石棉先用盐酸（3mol/L）浸泡 2～3 天，用水洗净，再加氢氧化钠溶液（400g/L）浸泡 2～3 天，倾去溶液，再用热碱性酒石酸铜乙液浸泡数小时，用水洗净。再以盐酸（3mol/L）浸泡数小时，以水洗至不呈酸性。然后加水振摇，使成细微的浆状软纤维，用水浸泡并储存于玻璃瓶中，即可作填充古氏坩埚用。

（4）高锰酸钾标准溶液（0.1000mol/L）。

（5）氢氧化钠溶液（40g/L）　称取 4g 氢氧化钠，加水溶解并稀释至 100mL。

（6）硫酸铁溶液　称取 50g 硫酸铁，加入 200mL 水溶解后，慢慢加入 100mL 硫酸，冷却后加水稀释至 1000mL。

（7）盐酸（3mol/L）　量取 30mL 盐酸，加水稀释至 120mL。

3. 仪器

25mL 古氏坩埚或 G4 垂融坩埚；真空泵或水泵。

4. 分析步骤

（1）样品处理

① 乳类、乳制品及含蛋白质的冷食类　称取 2.00～5.00g 固体样品（吸取 25.00～50.00mL 液体样品），置于 250mL 容量瓶中，加水 50mL，摇匀后加 10mL 碱性酒石酸铜甲液及 4mL 氢氧化钠溶液（40g/L），加水至刻度，混匀。静置 30min，用干燥滤纸过滤，弃去初滤液，滤液备用。

② 含酒精饮料　吸取 100.0mL 样品，置于蒸发皿中，用氢氧化钠溶液（40g/L）中和至中性，在水浴上蒸发至原体积的 1/4 后，移入 250mL 容量瓶中。加 50mL 水，混匀后加 10mL 碱性酒石酸铜甲液及 4mL 氢氧化钠溶液（40g/L），加水至刻度，混匀。静置 30min，用干燥滤纸过滤，弃去初滤液，滤液备用。

③ 含多量淀粉的食品　称取 10.00～20.00g 样品，置于 250mL 容量瓶中，加 200mL 水，在 45℃ 水浴中加热 1h，并时时振摇。冷却后加水至刻度，混匀，静置。吸取 200mL 上清液于另一 250mL 容量瓶中，加 10mL 碱性酒石酸铜甲液及 4mL 氢氧化钠溶液（40g/L），加水至刻度，混匀。静置 30min，用干燥滤纸过滤，弃去初滤液，滤液备用。

④ 汽水等含有二氧化碳的饮料　吸取 100.0mL 样品置于蒸发皿中，在水浴上除去二氧化碳后，移入 250mL 容量瓶中，并用水洗涤蒸发皿，洗液并入容量瓶中，再加水至刻度，混匀后备用。

（2）测定　吸取 50.00mL 处理后的样品溶液于 400mL 烧杯内，加入 25mL 碱性酒石酸铜甲液及 25mL 乙液，于烧杯上盖一表面皿，加热，控制在 4min 内沸腾，再准确煮沸 2min，趁热用铺好石棉的古氏坩埚或 G4 垂融坩埚抽滤，并用 60℃ 热水洗涤烧杯及沉淀，至洗液不呈碱性为止。将古氏坩埚或垂融坩埚放回原 400mL 烧杯中，加 25mL 硫酸铁溶液及 25mL 水，用玻棒搅拌使氧化亚铜完全溶解，以高锰酸钾标准溶液滴定至微红色为终点。

同时吸取 50mL 水，加入与测定样品时相同量的碱性酒石酸酮甲液、乙液、硫酸铁溶液及水，并做空白实验。

5. 计算

样品中还原糖质量相当于氧化亚铜的质量，按式(5-15) 进行计算。

$$X = (V - V_0)c \times 71.54 \qquad (5\text{-}15)$$

式中　X——样品中还原糖质量相当于氧化亚铜的质量，mg；

　　　V——测定用样品液消耗高锰酸钾标准溶液的体积，mL；

　　　V_0——试剂空白消耗高锰酸钾标准溶液的体积，mL；

　　　c——高锰酸钾标准溶液的实际浓度，mol/L；

　71.54——1mL 高锰酸钾标准溶液 $[c(1/5KMnO_4) = 1.000mol/L]$ 相当于氧化亚铜的质量，mg。

根据式(5-15)中计算所得氧化亚铜质量，查附表 4，再计算样品中还原糖含量，按式(5-16)进行计算，计算结果保留三位有效数字。

$$X = \frac{m_1}{m_2 \times (V/250) \times 1000} \times 100 \qquad (5\text{-}16)$$

式中　X——样品中还原糖的含量，g/100g 或 g/100mL；

　　　m_1——查表得还原糖质量，mg；

　　　m_2——样品质量或体积，g 或 mL；

　　　V——测定用样品溶液的体积，mL；

　　　250——样品处理后的总体积，mL。

6. 说明

① 必须注意反应条件的控制，加碱性酒石酸铜甲、乙液后必须控制在 4min 内煮沸，维持沸腾 2min，时间要准确，否则会引起较大误差，重现性不好。

② 煮沸过程中若发现溶液蓝色消失，说明糖度过高，需减少样品处理液量，重新操作，而不应增加碱性酒石酸铜溶液用量。

③ 抽滤过程中应防止氧化亚铜沉淀暴露于空气中，需使沉淀始终在液面下，避免氧化。

④ 样品处理中利用硫酸铜在碱性条件下作为澄清剂，除去蛋白质等成分。

二、蔗糖和总糖的测定

食品中含有多种糖类，除了具有还原性的葡萄糖、果糖、麦芽糖等糖类外，还包括不具有还原性的蔗糖等糖类。有些食品在加工过程中虽然只添加蔗糖，但原料中可能含有还原糖，或在加工过程中，部分蔗糖可能水解成还原性单糖，故在食品生产常规分析及成品质量检验中通常都有"总糖"这一指标，即要求测定食品中还原糖与蔗糖的总量。还原糖与蔗糖总量俗称总糖。蔗糖经水解生成等量葡萄糖与果糖的混合物俗称转化糖。

测定总糖通常以还原糖的测定方法为基础，将食品中的非还原性双糖，经酸水解成还原性单糖，再按还原糖测定方法测定，测出以转化糖计的总糖量。若需要单纯测定食品中蔗糖量，可分别测定样品水解前的还原糖量及水解后的还原糖量，两者之差再以校正系数 0.95 即为蔗糖量，即 1g 转化糖相当于 0.95g 蔗糖量。

在食品生产过程中，也常用密度法、折光计法等简易的物理方法测定总糖量。

1. 原理

样品经除去蛋白质后，其中蔗糖经盐酸水解转化为还原糖，再按还原糖测定。水解前后还原糖的差值即为蔗糖含量。

2. 试剂

(1) 盐酸（1+1）　量取 50mL 盐酸用水稀释至 100mL。

(2) 氢氧化钠溶液（200g/L）。

(3) 氢氧化钠溶液（40g/L）。

（4）甲基红指示液　称取甲基红 0.10g，用少量乙醇溶解后，并稀释至 100mL。

（5）其他试剂　包括乙酸锌溶液、亚铁氰化钾溶液、碱性酒石酸甲液、碱性酒石酸乙液、葡萄糖标准溶液的配制和标定方法同还原糖的测定（直接滴定法）。

3. 仪器

酸式滴定管：25mL；可调式电炉：带石棉板。

4. 分析步骤

（1）样品处理　同还原糖的测定（直接滴定法或高锰酸钾滴定法）。

（2）样品水解　吸取两份 50mL 样品处理液，分别置于 100mL 容量瓶中，其中一份加 5mL 盐酸（1+1），在 68～70℃水浴中加热 15min，冷却后加两滴甲基红指示液，用氢氧化钠溶液（200g/L）中和至中性，加水至刻度，混匀。另一份直接加水稀释至 100mL。

（3）测定　测定操作按还原糖测定方法中直接滴定法或高锰酸钾法进行。

5. 计算

（1）蔗糖含量的计算　以葡萄糖为标准滴定溶液时，按式(5-17)计算样品中蔗糖含量，计算结果保留三位有效数字。

$$X=(R_2-R_1)\times 0.95 \tag{5-17}$$

式中　X——样品中蔗糖含量，g/100g 或 g/100mL；

R_2——水解处理后样品中还原糖含量，g/100g 或 g/100mL；

R_1——未经水解处理样品中还原糖含量，g/100g 或 g/100mL；

0.95——还原糖（以葡萄糖计）换算为蔗糖的系数。

（2）总糖的计算　以转化糖标准溶液滴定时，总糖量按式(5-18)计算。

$$X=\frac{m_1}{m\times\dfrac{50}{V_1}\times\dfrac{V_2}{100}\times 1000} \tag{5-18}$$

式中　X——样品中总糖含量，g/100g；

m——样品质量，g；

m_1——直接滴定法中 10mL 碱性酒石酸铜相当于转化糖的量，mg；或高锰酸钾法中查表得出相当的转化糖量，mg；

V_1——样品处理液总体积，mL；

V_2——测定总糖取用样品水解液体积，mL。

6. 说明

① 测定中应严格控制水解条件，既要保证蔗糖的完全水解又要避免其他多糖的分解。水解结束后立即取出，迅速冷却中和，以防止果糖及其他单糖类的损失。

② 总糖测定结果一般以转化糖计。为减少误差，碱性酒石酸铜溶液的标定需采用蔗糖标准溶液。

三、淀粉的测定

淀粉属于多糖的一类，主要存在于植物的根、茎、种子及水果中。它是人类食物的重要组成成分，也是人体热能的主要来源。

淀粉是食品工业的重要原、辅料。如在面包糕点、饼干生产中，用面粉作原料，用淀粉稀释面筋浓度，调节面筋胀润度；在糖果生产中作为淀粉软糖、淀粉糖浆的原料；在肉类罐头生产中用作增稠剂；在冷饮食品中用作增稠稳定剂等。

淀粉的测定，也是以还原糖的测定为基础，先采用酸或淀粉酶将淀粉水解为还原性单糖，再按还原糖测定法后折算为淀粉量。由于淀粉不溶于冷水及有机溶剂，故可用这些溶剂提取、浸泡、去除淀粉中的水溶性糖类及脂肪等杂质，然后再进行测定。

(一) 酶水解法

1. 原理

样品经除去脂肪及可溶性糖类后，样品中的淀粉被淀粉酶水解成双糖，再用盐酸将双糖水解成单糖，最后按还原糖测定，并折算成淀粉含量。

2. 试剂

(1) 乙醚。

(2) 淀粉酶溶液（5g/L） 称取淀粉酶 0.5g，加 100mL 水溶解，加入数滴甲苯或三氯甲烷，防止长霉，储于冰箱中。

(3) 碘溶液 称取 3.6g 碘化钾溶于 20mL 水中，加入 1.3g 碘，溶解后加水稀释至 100mL。

(4) 乙醇（85%）。

(5) 甲基红指示液 称取甲基红 0.10g，用少量乙醇溶解后，并稀释至 100mL。

(6) 氢氧化钠溶液（200g/L）。

(7) 其他试剂 包括盐酸溶液、乙酸锌溶液、亚铁氰化钾溶液、碱性酒石酸甲液、碱性酒石酸乙液、葡萄糖标准溶液的配制和标定方法同还原糖的测定（直接滴定法）。

3. 仪器

漏斗；恒温水浴锅；回流装置。

4. 分析步骤

(1) 样品处理 称取 2.00~5.00g 样品，置于放有折叠滤纸的漏斗内，先用 50mL 乙醚分 5 次洗除脂肪，再用约 100mL 乙醇（85%）洗去可溶性糖类，将残留物移入 250mL 烧杯内，并用 50mL 水洗滤纸及漏斗，洗液并入烧杯内，将烧杯置于沸水浴上加热 15min，使淀粉糊化，冷却至 60℃以下，加 20mL 淀粉酶溶液，在 55~60℃保温 1h，并时时搅拌。然后取 1 滴淀粉溶液加 1 滴碘溶液，应不显现蓝色，若显蓝色，再加热糊化并加 20mL 淀粉酶溶液，继续保温，直至加碘不显蓝色为止。加热至沸，冷却后移入 250mL 容量瓶中，并加水至刻度，混匀，过滤，弃去初滤液。取 50mL 滤液，置于 250mL 锥形瓶中，加 5mL 盐酸（1+1），装上回流冷凝器，在沸水浴中回流 1h，冷却后加 2 滴甲基红指示液，用氢氧化钠溶液（200g/L）中和至中性，溶液转入 100mL 容量瓶中，洗涤锥形瓶，洗液并入 100mL 容量瓶中，加水至刻度，混匀备用。

（2）测定　按还原糖测定法的步骤操作。同时量取 50mL 水及与样品处理时相同量的淀粉酶溶液，按同一方法做试剂空白实验。

5. 计算

样品中淀粉的含量按式(5-19)进行计算，计算结果表示到小数点后一位。

$$X=\frac{(A_1-A_2)\times 0.9}{m\times \frac{50}{250}\times \frac{V}{100}\times 1000}\times 100 \tag{5-19}$$

式中　X——样品中淀粉的含量，g/100g；

A_1——测定用样品中还原糖的质量，mg；

A_2——试剂空白中还原糖的质量，mg；

m——称取样品质量，g；

V——测定用样品酸水解溶液的体积，mL；

0.9——还原糖（以葡萄糖计）换算成淀粉的换算系数；

50——用于酸水解的酶水解样品溶液的体积，mL；

250——酶水解后样品溶液的总体积，mL；

100——酸水解后样品溶液的总体积，mL。

6. 说明

① 若样品中脂肪含量很少，可免去乙醚清洗的步骤。

② 淀粉酶需事先了解其活力，以确定其水解时的加入量，可配制一定浓度的淀粉溶液少许，加一定量的淀粉酶液在 50~60℃水浴上加热 1h，用碘液检查。

③ 若无淀粉酶可用麦芽汁代替。

④ 此法适用于含半纤维素等非淀粉多糖的样品，测定结果较准确。

（二）酸水解法

1. 原理

样品经除去脂肪及可溶性糖类后，淀粉被酸水解成具有还原性的单糖，然后按还原糖测定，并折算成淀粉含量。

2. 试剂

（1）乙醚。

（2）乙醇（85%）。

(3) 盐酸 (1+1)。

(4) 氢氧化钠溶液 (400g/L)。

(5) 氢氧化钠溶液 (100g/L)。

(6) 乙酸铅溶液 (200g/L)。

(7) 硫酸钠溶液 (100g/L)。

(8) 甲基红指示液 甲基红乙醇溶液 (2g/L)。

(9) 精密 pH 试纸 (6.8～7.2)。

(10) 其他试剂 包括乙酸锌溶液、亚铁氰化钾溶液、碱性酒石酸甲液、碱性酒石酸乙液、葡萄糖标准溶液的配制和标定方法同还原糖的测定 (直接滴定法)。

3. 仪器

水浴锅；高速组织捣碎机 (1200r/min)；回流装置并附 250mL 锥形瓶。

4. 分析步骤

(1) 粮食、豆类、糕点、饼干等较干燥的样品 称取 2.00～5.00g 磨碎过 40 目筛的样品，置于放有慢速滤纸的漏斗中，用 30mL 乙醚分三次洗去样品中脂肪，弃去乙醚。用 150mL (85%) 乙醇分数次洗涤残渣，除去可溶性糖类，滤干乙醇溶液，以 100mL 水洗涤漏斗中残渣并转移至 250mL 锥形瓶中，加入 30mL 盐酸 (1+1)，接好冷凝管，置沸水浴中回流 2h。回流完毕后，立即置流水中冷却。待样品水解液冷却后，加入 2 滴甲基红指示液，先以氢氧化钠溶液 (400g/L) 调至黄色，再以盐酸 (1+1) 校正至水解液刚变红色为宜。若水解液颜色较深，可用精密 pH 试纸测试，使样品水解液的 pH 值约为 7。然后加 20mL 乙酸铅溶液 (200g/L)，摇匀，放置 10min。再加 20mL 硫酸钠溶液 (100g/L)，以除去过多的铅。摇匀后将全部溶液及残渣转入 500mL 容量瓶中，用水洗涤锥形瓶，洗液合并于容量瓶中，加水稀释至刻度。过滤，弃去初滤液 20mL，滤液供测定用。

(2) 蔬菜、水果、各种粮豆、含水熟食制品 样品中加等量水在组织捣碎机中捣成匀浆 (蔬菜、水果需先洗净、晾干、取可食部分)。称取 5.00～10.00g 匀浆 (液体样品可直接量取)，于 250mL 锥形瓶中，加 30mL 乙醚振摇提取 (除去样品中脂肪)，用滤纸过滤除去乙醚，再用 30mL 乙醚淋洗两次，弃去乙醚。以下按 [4 (1)] 自 "用 150mL (85%) 乙醇……" 起依法操作。

(3) 测定 按还原糖测定方法进行测定，同时做试剂空白实验。

5. 计算

样品中淀粉含量按式(5-20)进行计算，计算结果表示到小数点后一位。

$$X=\frac{(A_1-A_2)\times 0.9}{m\times\frac{V}{500}\times 1000}\times 100 \qquad (5-20)$$

式中 X——样品中淀粉含量，g/100g；

A_1——测定用样品中水解液还原糖质量，mg；

A_2——试剂空白中还原糖的质量，mg；

m——样品质量，g；

V——测定用样品水解液体积，mL；

500——样品液总体积，mL；

0.9——还原糖（以葡萄糖计）折算成淀粉的换算系数。

6. 说明

① 此法适用于含淀粉量较多，而不含其他能水解为还原糖的物质。

② 因水解时间较长，应采用回流装置，以保证水解过程中盐酸的浓度不发生大的变化。

③ 水解条件要严格控制，保证淀粉水解完全，并避免因加热时间过长葡萄糖形成糖醛聚合体，失去还原性，产生误差。

四、纤维素的测定

食物纤维是指不能被人体消化道所分解消化的多糖类和木质素，总称食物纤维（膳食纤维）。它包括植物细胞壁物质、非构造多糖类如纤维、半纤维及木质素。纤维在维持人体健康，预防疾病方面有独特的作用，已日益引起人们的重视。食物纤维的测定，对食品品质管理和营养价值的评定具有重要意义。

纤维素是高分子化合物，其对酸、碱相当稳定，不溶于任何有机溶剂。就目前来说，纤维素的测定尚未有一种简单而又准确的测定全部食物纤维的方法。通常样品先用稀酸和稀碱处理，除去非纤维物质后用重量法或容量法测定纤维素。但这种方法中，纤维素、木质素、半纤维素都产生了不同程度的降解，而残留物中也包含了少量无机物、蛋白质、低聚糖等，它不能代表食物纤维的全部内容，故称为粗纤维，但这种测定方法在目前来说尚有其普遍意义。下面介绍重量法。

1. 原理

在硫酸的作用下，样品中的糖、淀粉、果胶质等经水解除去，再用碱处理，除去蛋白质、脂肪及脂肪酸，遗留的残渣即为粗纤维，若含有不溶于酸碱的杂质，可经灰化后除去。

2. 试剂

（1）1.25%（0.255mol/L）硫酸溶液。

（2）1.25%（0.3125mol/L）氢氧化钠溶液。

3. 仪器

古氏坩埚：30mL（用石棉铺垫后，在600℃温度下灼烧30min）；玻璃棉吸滤管（直径1cm）；吸滤瓶；干燥器。

4. 分析步骤

（1）称取样品　称取粉碎样品2～3g倒入500mL锥形瓶中。如样品的脂肪含量较高时，可用提取脂肪后的残渣作样品，或将样品的脂肪用乙醚提取出去。

（2）酸液处理　向装有样品的锥形瓶中加入在回流装置中煮沸过的 1.25％硫酸溶液 200mL，标记锥形瓶中的液面高度，盖上表面皿，置于电炉上，在 1min 内煮沸，再继续慢慢煮沸 30min。在煮沸过程中，要加沸水保持液面高度，经常转动锥形瓶，待沉淀下降后，用玻璃棉抽滤管吸去上层清液，吸净后立即加入 100～150mL 沸水洗涤沉淀，再吸去清液，用沸水如此洗涤至沉淀用石蕊试纸试验呈中性为止。

（3）碱液处理　将抽滤管中的玻璃棉并入沉淀中，加入在回流装置中煮沸过的 1.25％碱液 200mL，按照酸液处理法加热微沸 30min，取下锥形瓶，使沉淀下降后，趁热用处理至恒重的古氏坩埚抽滤，用沸水将沉淀无损失地转入坩埚中，洗至中性。

（4）乙醇和乙醚处理沉淀　先用热至 50～60℃的乙醇 20～25mL，分 3～4 次洗涤，然后用乙醚 20～25mL 分 3～4 次洗涤，最后抽净乙醚。

（5）烘干与灼烧　古氏坩埚和沉淀，先在 105℃温度下干燥至恒重，然后送入 600℃高温炉中灼烧 30min，取出冷却，称量，再灼烧至恒重为止。

5. 计算

粗纤维素含量按式（5-21）计算，测定结果取小数点后第一位。

$$X = \frac{W_1 - W_2}{W} \times 100 \qquad (5-21)$$

式中　X——粗纤维素含量，％；

W——样品质量，g；

W_1——坩埚与沉淀烘后质量，g；

W_2——坩埚与沉淀灼烧后质量，g。

6. 说明

① 为提高重现性，实验时需严格遵守实验条件。

② 酸碱处理的时间应严格控制。

③ 样品细度掌握在 1mm 左右，防止降解及过滤损失，且过滤时间不宜过长。

第六节　蛋白质和氨基酸的测定

蛋白质是由 20 种氨基酸通过酰胺键以一定的方式结合起来，并具有一定的空间结构的复杂的高分子有机含氮化合物，其所含主要元素为 C、N、O、H，而含 N 是蛋白质区别于其他有机化合物的主要标志元素。

不同的蛋白质其氨基酸构成比例及方式不同，故各种不同的蛋白质其含氮量也不同。一般蛋白质含氮量为 16％，即 1 份氮素相当于 6.25 份蛋白质，此数为蛋白质系数。不类食品的蛋白质系数有所不同，常见食品蛋白质换算系数见表 5-1。

表 5-1 常见食品蛋白质的换算系数

食 物	换算系数	食 物	换算系数
面粉	5.70	大豆及其制品	5.71
稻米	5.95	芝麻、向日葵	5.30
玉米	6.24	肉类	6.25
豆类	5.46	蛋	6.25
花生	5.46	乳与乳制品	6.38
棉子	5.30	大麦、小米、燕麦	5.83

蛋白质是生命的基础物质，是构成生物体细胞组织的重要成分，是生物体发育及修补组织的原料。人体内酸碱平衡、水平衡的维持、遗传信息的传递、物质的代谢及转运都与蛋白质有关。人及动物只能从食物中得到蛋白质及其分解产物来构成自身的蛋白质，故蛋白质是人体重要的营养物质。

在食品加工中，蛋白质及其分解产物对食品的色、香、味有着极大的影响，是食品的重要组成成分及营养指标。

蛋白质的测定，目前多采用将蛋白质消化，测定其总氮量，再换算为蛋白质含量的凯氏定氮法。食品中含氮素的物质除蛋白质外还有少量非蛋白质含氮物质，故用凯氏定氮法所测定的蛋白质含量也称为粗蛋白质含量。近年来国外采用近红外反射强度与食物中蛋白、脂肪、水分含量存在的一定数量关系，快速定量。

氨基酸是蛋白质的基本构成单位，在构成蛋白质的 20 种氨基酸中有 8 种氨基酸在人体中不能合成，必须靠食物供给，称必需氨基酸。随着营养知识的普及，食物蛋白质中必需氨基酸含量的高低及氨基酸的构成，越来越引起人们的重视。为提高蛋白质的生理效价，进行氨基酸互补及强化的理论，对食品加工工艺的改革，对保健食品的开发及合理配膳，都具有积极的指导作用。故氨基酸的分离、鉴定及定量也就具有重要意义。食品中氨基酸成分十分复杂，在一般的常规检验中多测定食品中的氨基酸总量，即氨基酸态氮，通常采用碱滴定法进行简易测定。目前世界上已出现多种氨基酸分析仪，可快速鉴定氨基酸种类及其含量。如利用近红外反射分析仪，输入各类氨基酸的软件，通过电脑控制进行自动检测计算，可以测出各类氨基酸含量。

一、蛋白质的测定——凯氏定氮法

凯氏定氮法是测定总有机氮量较为准确、操作较为简单的方法之一，可用于所有动植物食品的分析及各种加工食品的分析，并能够同时测定多个样品，至今仍被作为标准检验方法。

1. 原理

将样品与浓硫酸、催化剂一同加热消化，使蛋白质分解，其中碳、氢被氧化生成二氧化碳、水蒸气逸出，而样品中的有机氮转化为氨的形式，并与浓硫酸作用，生成硫酸铵留在酸液中，这一过程称为消化。然后将消化液加碱碱化，使氨游离出来，再通过水蒸气蒸馏，蒸出氨气，氨气被硼酸吸收，生成硼酸铵；最后用盐酸标准溶液滴定所生成的硼酸铵。根据消耗盐酸标准溶液的体积可计算出总氮量，再折算为粗蛋白含量。

2. 试剂

（1）硫酸铜。

（2）硫酸钾。

（3）硫酸（密度为 1.8419g/L）。

（4）20g/L 硼酸溶液。

（5）400g/L 氢氧化钠溶液。

（6）0.0500mol/L 盐酸标准溶液。

（7）混合指示液　1 份甲基红乙醇溶液（1g/L）与 5 份溴甲酚绿乙醇溶液（1g/L）临用时混合。也可用 2 份甲基红乙醇溶液（1g/L）与 1 份亚甲基蓝乙醇溶液（1g/L）临用时混合。

3. 仪器

凯氏烧瓶；定氮蒸馏装置（如图 5-4 所示）。

4. 分析步骤

（1）样品处理　称取 0.20～2.00g 固体样品或 2.00～5.00g 半固体样品或吸取 10.00～25.00mL 液体样品（约相当氮 30～40mg），移入干燥的定氮瓶中，加入 0.2g 硫酸铜，6g 硫酸钾及 20mL 硫酸，稍摇匀后于瓶口放一小漏斗，将瓶以 45°角斜支于有小孔的石棉网上。小心加热，待内容物全部炭化，泡沫完全停止后，加强火力，并保持瓶内液体微沸，至液体呈蓝绿色澄清透明后，再继续加热 0.5～1h。取下放冷，小心加 20mL 水。放冷后，移入 100mL 容量瓶中，并用少量水洗凯氏烧瓶，洗液并入容量瓶中，再加水至刻度，混匀备用。

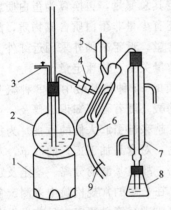

图 5-4　定氮蒸馏装置
1—电炉；2—水蒸气发生器（2L
平底烧瓶）；3、4、9—螺旋夹；
5—小漏斗及棒状玻塞；6—反应
室；7—冷凝管；8—接收瓶

（2）蒸馏、吸收、测定　按图 5-4 装好定氮装置，于水蒸气发生器内装水至三分之二处，加入数粒玻璃珠，加甲基红指示液数滴及数毫升硫酸，以保持水呈酸性，用调压器控制，加热煮沸水蒸气发生器内的水。向接收瓶内加入 10mL 硼酸溶液（20g/L）及 1～2 滴混合指示液，并使冷凝管的下端插入液面下，准确吸取 10mL 样品处理液由小漏斗流入反应室，并以 10mL 水洗涤小烧杯使其流入反应室内，棒状玻塞塞紧。将 10mL 氢氧化钠溶液（400g/L）倒入小玻杯，提起玻塞使其缓缓流入反应室，立即将玻塞盖紧，并加水于小玻杯以防漏气。夹紧螺旋夹3、9，打开螺旋夹4开始蒸馏。蒸馏5min。移开接收瓶，液面离开冷凝管下端，再蒸馏1min。然后用少量水冲洗冷凝管下端外部。取下接收瓶。以盐酸标准滴定溶液（0.05mol/L）滴定至灰色或蓝紫色为终点。同时做空白实验。

5. 计算

样品中蛋白质的含量按式(5-22)进行计算，计算结果保留三位有效数字。

$$X = \frac{(V_1 - V_2)c \times 0.0140}{m \times \frac{10}{100}} \times F \times 100 \tag{5-22}$$

式中　X——样品中蛋白质的含量，g/100g 或 g/100mL；

　　　V_1——样品消耗盐酸标准溶液的体积，mL；

　　　V_2——试剂空白消耗盐酸标准溶液的体积，mL；

　　　c——盐酸标准溶液浓度，mol/L；

　0.0140——氮元素的毫摩尔质量，g/mmol；

　　　m——样品的质量或体积，g 或 mL；

　　　F——氮换算为蛋白质的系数。

6. 说明

① 所用试剂应用无氨蒸馏水配制。

② 若样品含脂肪或糖较多时，消化时会产生大量泡沫，可加入少量液体石蜡或辛醇，或硅消泡剂，防止液体外溢并注意控制热源温度。

③ 样品不易澄清透明时，可将凯氏烧瓶冷却，加入30%过氧化氢2～3mL后再加热。

④ 消化时加入硫酸钾的作用是提高消化液沸点温度，从而加快消化速度；而加入的硫酸铜起到催化作用，加速氧化分解，同时也是蒸馏时样品液碱化的指示剂，若所加碱量不足，分解液呈蓝色不生氢氧化铜沉淀，需再增加氢氧化钠用量。

⑤ 若取样量较大，如干样品超过5g，可按每克样品5mL的比例增加硫酸用量。

⑥ 蒸馏过程应注意接头处无松漏现象，蒸馏完毕，先将蒸馏出口离开液面，继续蒸馏1min，将附着在尖端的吸收液完全洗入接收瓶内，再将接收瓶移开，最后关闭电源，绝不能先关电源，否则吸收液将发生倒吸现象。

⑦ 硼酸吸收液的温度不应超过40℃，否则氨吸收减弱，造成损失，可置于冷水中。

⑧ 本法适用于一般食品中蛋白质的测定，但不适用于添加无机含氮物质、有机非蛋白质含氮物质的食品测定。

凯氏定氮法有常量法、微量法，微量凯氏定氮法的原理与操作方法与常量法基本相同，所不同的是所需样品质量及试剂用量较少，且具有专用的微量测定的定型仪器——微量凯氏定氮器。在具体操作过程中可根据实验条件选用合适的方法。

二、氨基酸的测定

（一）双缩醛指示剂法

1. 原理

氨基酸含有氨基及羧基两性基团，它们相互作用而形成中性的内盐，加入甲醛与氨基酸起反应而使羧基游离出来，显示出酸性，再用氢氧化钠标准溶液滴定羧基，间接求出氨基酸态氮的量。

2. 试剂

（1）40％中性甲醛溶液（用百里酚酞作指示剂，用 0.1N 氢氧化钠滴定至呈淡蓝色）。

（2）0.1mol/L 氢氧化钠标准溶液。

（3）0.1％百里酚酞 95％乙醇溶液。

（4）0.1％中性红 50％乙醇溶液。

3. 分析步骤

移取含氨基酸约 20～30mg 的样品溶液两份，分别置于 250mL 锥形瓶中，各加 50mL 蒸馏水，其中 1 份加入 3 滴中性红指示剂，用 0.1mol/L 氢氧化钠标准溶液滴定至由红变为琥珀色为终点；另一份加入 3 滴百里酚酞指示剂及中性甲醛 20mL，摇匀，静置 1min，用 0.1mol/L 氢氧化钠标准溶液滴定至淡蓝色为终点。分别记录两次所消耗的碱液的体积。

4. 结果计算

$$X = \frac{(V_2 - V_1)c \times 0.014}{m} \times 100 \qquad (5-23)$$

式中　X——氨基酸态氮的含量，％；

$\quad c$——氢氧化钠标准溶液的浓度，mol/L；

$\quad V_1$——用中性红作指示剂滴定时消耗氢氧化钠标准溶液体积，mL；

$\quad V_2$——用百里酚酞作指示剂滴定时消耗氢氧化钠标准溶液体积，mL；

$\quad m$——测定用样品溶液相当于样品的质量，g；

0.014——氮的毫摩尔质量，g/mmol。

5. 说明

① 此法适用于测定食品中的游离氨基酸。

② 固体样品应先进行粉碎，准确称样后用水萃取，然后测定萃取液；液体样品如饮料等可直接吸取样品进行测定。萃取在 50℃水浴中进行 0.5h 即可。

③ 若样品色泽太深，可加适量活性炭脱色后再测定，或用电位滴定法测定。

（二）电势滴定法

1. 原理

根据氨基酸的两性作用，加入甲醛以固定氨基的碱性，使羧基显示出酸性，将酸度计的玻璃电极及甘汞电极同时插入被测液中构成电池，用氢氧化钠标准溶液滴定，依据酸度计指示的 pH 值判断滴定终点。

2. 试剂

（1）20%中性甲醛溶液。

（2）0.05mol/L 氢氧化钠标准溶液。

3. 仪器

酸度计；磁力搅拌器；微量滴定管（10mL）。

4. 分析步骤

吸取含氨基酸约 20mg 的样品溶液于 100mL 容量瓶中，加水至标线，混匀后吸取 20.0mL 于 200mL 烧杯中，加水 60mL，开动磁力搅拌器，用 0.05mol/L 氢氧化钠标准溶液滴定至酸度计指示 pH=8.2，记录消耗氢氧化钠标准溶液体积（mL），供计算总氨基酸含量。

测定溶液再加入 10.0mL 甲醛溶液，混匀。再用 0.05mol/L 氢氧化钠标准溶液继续滴定至 pH=9.2，记录消耗氢氧化钠标准溶液体积（mL）。

同时取 80mL 蒸馏水置于另一 200mL 洁净烧杯中，先用氢氧化钠标准溶液调至 pH=8.2（此时不计碱量消耗量），再加入 10.0mL 中性甲醛溶液，用 0.05mol/L 氢氧化钠标准溶液滴定至 pH=9.2，作为试剂空白实验。

5. 计算

$$X = \frac{(V_2 - V_1)c \times 0.014}{m \times \frac{20}{100}} \times 100 \tag{5-24}$$

式中 X——氨基酸态氮的含量，%；

V_1——空白实验加入甲醛后滴定至终点所消耗氢氧化钠标准溶液的体积，mL；

V_2——样品稀释液在加入甲醛后滴定至终点所消耗氢氧化钠标准溶液的体积，mL；

c——氢氧化钠标准溶液的浓度，mol/L；

m——测定用样品溶液相当于样品的质量，g；

0.014——氮的毫摩尔质量，g/mmol。

6. 说明

① 本法准确快速，可用于各类样品游离氨基酸含量测定。

② 对于浑浊和色泽深样品溶液可不经处理而直接测定。

氨基酸的测定除了上述两种方法外，还有茚三酮比色法、氨基酸自动分析仪法,特别是氨基酸分析仪法适用于食品中的天谷氨酸、甘氨酸、丙氨酸、蛋氨酸、异亮氨酸、亮氨酸、苯丙氨酸、组氨酸、赖氨酸和精氨酸等十六种氨基酸的测定。但不适用于蛋白质含量低的水果、蔬菜、饮料和淀粉类食品中氨基酸测定。

第七节　维生素的测定

维生素是维持人体正常生命活动所必需的一类天然有机化合物。其种类很多,目前已确认的有30余种,其中被认为对维持人体健康和促进发育至关重要的有20余种。这些维生素结构复杂,理化性质及生理功能各异,有的属于醇类,有的属于胺类,有的属于酯类,还有的属于酚或醌类化合物。而根据其溶解性,可分为脂溶性维生素(维生素A、D、E、K)及水溶性维生素(B族维生素、维生素C)两大类。

维生素或其前体化合物都在天然食物中存在;它们不能供给机体热能,也不是构成组织的基本原料,主要功能是通过作为辅酶的成分调节代谢过程,需要量极小;它们一般在体内不能合成,或合成量不能满足生理需要,必须经常从食物中摄取;长期缺乏任何一种维生素都会导致相应的疾病。

维生素分析的方法有化学法、仪器法、微生物法和生物鉴定法。下面将介绍常用的维生素的测定方法。

一、维生素A的测定——三氯化锑比色法

维生素A属于脂溶性维生素,主要存在于动物性脂肪中,主要来源于肝脏、鱼肝油、蛋类、乳类等动物性食品中。植物性食品中不含维生素A,但在深色果蔬中含有胡萝卜素,它在人体内可转变为维生素A,故称为维生素A原。

1. 原理

维生素A在三氯甲烷中与三氯化锑相互作用,产生蓝色物质,其颜色深浅与溶液中所含维生素A的含量成正比。该蓝色物质虽不稳定,但在一定时间内可用分光光度计于620nm波长处测定其吸光度,与标准物质比较定量。

2. 试剂

(1) 无水硫酸钠。

(2) 乙酸酐。

(3) 乙醚。

(4) 无水乙醇

(5) 三氯甲烷　应不含分解物,否则会破坏维生素A。

(6) 三氯化锑-三氯甲烷溶液(250g/L)　用三氯甲烷配制三氯化锑溶液,储于棕色瓶中(注意勿使其吸收水分)。

（7）氢氧化钾溶液（0.5mol/L）。

（8）维生素 A 或视黄醇乙酸酯标准液　视黄醇（纯度 85％）或视黄醇乙酸酯（纯度 90％）经皂化处理后使用。用脱醛乙醇溶解维生素 A 标准品，使其浓度大约为每毫升相当于 1mg 视黄醇。临用前用紫外分光光度法标定其准确浓度。

（9）酚酞指示剂（10g/L）　用 95％乙醇配制。

3. 仪器

分光光度计；回流冷凝装置；皂化装置；5mL 注射器；分液漏斗。

4. 分析步骤

（1）样品处理

① 焙烤类制品及粉状样品　样品经干燥、粉碎后，直接作为测定样品。

② 鱼、肉类、水产品、熟制品类高水分固体样品　样品切碎后用绞肉机、研钵等磨碎，充分混合成粗糊状，取其一部分作为测定样品。若维生素 A 含量低需较大取样量而难以皂化，可将样品经称量后，于研钵中与无水硫酸钠一同磨碎，脱水，然后移至广口瓶，用精制乙醚提取数次，提取液合并、过滤、除去乙醚，留存脂类作为测定样品。

③ 液态样品　如牛乳类，充分混合后准确量取 20mL 左右。

④ 蛋类样品　样品加热使蛋白质凝固后，研钵中充分研磨、混合，取其一部分作为测定用样品（可避免皂化时，蛋白质凝固而包裹维生素 A 的可能性）。

（2）皂化　根据样品中维生素 A 含量的不同，准确称取 0.5～5g 处理后样品于三角瓶中，加入 10mL 氢氧化钾（0.5mol/L）及 20～40mL 乙醇，在电热板上回流 30min 至皂化完全为止。

（3）提取　将皂化瓶内混合物移至分液漏斗中，用 30mL 水洗皂化瓶，洗液并入分液漏斗。如有渣子，可用脱脂棉漏斗滤入分液漏斗内。用 50mL 乙醚分两次洗皂化瓶，洗液并入分液漏斗中。振摇并注意放气，静置分层后，水层放入第二个分液漏斗内。皂化瓶再用约 30mL 乙醚分两次冲洗，洗液倾入第二个分液漏斗中。振摇后，静置分层，水层放入三角瓶中，醚层与第一个分液漏斗合并。重复至水层中无维生素 A 为止。

（4）洗涤　用约 30mL 水加入第一个分液漏斗中，轻轻振摇，静置片刻后，放去水层。加 15～20mL 0.5mol/L 氢氧化钾溶液于分液漏斗中，轻轻振摇后，弃去下层碱液，除去醚溶性酸皂。继续用水洗涤，每次用水约 30mL，直至洗涤液与酚酞指示剂呈无色为止（大约 3 次）。醚层静置 10～20min，小心放出析出的水。

（5）浓缩　将醚层经过无水硫酸钠滤入三角瓶中，再用约 25mL 乙醚冲洗分液漏斗和硫酸钠两次，洗液并入三角瓶内。置水浴上蒸馏，回收乙醚。待瓶中剩约 5mL 乙醚时取下，用减压法至干，立即加入一定量的三氯甲烷使溶液中维生素 A 含量在适宜浓度范围内。

（6）测定

① 标准曲线的制备　准确吸取 0.0mL、0.1mL、0.2mL、0.3mL、0.4mL 的维生素 A 标准液于 4～5 个 10mL 容量瓶中，以三氯甲烷定容，配制标准系列。再取相同数量比色管顺次取 1mL 标准系列使用液，各管加入乙酸酐 1 滴，制成标准比色列。于 620nm 波长处，以加入乙酸酐 1 滴、10mL 三氯甲烷调节吸光度至零点，将其标准比色列按顺序移入光路前，迅速加入 9mL 三氯化锑-三氯甲烷溶液。于 6s 内测定吸光度，以吸光度为纵坐标，维生素 A 含量为横坐标绘制标准曲线图。

② 样品测定　在一比色管中加入 10mL 三氯甲烷，加入 1 滴乙酸酐配为空白液。另一比色管中加入 1mL 样品溶液及 1 滴乙酸酐。其余步骤同①自"于 620nm 波长处"起。

5. 计算

维生素的含量按式（5-25）计算，计算结果保留三位有效数字。

$$X = \frac{c}{m} \times V \times \frac{100}{1000} \tag{5-25}$$

式中　X——样品中维生素 A 的含量，mg/100g；

　　　c——由标准曲线上查得样品中维生素 A 的含量，$\mu g/mL$；

　　　m——样品质量，g；

　　　V——提取后加三氯甲烷定量之体积，mL。

6. 说明

① 所用氯仿中不应含有水分，因三氯化锑遇水会出现沉淀，干扰比色测定。可以在每毫升氯仿中应加入乙酸酐 1 滴，以保证脱水。

② 由于三氯化锑与维生素 A 所产生的蓝色物质很不稳定，因此要求反应在比色杯中进行，产生蓝色后立即读取吸光度。

③ 若样品中含 β-胡萝卜素干扰测定，可将浓缩蒸干的样品用正己烷溶解，以氧化铝为吸附剂，丙酮-己烷混合液为洗脱剂进行柱层析。

④ 三氯化锑有很强的腐蚀性，不能沾在皮肤上；三氯化锑遇水生成白色沉淀，因此用过的仪器要先用稀盐酸浸泡后再清洗。

⑤ 维生素 A 极易被光破坏，实验操作应在微弱光线下进行，或用棕色玻璃仪器。

⑥ 比色法除用三氯化锑作显色外，还可用三氟乙酸、三氯乙酸作显色剂，其中三氟乙酸没有遇水生沉淀而使溶液浑浊的缺点。

维生素 A 的测定除上述方法外，还有紫外分光光度计法、高效液相色谱法等。其中高效液相色谱法测定维生素 A 是近几年发展起来，此法可以快速分离和测定视黄醇及其异构体、酯和衍生物，且可以同时测定维生素 A 和维生素 E 的含量。

二、胡萝卜素的测定——纸层析法

胡萝卜素是人体重要营养素，它是维生素 A 的前体，是保健食品的重要成分，

6μg β-胡萝卜素相当于 1μg 维生素 A。我国于 1977 年批准 β-胡萝卜素作为着色剂加入奶油及膨化食品中，目前已允许加入饮料、黄油、冰激凌等 14 种食品中。1993 年批准 β-胡萝卜素作为营养加强剂加入婴幼儿食品、乳制品中。

胡萝卜素的测定方法有高效液相色谱法和纸层析法。

1. 原理

样品经过皂化后，用石油醚提取食品中的胡萝卜素及其他植物色素，以石油醚为展开剂进行纸层析，胡萝卜素极性最小，移动速度最快，从而与其他色素分离，剪下含胡萝卜素的区带，洗脱后于 450nm 波长下定量测定。

2. 试剂

(1) 石油醚。

(2) 氢氧化钾溶液（1＋1）　取 50g 氢氧化钾溶于 50mL 水。

(3) 无水乙醇　不得含有醛类物质。

(4) 无水硫酸钠。

(5) β-胡萝卜素标准溶液。

① β-胡萝卜素标准储备液　准确称取 50.0mg β-胡萝卜素标准品，溶于 100.0mL 三氯甲烷中，浓度约为 500μg/mL，准确测其浓度。

② β-胡萝卜素标准使用液　将已标定的标准液用石油醚准确稀释 10 倍，使每毫升溶液相当于 50μg，避光保存于冰箱中。

3. 仪器

玻璃层析缸；分光光度计；旋转蒸发器：具配套 150mL 球形瓶；恒温水浴锅；皂化回馏装置；点样器或微量注射器；滤纸（18cm×30cm）。

4. 分析步骤

(1) 样品预处理

① 皂化　取适量样品，相当于原样 1～5g（含胡萝卜素约 20～80μg）匀浆，粮食样品视其胡萝卜素含量而定，植物油和高脂肪样品取样量不超过 10g。置于 100mL 具塞锥形瓶中，加脱醛乙醇 30mL，再加 10mL 氢氧化钾溶液（1∶1），回流加热 30min，然后用冰水使之迅速冷却。皂化后样品用石油醚提取，直至提取液无色为止，每次提取石油醚用量为 15～25mL。

② 洗涤　皂化后样品提取液用水洗涤至中性。将提取液通过盛有 10g 无水硫酸钠的小漏斗，漏入球形瓶，用少量石油醚分数次洗净分液漏斗和无水硫酸钠层内的色素，洗涤液并入球形瓶内。

③ 浓缩与定容　将球形瓶内的提取液于旋转蒸发器上减压蒸发，水浴温度为 60℃，蒸发至约 1mL 时，取下球形瓶，用氮气吹干，立即加入 2.00mL 石油醚定容，备层析用。

(2) 纸层析

① 点样　在 18cm×30cm 滤纸下端距底边 4cm 处作一基线，在基线上取 A、B、

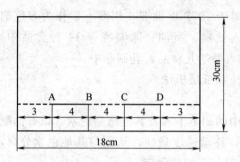

图 5-5　点样图示

C、D 四点（见图 5-5），吸取 0.100～0.400mL 浓缩液在 AB 和 CD 间迅速点样。

② 展开　待纸上所点样品溶液自然挥发干后，将滤纸卷成圆筒状，置于预先用石油醚饱和的层析缸中，进行上行展开。

③ 洗脱　待胡萝卜素与其他色素完全分开后，取出滤纸，自然挥发干石油醚，将位于展开剂前沿的胡萝卜素层析带剪下，立即放入盛有 5mL 石油醚的具塞试管中，用力振摇，使胡萝卜素完全溶入试剂中。

（3）测定　用 1cm 比色杯，以石油醚调零点，于 450nm 波长下，测吸光度值。从标准曲线上查出 β-胡萝卜素的含量。

（4）标准工作曲线绘制　取 β-胡萝卜素标准使用液（浓度为 50μg/mL）1.00mL、2.00mL、3.00mL、4.00mL、6.00mL、8.00mL，分别置于 100mL 具塞锥形瓶中，按样品分析步骤进行预处理和纸层析，点样体积为 0.100mL，标准曲线各点含量依次为 2.5μg，5.0μg，7.5μg，10.0μg，15.0μg，20.0μg。如为测定低含量样品，可在 0～2.5μg 间加做几点，以 β-胡萝卜素含量为横坐标，以吸光度为纵坐标绘制标准曲线。

5. 计算

样品中胡萝卜素含量按下式（5-26）计算，计算结果保留三位有效数字。

$$X = m_1 \times \frac{V_2}{V_1} \times \frac{100}{m} \tag{5-26}$$

式中　X——样品中胡萝卜素的含量（以 β-胡萝卜素计），μg/100g；

　　　m_1——在标准曲线上查得的胡萝卜素质量，μg；

　　　V_1——点样体积，mL；

　　　V_2——样品提取液浓缩后的定容体积，mL；

　　　m——样品质量，g。

6. 说明

① 通常标准品不能完全溶解于有机溶剂中，必要时应先将标准品皂化，再用有机溶剂提取，用蒸馏水洗涤至中性后，浓缩定容，再进行标定。由于胡萝卜素很容易分解。所以每次使用前，所用标准品均需标定，在测定样品时需带标准品同步操作。

② β-胡萝卜素标准溶液的标定方法　取标准储备液 10.0μL，加正己烷 3.00mL，混匀。测其吸光度值，比色杯厚度为 1cm，以正己烷为空白，入射光波长 450nm，平行测定三份，取平均值。

按式（5-27）计算溶液浓度：

$$X = \frac{A}{E} \times \frac{3.01}{0.01} \tag{5-27}$$

式中　X——胡萝卜素标准溶液浓度，$\mu g/mL$；

　　　A——吸光度值；

　　　E——β-胡萝卜素在正己烷溶液中，入射光波长 450nm，比色杯厚度 1cm，溶液浓度为 1mg/L 的吸光系数，为 0.2638。

$\frac{3.01}{0.01}$——测定过程中稀释倍数的换算系数。

③ 样品处理应在避光条件下进行。

④ 此方法适用于食品中胡萝卜素的测定。

三、维生素 B_1 的测定——荧光计法

维生素 B_1 属于水溶性维生素，又名硫胺素、抗神经炎素，通常以游离态，或以焦磷酸酯形式存在于自然界，在酵母、米糠、麦胚、花生、黄豆以及绿色蔬菜和牛乳、蛋黄中含量较为丰富。

测定维生素 B_1 的方法，有比色法和硫色素荧光法，也有近几年发展起来的利用荧光检测器的高效液相色谱法。比色法灵敏度低，准确度也较差，适合测定维生素 B_1 含量高的样品。荧光法和高效液相色谱法适用于微量测定。由于高效液相色谱仪价格贵，难以普及，目前大多采用荧光法，荧光法又分为荧光目测法和荧光计法。

1. 原理

硫胺素在碱性铁氰化钾溶液中被氧化成噻嘧色素，在紫外线照射下，噻嘧色素发出荧光。在一定的条件下，荧光强度与噻嘧色素量成正比，即与溶液中硫胺素含量成正比。

2. 试剂

（1）正丁醇　需经重蒸馏后使用。

（2）无水硫酸钠。

（3）淀粉酶和蛋白酶。

（4）0.1mol/L 盐酸　8.5mL 浓盐酸用水稀释至 1000mL。

（5）0.3mol/L 盐酸　25.5mL 浓盐酸用水稀释至 1000mL。

（6）2mol/L 乙酸钠溶液　164g 无水乙酸钠溶于水中稀释至 1000mL。

（7）250g/L 氯化钾溶液　250g 氯化钾溶于水中稀释至 1000mL。

（8）250g/L 酸性氯化钾溶液　8.5mL 浓盐酸用 250g/L 氯化钾溶液稀释至 1000mL。

(9) 150g/L 氢氧化钠溶液　15g 氢氧化钠溶于水中稀释至 100mL。

(10) 10g/L 铁氰化钾溶液　1g 铁氰化钾溶于水中稀释至 100mL，放于棕色瓶内保存。

(11) 碱性铁氰化钾溶液　临用时取 4mL 10g/L 铁氰化钾溶液，用 150g/L 氢氧化钠溶液稀释至 60mL，避光使用。

(12) 乙酸溶液　30mL 冰醋酸用水稀释至 1000mL。

(13) 活性人造浮石　称取 200g 40～60 目的人造浮石，以 10 倍于其容积的热乙酸溶液搅洗 2 次，每次 10min；再用 5 倍于其容积的 250g/L 热氯化钾溶液搅洗 15min；然后再用乙酸溶液搅洗 10min；最后用热蒸馏水洗至没有氯离子。于蒸馏水中保存。

(14) 硫胺素标准溶液（0.1mg/mL）　准确称取 100mg 经氯化钙干燥 24h 的硫胺素，溶于 0.01mol/L 盐酸中，并稀释至 1000mL。于冰箱中避光保存。

(15) 硫胺素标准使用液（0.1μg/mL）　使用前，先将硫胺素标准溶液用 0.01mol/L 盐酸稀释 10 倍，再用水稀释 100 倍。

(16) 溴甲酚绿溶液（0.4g/L）　称取 0.1g 溴甲酚绿，置于小研钵中，加入 1.4mL 0.1mol/L 氢氧化钠溶液研磨片刻，再加入少许水继续研磨至完全溶解，用水稀释至 250mL。

3. 仪器

恒温培养箱；荧光分光光度计；Maiael-Gerson 反应瓶（如图 5-6）；盐基交换管（如图 5-7）。

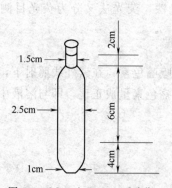

图 5-6　Maiael-Gerson 反应瓶

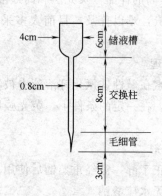

图 5-7　盐基交换管

4. 分析方法

(1) 样品的处理

① 样品制备　样品采集后用匀浆机打成匀浆于低温冰箱中冷冻保存，用时将其解冻后混匀使用。干燥样品要将其尽量粉碎后备用。

② 提取

a. 准确称取一定量样品（估计其硫胺素含量约为 10～30μg，一般称取 2～10g

样品），置于 100mL 三角瓶中，加入 50mL0.1mol/L 或 0.3mol/L 盐酸使其溶解，放入高压锅中加热水解，121℃30min，凉后取出。

b. 用 2mol/L 乙酸钠调其 pH 值为 4.5（以 0.4g/L 溴甲酚绿为外指示剂）。

c. 按每克样品加入 20mg 淀粉酶和 40mg 蛋白酶的比例加入淀粉酶和蛋白酶。于 45～50℃恒温箱过夜保温（约 16h）。

d. 冷却至室温，定容至 100mL，混匀，过滤，即为提取液。

③ 净化

a. 用少许脱脂棉铺于盐基交换管的交换柱底部，加水将棉纤维中气泡排出，再加约 1g 活性人造浮石使之达到交换柱的三分之一高度。保持盐基交换管中液面始终高于活性人造浮石。

b. 用移液管加入提取液 20～60mL（使通过活性人造浮石的硫胺素总量约为 2～5μg）。

c. 加入约 10mL 热蒸馏水冲洗交换柱，弃去洗液。如此重复三次。

d. 加入 20mL250g/L 酸性氯化钾（温度为 90℃左右），收集此液于 25mL 刻度试管内，冷却至室温，用 250g/L 酸性氯化钾定容至 25mL，即为样品净化液。

e. 重复上述操作，将 20mL 硫胺素标准使用液加入盐基交换管以代替样品提取液，即得到标准净化液。

④ 氧化

a. 将 5mL 样品净化液分别加入 A，B 两个反应瓶。

b. 在避光条件下将 3mL150g/L 氢氧化钠溶液加入反应瓶 A，将 3mL 碱性铁氰化钾溶液加入反应瓶 B，振摇约 15s，然后加入 10mL 正丁醇；将 A，B 两个反应瓶同时用力振摇 1.5min。

c. 重复上述操作，用标准净化液代替样品净化液。

d. 静置分层后吸去下层碱性溶液，加入 2～3g 无水硫酸钠使溶液脱水。

（2）测定

① 荧光测定条件　激发波长 365nm；发射波长 435nm；激发波狭缝 5nm；发射波狭缝 5nm。

② 依次测定下列荧光强度

a. 样品空白荧光强度（样品反应瓶 A）；

b. 标准空白荧光强度（标准反应瓶 A）；

c. 样品荧光强度（样品反应瓶 B）；

d. 标准荧光强度（标准反应瓶 B）。

5. 计算

样品中硫胺素含量按式（5-28）计算，计算结果保留两位有效数字。

$$X = (U - U_b) \times \frac{cV}{S - S_b} \times \frac{V_1}{V_2} \times \frac{1}{m} \times \frac{100}{1000} \tag{5-28}$$

式中　X——样品中硫胺素含量，mg/100g；

　　　U——样品荧光强度；

　　　U_b——样品空白荧光强度；

　　　S——标准荧光强度；

　　　S_b——标准空白荧光强度；

　　　c——硫胺素标准使用液浓度，$\mu g/mL$；

　　　V——用于净化的硫胺素标准使用液体积，mL；

　　　V_1——样品水解后定容之体积，mL；

　　　V_2——样品用于净化的提取液体积，mL；

　　　m——样品质量，g。

6. 说明

① 一般食品中的维生素 B_1 是游离型的，如与淀粉、蛋白质结合在一起的，需用酸或酶水解使结合型 B_1 成为游离型，再采用此法测定。

② 样品与铁氰化钾溶液混合后，所呈现的黄色应至少保持 15s，否则应再加铁氰化钾溶液 1～2 滴。主要原因是样品中含还原物质过多，硫胺素氧化不完全给结果带来误差。但过量的铁氰化钾会破坏硫胺素，其用量要适当控制。

③ 若样品中含杂质过多，应经过离子交换剂处理，使硫胺素与杂质分离，然后以所得溶液做测定。

④ 硫胺素能溶于正丁醇，且比在水中稳定，可用正丁醇提取硫胺素。注意萃取时振摇不宜过猛，以免乳化，影响分层。

⑤ 紫外线破坏硫胺素，所以硫胺素形成后要迅速测定，并力求避光操作。

⑥ 谷类物质不需酶分解，样品粉碎后用 25％酸性氯化钾直接提取，氧化测定。

⑦ 氧化是本实验操作的关键，操作应迅速。

⑧ 适用于各类食品中硫胺素的测定。

四、抗坏血酸（维生素 C）的测定

维生素 C 是一种己糖醛基酸，有抗坏血病的作用，所以又称作抗坏血酸。维生素 C 具有较强的还原性，对光敏感。食品中的维生素 C 有还原型抗坏血酸、脱氢型抗坏血酸、2,3-二酮古乐糖酸三种形式，还原型抗坏血酸氧化生成脱氢抗坏血酸，仍然具有生理活性，进一步水解则生成 2,3-二酮古乐糖酸，失去生理作用。所以食品成分表均以抗坏血酸和脱氢抗坏血酸的总量表示。

测定维生素 C 常用的方法有靛酚滴定法、苯肼比色法、荧光法及高效液相色谱法、极谱法等。靛酚滴定法测定的是还原型抗坏血酸，方法简便、也较灵敏，但容易受样品中其他成分的干扰，使测定结果偏高，同时对深色样品终点不易辨别。苯肼比色法和荧光法用于测定抗坏血酸和脱氢抗坏血酸的总量。苯肼比色法操作复杂,较容易受其他物质的影响,结果中包括二酮古乐糖酸,故测定值往往偏高。荧光法受其他物质影响小,且结果不包括二酮古乐糖酸,故准确度较高,重现性好,灵敏度高但操作复杂。高效液相色谱法具有干扰少,准确度高,重现性好,灵敏、简便、快速等优点,且可以同时测定抗坏血酸和脱氢抗坏血酸的含量。

(一) 2,4-二硝基苯肼比色法

1. 原理

总抗坏血酸包括还原型、脱氢型和二酮古乐糖酸,样品中还原型抗坏血酸经活性炭氧化为脱氢抗坏血酸,再与2,4-二硝基苯肼作用生成红色脎,根据脎在硫酸溶液中的含量与抗坏血酸含量成正比,进行比色定量。

2. 试剂

(1) 4.5mol/L硫酸 慢慢加入250mL硫酸于700mL水中,冷却后用水稀释至1000mL。

(2) 85%硫酸 慢慢加入900mL硫酸于100mL水中。

(3) 2,4-二硝基苯肼溶液(20g/L) 溶解2g 2,4-二硝基苯肼于100mL 4.5mol/L硫酸中,过滤。不用时存于冰箱内,每次用前必须过滤。

(4) 草酸溶液(20g/L) 溶解20g草酸于700mL水中,稀释至1000mL。

(5) 草酸溶液(10g/L) 取500mL草酸20g/L溶液稀释至1000mL。

(6) 硫脲溶液(10g/L) 溶解5g硫脲于500mL 10g/L草酸溶液中。

(7) 硫脲溶液(20g/L) 溶解10g硫脲于500mL 10g/L草酸溶液中。

(8) 1mol/L盐酸 取100mL盐酸,加入水中,并稀释至1200mL。

(9) 抗坏血酸标准溶液 称取100mg纯抗坏血酸溶解于100mL 20g/L草酸溶液中,此溶液每毫升相当于1mg抗坏血酸。

(10) 活性炭 将100g活性炭加到750mL 1mol/L盐酸中,回流1~2h,过滤,用水洗数次,至滤液中无三价铁离子为止,然后置于110℃干燥箱中烘干。

检验铁离子方法:利用普鲁士蓝反应。将20g/L亚铁氰化钾与1%盐酸等量混合,将活性炭洗出滤液滴入,如有铁离子则产生蓝色沉淀。

3. 仪器

恒温箱;可见-紫外分光光度计;组织捣碎机。

4. 分析步骤

(1) 样品的制备

① 鲜样品的制备 称取100g鲜样及吸取100mL 20g/L草酸溶液,倒入捣碎机中打成匀浆,取10~40g匀浆(含1~2mg抗坏血酸)倒入100mL容量瓶中,用10g/L草酸溶液稀释至刻度,混匀。

② 干样品制备 称1~4g干样(含1~2mg抗坏血酸)放入乳钵内,加入10g/L草酸溶液磨成匀浆,倒入100mL容量瓶内,用10g/L草酸溶液稀释至刻度,混匀。

将样品制备液过滤，滤液备用。不易过滤的样品可用离心机离心后，倾出上清液，过滤，备用。

（2）氧化处理 取 25mL 样品制备滤液，加入 2g 活性炭，振摇 1min，过滤，弃去最初数毫升滤液。取 10mL 此氧化提取液，加入 10mL 20g/L 硫脲溶液，混匀，为样品稀释液。

（3）呈色反应

① 于三个试管中各加入 4mL 稀释液，其中一支试管作为空白，另两支试管中加入 1.0mL 20g/L 2,4-二硝基苯肼溶液，将所有试管放入（37.0±0.5）℃恒温箱中，保温 3h。

② 保温 3h 后取出，将试样管放入冰水中。空白管取出后直接冷却到室温，然后加入 1.0mL 20g/L 2,4-二硝基苯肼溶液，在室温中放置 10～15min 后放入冰水内。

（4）85％硫酸处理 当试管放入冰水后，向每一试管中加入 5mL 85％硫酸，滴加时间至少需要 1min，需边加边摇动试管。将试管自冰水中取出，在室温放置 30min 后比色。

（5）比色 用 1cm 比色杯，以空白液调零点，于 500nm 波长测吸光值。

（6）标准曲线的绘制

① 加 2g 活性炭于 50mL 标准溶液中，振动 1min，过滤。

② 取 10mL 滤液放入 500mL 容量瓶中，加 5.0g 硫脲，用 10g/L 草酸溶液稀释至刻度，抗坏血酸浓度 20μg/mL。

③ 取 5mL、10mL、20mL、25mL、40mL、50mL、60mL 稀释液，分别放入 7 个 100mL 容量瓶中，用 10g/L 硫脲溶液稀释至刻度，使最后稀释液中抗坏血酸的浓度分别为 1μg/mL、2μg/mL、4μg/mL、5μg/mL、8μg/mL、10μg/mL、12μg/mL。

④ 按样品测定步骤中 [4.(3)～(4)] 操作。

⑤ 以吸光值为纵坐标，抗坏血酸浓度（μg/mL）为横坐标绘制标准曲线。

5. 计算

样品中总抗坏血酸含量按式（5-29）计算，计算结果表示到小数点后两位。

$$X = \frac{cV}{m} \times F \times \frac{100}{1000} \tag{5-29}$$

式中 X——样品中总抗坏血酸含量，mg/100g；

c——由标准曲线查得总抗坏血酸的浓度，μg/mL；

V——样品用 10g/L 草酸溶液定容的体积，mL；

F——样品氧化处理过程中的稀释倍数；

m——样品的质量，g。

6. 注意事项

① 全部实验过程应避光。

② 活性炭对抗坏血酸的氧化作用，是基于表面吸附的氧进行界面反应，加入量过低，氧化不充分，测定结果偏低，加入量过高，对抗坏血酸有吸附作用，结果也偏低。

③ 对无色或已脱色样品，也可用溴液作氧化剂。还可用 2,6-二氯靛酚作氧化剂。

④ 硫脲可防止抗坏血酸继续氧化，同时促进脲的形成。最后溶液中硫脲的浓度要一致，否则影响测定结果。

⑤ 试管从冰浴中取出后，因糖类的存在造成显色不稳定，颜色会渐渐加深，30min 后影响将减少，故在加入 85％硫酸后 30min 准时比色。

⑥ 测定波长一般在 495～540nm 处，样品杂质多时在 540nm 较合适，但灵敏度较最大吸收波长（520nm）下的灵敏度降低 30％。

（二）分光光度法

2,4-二硝基苯肼法测定的是脱氢型抗坏血酸，不能测定其主要成分还原型抗坏血酸，而且局限于果蔬类样品，操作非常繁琐。对营养强化食品、蛋白食品等样品的测定更不适应。分光光度法具有灵敏度高、准确度好、操作简便、快速、应用范围广等特点。适用于各类食品中抗坏血酸的测定。

1. 原理

在乙酸溶液中，抗坏血酸与固蓝盐 B 反应生成黄色的草酰肼-2-羟基丁酰内酯衍生物，在最大吸收波长 420nm 处测定吸光度，与标准系列比较定量。

2. 试剂

（1）2mol/L 乙酸溶液　吸取 11.6mL 冰醋酸，加水稀释至 100mL。

（2）0.5mol/L 乙酸溶液　吸取 2.9mL 冰醋酸，加水稀释至 100mL。

（3）0.25mol/L 乙二胺四乙酸二钠溶液　称取 9.3g 乙二胺四乙酸二钠于水中，加热使之溶解后，冷却，并稀释至 100mL。

（4）蛋白沉淀剂

① 220g/L 乙酸锌溶液　称取 22.0g 乙酸锌，加 3mL 冰醋酸溶于水，并稀释至 100mL。

② 106g/L 亚铁氰化钾溶液　称取 10.6g 亚铁氰化钾，加水溶解至 100mL。

（5）显色剂（2g/L 固蓝盐 B 溶液）　准确称取 0.2g 固蓝盐 B，加水溶解于 100mL 棕色容量瓶中，并稀释至刻度（该溶液在室温下储存可稳定 3 天以上）。

（6）2.0g/L 抗坏血酸标准溶液　精密称取 0.2000g 抗坏血酸，加 20mL 2mol/L 乙酸溶液溶解后移入 100mL 棕色容量瓶中，用水稀释至刻度，混匀。此溶液每毫升相当于 2.0mg 抗坏血酸（10℃下冰箱内储存在 2 天内稳定）。

（7）0.1g/L 抗坏血酸标准使用溶液　用移液管精密吸取 5.0mL 2.0g/L 抗坏血酸标准溶液于 100mL 棕色容量瓶内，加 5mL 2mol/L 乙酸溶液，用水稀释至刻度，混匀。此溶液每毫升相当于 100μg 抗坏血酸（临用时配制）。

3. 仪器

分光光度计；捣碎机；离心分离机；10mL 具塞玻璃比色管。

4. 分析步骤

（1）样品溶液的制备

① 非蛋白性食品

a. 液体样品　抗坏血酸含量在 0.2g/L 以下的样品，混匀后可直接取样测定；抗坏血酸含量在 0.2g/L 以上的样品，用水适量稀释后测定。

b. 水溶性固体样品　准确称取 1.0～5.0g，精确至 0.001g（含 0.2g/L 以下抗坏血酸）放入乳钵中，加 5mL 乙酸溶液（2mol/L）研磨溶解后，移入 100mL 棕色容量瓶内，加水稀释至刻度。

c. 蔬菜、水果　称取鲜样可食部分 20.0～50.0g 于捣碎机内，加同质量的 2mol/L 乙酸溶液捣成匀浆。称取 10.0～20.0g 匀浆（含 0.2g/L 以下抗坏血酸）于 100mL 棕色容量瓶内，加 5mL 2mol/L 乙酸溶液，用水稀释至刻度，混匀。滤纸过滤，滤液备用。不易过滤的样品可用离心机离心后，上清液供测定用。

② 蛋白性食品（奶粉、豆粉、乳饮料、强化食品等）　固体样品混匀后精密称取 5.0～10.0g，精确至 0.001g；液体样品用移液管精密吸取 5.0～10.0mL 于 100mL 棕色容量瓶内。加 10mL 2mol/L 乙酸溶液、220g/L 乙酸锌溶液和 106g/L 亚铁氰化钾溶液各 7.5mL，加水至刻度，混匀。将全部溶液移入离心管内，以 3000r/min 离心 10min，上清液供测定用。同时取与处理样品相同量的乙酸溶液、乙酸锌溶液和亚铁氰化钾溶液，做试剂空白实验。

（2）标准曲线的绘制　精密吸取 0.0mL，0.1mL，0.2mL，0.4mL，0.6mL，0.8mL，1.0mL，1.5mL，2.0mL 抗坏血酸标准使用溶液（相当于抗坏血酸 0.0μg，10.0μg，20.0μg，40.0μg，60.0μg，80.0μg，100.0μg，150.0μg，200.0μg），分别置于 10mL 比色管中。各加 0.3mL 0.25mol/L 乙二胺四乙酸二钠溶液、0.5mL 0.5mol/L 乙酸溶液、1.25mL 2g/L 固蓝盐 B 溶液，加水稀释至刻度，混匀。室温（20～25℃）下放置 20min 后，移入 1cm 比色皿内，以零管调节吸光度零点，于波长 420nm 处测量吸光度，并绘制标准曲线。

（3）样品测定

① 非蛋白性样品的测定　精密吸取样品溶液 0.5～5.0mL（约相当于抗坏血酸 200μg 以下）和等量的试剂空白溶液分别置于 10mL 比色管内。各加 0.3mL 0.25mol/L 乙二胺四乙酸二钠溶液、0.5mL 0.5mol/L 乙酸溶液、1.25mL 2g/L 固蓝盐 B 溶液，加水稀释至刻度，混匀。室温（20～25℃）下放置 20min 后，移入 1cm 比色皿内，以试剂空白溶液调节吸光度零点，于波长 420nm 处测量吸光度，根据样品吸光度从标准曲线上查出抗坏血酸含量。

② 蛋白性样品的测定　精密吸取样品溶液（约相当于抗坏血酸 200μg 以下）和等量试剂空白溶液（0.5～5.0mL），分别置于 10mL 比色管内。各加 1.5mL

0.25mol/L 乙二胺四乙酸二钠溶液、1.0mL 0.5mol/L 乙酸溶液、1.25mL 2g/L 固蓝盐 B 溶液，加水稀释至刻度，混匀。室温（20～25℃）下放置 3min 后，移入 1cm 比色皿内，以试剂空白溶液调节吸光度零点，于波长 420nm 处测量吸光度，根据样品吸光度从标准曲线上查出抗坏血酸含量。

5. 计算

样品中抗坏血酸的含量按式（5-30）计算。

$$X = \frac{c}{m \times \dfrac{V_1}{V_2} \times 1000} \times 100 \qquad (5\text{-}30)$$

式中　X——样品中抗坏血酸的含量，mg/100g 或 mg/100mL；

　　　c——样品测定液中抗坏血酸的含量，μg；

　　　m——样品质量（体积），g 或 mL；

　　　V_2——样品处理液总体积，mL；

　　　V_1——测定时所取溶液体积，mL。

6. 说明

本法适用于各类食品中还原型抗坏血酸的测定，不适用于脱氢型抗坏血酸的测定。

复　习　题

1. 试述干燥法测定食品中水分方法的种类、原理及适用范围。

2. 什么是恒重？在水分测定的过程中如何进行恒重操作？

3. 简述水分活度的概念及其在食品工业中的重要意义。

4. 为什么称食品灼烧后的残留物为"粗灰分"？

5. 试述总灰分的测定原理及操作要点。

6. 简述食品中酸度的表示方法及含义。

7. 什么是有效酸度？用电势法进行测定时应注意哪些问题？

8. 试述索氏提取法测定食品中粗脂肪的原理及其适用范围。

9. 哪些类型的食品适合用酸水解法测定脂肪？为什么？如何减少测定误差？

10. 直接滴定法测定还原糖为什么样品溶液要进行预测？

11. 为什么说用凯氏定氮法测定出食品中的蛋白质含量为粗蛋白含量？

12. 测定维生素 A 时，为什么要用皂化法处理样品？

13. 凯氏定氮测定蛋白质含量时，在消化过程中加入的硫酸铜试剂有哪些作用？

14. 凯氏定氮测定蛋白质含量时，样品消化进行蒸馏之前为什么要加入氢氧化钠？这时溶液的颜色会发生什么变化？为什么？如果没有变化，须采取什么措施？

第六章　食品中矿物质元素的测定

第一节　概　述

一、食品中矿物质元素的分类

食品中的矿物质元素是指除去碳、氢、氧、氮等元素以外的存在于食品中其他元素。

存在于食品中的矿物质元素有 50 余种，从元素的性质，可分为金属、非金属两类。从营养学的角度，可分为必需元素、非必需元素和有害元素三类；从人体需要量多少的角度，可分为常量元素、微量元素两类；微量元素在人体内含量甚微，总量不足体重的万分之五，但却能起到重要的生理作用。现在普遍认为人体必需的微量元素有：铁、锌、铜、锰、镍、钴、钼、硒、铬、碘、氟、锡、硅、钒 14 种。如果某种元素供给不足，就会发生该种元素缺乏症；如果某种微量元素摄入过多，也可发生中毒。随着科学的发展，人们认识的不断扩大，微量元素的数目还会增加。某些微量元素在极小的剂量下即可导致机体呈现毒性反应，这类元素称之为有毒元素，如汞、铜、铅、砷等。有毒元素在人体中具有蓄积性，随着在人体内的蓄积量的增加，机体会出现各种中毒反应，可致癌、致畸甚至致人死亡。对于这类元素，必须严格控制其在食品中的含量。

虽然食品中存在着很多种矿物质元素，但对人类有影响的矿物质元素也不过20 余种，在本章中主要对人体必需的或存在着重大危害的常见矿物质元素钙、锌、硒、碘、汞、铅、砷等的测定进行详细阐述。

二、食品中矿物质元素测定的方法

食品中矿物质元素的测定，常用方法主要有滴定法、比色法、分光光度法、原子吸收分光光度法等。滴定法、比色法作为传统的测定方法虽然在被应用，但存在着操作复杂、相对偏差较大的缺陷，正在逐步被国家标准方法淘汰；分光光度法设备简单、投入较少，且基本能够达到食品检测标准的基本要求，仍将在一定时期内被广泛采用；原子吸收分光光度法独具选择性好，灵敏度高，适用范围广，可同时对多种元素测定，操作简便等优点，正在成为微量元素测定中最常用的方法。

在本章中如无特殊说明，各方法中应注意以下几个方面：

① 在样品处理中所用硝酸、高氯酸、硫酸应为优级纯。

② 样品制备过程中应特别注意防止各种污染。所用设备如电磨、绞肉机、匀浆器、打碎机等必须是不锈钢制品。所用容器必须使用玻璃或聚乙烯制品。

③ 所用试剂规格应为优级纯，水为去离子水或同等纯度的水。

④ 如玻璃仪器使用前须用 20％的硝酸浸泡 24h 以上，分别用水和去离子水冲洗干净后晾干。

⑤ 标准储备液和使用液配制后应储存于聚乙烯瓶内，4℃保存。

第二节　食品中常见必需矿物质元素的测定

一、钙的测定

钙是人体中无机元素存在最多的一种。人体内的钙主要存在于骨骼和牙齿、细胞外液、血液和软组织中，对于人们的正常生理活动起重要作用。婴幼儿期正处在不断生长发育，虽需要各种营养物质的供给，但矿物质中最容易缺乏的是钙和铁，且必须从食物中摄取钙。

食品中钙的测定有原子吸收分光光度法、滴定法（EDTA 法）两种国家标准方法，两种方法都适用于各种食品中钙的测定。

（一）原子吸收分光光度法

1. 原理

湿法消化后的样品测定液被导入原子吸收分光光度计中，经火焰原子化后，吸收 422.7nm 的共振线，根据吸收量的大小与钙的含量成正比的关系，与标准系列比较定量。

2. 试剂

（1）0.5mol/L 硝酸溶液　量取 32mL 硝酸，加水并稀释至 1000mL。

（2）高氯酸-硝酸消化液　高氯酸∶硝酸＝1∶4（体积比）。

（3）20g/L 氧化镧溶液　称取 20.45g 氧化镧（纯度大于 99.99％），先加少量水溶解后，再加 75mL 盐酸于 1000mL 容量瓶中，加水稀释至刻度。

（4）钙标准储备液　精确称取 1.2486g 碳酸钙（纯度大于 99.99％），加 50mL 水后，再加盐酸溶解，移入 1000mL 容量瓶中，加 20g/L 氧化镧溶液稀释至刻度。此溶液每毫升相当于 500μg 钙。

（5）钙标准使用液　准确吸取 5.0mL 钙标准储备液，置于 100mL 容量瓶中，加 20g/L 氧化镧溶液稀释至刻度，混匀。此溶液每毫升含钙 25μg。

3. 仪器

原子吸收分光光度计。

4. 分析步骤

（1）样品处理

① 精确称取均匀样品干样 0.5～1.5g（湿样 2.0～4.0g，饮料等液体样品 5.0～10.0g）转移于 250mL 烧杯中，加高氯酸-硝酸消化液 20～30mL，盖上表面皿。在电热板或沙浴上加热消化。如酸液过少仍未消化好时，再补加几毫升高氯酸-硝酸消化液，继续加热消化，直至无色透明为止。加几毫升水，加热赶酸。待烧杯中的液体接近 2～3mL 时，取下冷却。用 20g/L 氧化镧溶液稀释定容于 10mL 刻度试管中。

② 取与消化样品相同量的高氯酸-硝酸消化液，按同样方法做试剂空白实验溶液。

（2）系列标准溶液配制　准确吸取钙标准使用液 1.0mL，2.0mL，3.0mL，4.0mL，6.0mL（相当于含钙量 0.5μg/mL，1.0μg/mL，1.5μg/mL，2.0μg/mL，3.0μg/mL），分别置于 50mL 具塞试管中，依次加入 20g/L 氧化镧溶液稀释至刻度，摇匀。

（3）仪器参考条件的选择　波长：422.7nm；光源：可见；火焰：空气-乙炔；其他：如灯电流、狭缝、空气-乙炔流量及灯头高度均按仪器说明调至最佳状态。

（4）标准曲线的绘制　将不同浓度钙的系列标准溶液分别导入火焰原子化器进行测定。记录其对应的吸光度值，以各浓度系列标准溶液钙的含量为横坐标，对应的吸光度为纵坐标，绘制出标准曲线。

（5）样品测定　将消化样品溶液和空白溶液分别导入火焰原子化器进行测定，记录其对应的吸光度值，以测出的吸光度在标准曲线上查得样品溶液的钙含量。

5. 计算

$$X = \frac{(c-c_0)Vf \times 100}{m \times 1000} \tag{6-1}$$

式中　X——样品中钙元素的含量，mg/100g；

c——测定用样品中钙的浓度（由标准曲线查出），μg/mL；

c_0——试剂空白中钙的浓度（由标准曲线查出），μg/mL；

V——样品消化液定容总体积，mL；

f——稀释倍数；

m——样品质量，g。

6. 说明

① 所用玻璃仪器需用硫酸-重铬酸钾洗液浸泡数小时，再用洗衣粉充分洗刷，而后用水反复冲洗，最后用去离子水冲洗、烘干。

② 样品制备时，湿样（如蔬菜、水果、鲜鱼、鲜肉等）用水冲洗干净后，要

用去离子水充分洗净。干粉类样品（如面粉、奶粉等）取样后立即装入容器密封保存，防止空气中的灰尘和水分污染。

③ 本方法最低检出限为 0.1μg。

（二）滴定法

1. 原理

根据钙与氨羧络合剂能定量形成金属络合物，且络合物的稳定性较钙与指示剂所形成的络合物为强。在一定的 pH 值范围内，以氨羧络合剂（EDTA）滴定，在达到等量点时，EDTA 就从指示剂络合物中夺取钙离子，使溶液呈现游离指示剂的颜色。根据 EDTA 络合剂消耗量，可计算出钙的含量。

2. 试剂

（1）1.25mol/L 氢氧化钾溶液　精确称取 70.13g 氢氧化钾，用稀释至 1000mL。

（2）10g/L 氰化钠溶液　称取 1.0g 氰化钠，用水稀释至 100mL。

（3）0.05mol/L 柠檬酸钠溶液　称取 14.7g 柠檬酸钠，用水稀释至 1000mL。

（4）高氯酸-硝酸消化液　高氯酸：硝酸=1：4（体积比）。

（5）EDTA 溶液　精确称取 4.50g EDTA（乙二胺四乙酸二钠），用水稀释至 1000mL。使用时稀释 10 倍。

（6）钙标准溶液　精确称取 0.1248g 碳酸钙（纯度大于 99.99％，105～110℃烘干 2h），加 20mL 水及 3mL0.5mol/L 盐酸溶解，移入 500mL 容量瓶中，加水稀释至刻度。此溶液每毫升相当于 100μg 钙。

（7）钙红指示剂　称取 0.1g 钙红指示剂，用水稀释至 100mL，溶解后使用。储存于冰箱中可保持一个半月以上。

3. 仪器

滴定装置。

4. 分析步骤

（1）样品处理　与原子吸收分光光度法相同。

（2）标定 EDTA 浓度　吸取 0.5mL 钙标准溶液，使用 EDTA 溶液滴定，标定 EDTA 溶液的浓度，根据滴定结果计算出每毫升 EDTA 溶液相当于钙的质量（mg），即滴定度（T）。

（3）样品测定　吸取 0.1～0.5mL（根据样品中钙的含量而定）样品消化液及等量的空白消化溶液转移于试管中，加 1 滴氰化钠溶液和 0.1mL 柠檬酸钠溶液，用滴定管加 1.5mL 的 1.25mol/L 氢氧化钾溶液，并加 3 滴钙红指示剂，立即用稀释 10 倍后 EDTA 溶液滴定，至指示剂由紫红色变蓝为终点。记录 EDTA 溶液的消耗量。

5. 计算

$$X = \frac{(V-V_0)Tf \times 100}{m} \qquad (6\text{-}2)$$

式中　*X*——样品中钙的含量，mg/100g；

　　　T——EDTA 溶液的滴定度，mg/mL；

　　　V——滴定样品消化液时 EDTA 使用量，mL；

　　　V_0——滴定空白消化溶液时 EDTA 使用量，mL；

　　　f——样品稀释倍数；

　　　m——样品质量，g。

6. 说明

① 所用玻璃仪器需用硫酸-重铬酸钾洗液浸泡数小时，再用洗衣粉充分洗刷，后用水反复冲洗，最后用去离子水冲洗、烘干。

② 钙标准溶液和 EDTA 溶液配制后应储存于聚乙烯瓶内，4℃保存。

二、锌的测定——原子吸收光谱法

锌是 200 多种含锌酶的组成成分，也是酶的激活剂，在核酸代谢和蛋白质合成中发挥重要作用。婴幼儿锌供给不足，影响生长和智力发育，也影响味觉和免疫功能，缺锌是厌食症的主要原因。

食品中锌的测定有原子吸收光谱法、二硫腙比色法、二硫腙比色法（一次提取）三种国家标准方法，三种方法适用于各种食品中锌的测定。

1. 原理

样品经灰化或酸消解处理，导入原子吸收分光光度计中，经原子化后，锌在波长 213.8nm 处，对锌空心阴极灯发射的谱线有特异吸收。其吸收值与锌的含量成正比，与标准系列比较定量。

2. 试剂

（1）磷酸（1+10）。

（2）盐酸（1+11）　量取 10mL 盐酸，加到适量水中，再稀释至 120mL。

（3）高氯酸-硝酸消化液　高氯酸：硝酸＝1：3（体积比）。

（4）锌标准储备液　准确称取 0.500g 金属锌（99.99%）溶于 10mL 盐酸中，然后在水浴上蒸发至近干，再用少量水溶解后移入 1000mL 容量瓶中，以水稀释至刻度，储于聚乙烯瓶中。此溶液每毫升相当于 0.5mg 锌。

（5）锌的标准使用液　吸取 10.0mL 锌的标准储备液，置于 50mL 容量瓶中，以盐酸（0.1mol/L）稀释至刻度。此溶液每毫升相当于 100.0μg 锌。

3. 仪器

原子吸收分光光度计。

4. 分析步骤

（1）样品处理

① 固体类（如谷类）　去除其中的杂物和尘土，必要时除去外壳，磨碎，过

40 目筛，混匀。称取 5.00～10.00g 置于 50mL 瓷坩埚中，小火炭化至无烟后，移入马弗炉中，在 (500±25)℃下灰化 8h，取出坩埚，放冷后再加入少量混合酸，以小火加热，避免蒸干，必要时补加少许混合酸。如此反复处理，直至残渣中无炭粒。等坩埚稍冷，加 10mL 盐酸 (1+11) 溶解残渣，移入 50mL 容量瓶中，再用盐酸 (1+11) 反复洗涤坩埚，洗液也并入容量瓶中，稀释至刻度，混匀备用。

取与样品处理量相同的混合酸和盐酸 (1+11)，按相同的方法做试剂空白实验溶液。

② 蔬菜、瓜果及豆类　将可食用部分洗净晾干，充分切碎或打碎后混匀。称取 10.00～20.00g 置于瓷坩埚中，加 1mL 磷酸 (1+10) 小火炭化，然后按 [4 (1) ①] 自"移入马弗炉中"起，依法操作。

③ 禽、蛋及水产品　将可食用部分充分混匀后，称取 5.00～10.00g 置于瓷坩埚中，小火炭化，然后按①自"移入马弗炉中"起，依法操作。

④ 乳制品　样品经混匀后，量取 50mL 置于瓷坩埚中，加 1mL 磷酸 (1+10) 在水浴上蒸干，再小火炭化，然后按①自"移入马弗炉中"起，依法操作。

(2) 系列标准溶液的制备　分别吸取 0.00mL、0.10mL、0.20mL、0.4mL、0.80mL 锌的标准使用液置于 50mL 容量瓶中，再以盐酸 (1mol/L) 稀释至刻度，混匀。此时溶液中每毫升分别相当于 0.0μg、0.2μg、0.4μg、0.8μg、1.6μg 锌。

(3) 仪器参考条件的选择　测定波长：213.8nm；灯电流：6mA；狭缝：0.38nm；空气流量：10L/min；乙炔流量：2.3L/min；灯头高度：3nm；背景校正为氘灯；其他条件均按仪器说明调至最佳状态。

(4) 标准曲线的绘制　将锌的系列标准溶液分别导入火焰原子化器内进行测定，记录其对应的吸光度值。以标准溶液中锌的浓度为横坐标，对应的吸光度值为纵坐标，绘制出标准曲线。

(5) 样品测定　将处理好的试剂空白液和样品溶液分别导入火焰原子化器进行测定。记录其对应的吸光度值，与标准曲线比较定量。

5. 计算

$$X = \frac{(c - c_0)V \times 1000}{m \times 1000} \tag{6-3}$$

式中　X——样品中锌的含量，mg/kg 或 mg/L；

c——测定用样品液中锌的含量，μg/mL；

c_0——试剂空白液中锌的含量，μg/mL；

V——样品处理液的总体积，mL；

m——样品质量或体积，g 或 mL。

6. 说明

本方法最低检出浓度为 0.2μg/mL。

三、碘的测定——重铬酸钾氧化法

碘能调节体内热能代谢，是构成甲状腺素的重要成分，对人体的生长发育、新陈代谢和精神状态都有重要作用。若碘不足会影响小儿生长发育，引起甲状腺肿大；但如果摄入过多，也可发生碘中毒。

1. 原理

样品在碱性环境下灰化，碘被有机物还原成碘离子，碘离子与碱金属结合成碘化物，碘化物在酸性条件下，加入重铬酸钾氧化，析出游离碘，溶于氯仿后呈粉红色，根据颜色的深浅比色测定碘的含量。

2. 试剂

（1）10.0mol/L 氢氧化钠。

（2）0.1mol/L 重铬酸钾溶液。

（3）碘标准储备液（0.1mg/mL）　准确称取在 110℃ 干燥至恒重的碘化钾 0.1308g，用少量水溶解后移入容量瓶，最后定容至 1000mL。

（4）碘标准使用液（10μg/mL）　临用时吸取 1mL 碘标准中间液溶液定容至 10mL。

3. 仪器

722 分光光度计。

4. 分析步骤

（1）样品处理　称取适量样品 2.00～4.00g 放入坩埚中，加入 10.0mol/L 氢氧化钠 5mL，置于 110℃ 干燥箱，直至完全干燥。将坩埚置于灰化炉中 550℃ 灰化 4～8h，灰化后的样品必须无明显炭粒，呈灰白色，如仍有炭粒，可加 1～2 滴水再于 110℃ 干燥箱中烘干。加 30mL 水溶解，过滤于 50mL 容量瓶中，用水定容。

（2）系列标准溶液配制　在 6 支标准系列管中依次加入 0.0mL，2.0mL，4.0mL，6.0mL，8.0mL，10.0mL 碘标准使用液，分别移入 125mL 的分液漏斗中，加水至 40mL，再加入 2.0mL 的浓硫酸，0.1mol/L 重铬酸钾溶液 15mL 摇匀后放置 30min，加入 10mL 三氯甲烷，摇动 1min，通过棉花过滤三氯甲烷层到比色管中。

（3）仪器参考条件的选择　波长：510nm；其他条件按仪器说明调至最佳状态。

（4）标准曲线的绘制　将系列标准溶液摇匀后，在波长为 510nm 测定吸光度，读取标准系列吸光度值。以各系列标准溶液碘的含量为横坐标，对应的吸光度为纵坐标，绘制出标准曲线。

（5）样品测定　吸取适量样品液和空白溶液，分别移入 125mL 的分液漏斗中，加水至 40mL，再加入 2.0mL 的浓硫酸，0.1mol/L 重铬酸钾溶液 15mL 摇匀后放置 30min，加入 10mL 三氯甲烷，摇动 1min，通过棉花过滤三氯甲烷层到比色管中。在波长 510nm 下比色，以空白溶液将仪器调零，读取吸光度值，并在标准曲线上查得样品测定液中的碘含量。

5. 计算

$$X = \frac{A}{m} \times \frac{V_1}{V_2} \times 100 \tag{6-4}$$

式中　X——测定样品中的碘浓度，$\mu g/100g$；

　　　A——测定样品管中的碘的质量，μg；

　　　V_1——样品消化液的总体积，mL；

　　　V_2——测定用样品消化液的体积，mL；

　　　m——样品质量，g。

6. 注意事项

① 实验所用的各种玻璃容器，如试管、坩埚、刻度吸管、移液管等要用 2mol/L 的盐酸浸泡 2h，然后再用无碘水进行冲洗。

② 所用试剂规格必须在分析纯以上，水为无碘水或去离子水。

四、硒的测定——荧光法

硒是人体的肌代谢不可缺少的微量元素，参与体内谷胱甘肽过氧化酶的代谢过程。缺硒时容易发生克山病。同时硒具有抗氧化、保护红细胞的功用，并发现有预防癌症的作用。

食品中硒的测定有氢化物原子荧光光谱法、荧光法两种国家标准方法，均适用于各种食品中硒的测定。

1. 原理

样品经湿法消化后，硒化合物被氧化为四价无机硒，在酸性条件下，四价无机硒能与 2,3-二氨基萘反应生成 4,5-苯并苯硒脑，用环己烷萃取后，在激发光波长 376nm，发射光波长 520nm 处测定荧光强度，与标准系列比较定量。

2. 试剂

(1) 盐酸溶液（1+9）　取 10mL 盐酸，加 90mL 水。

(2) 氨水（1+1）。

(3) 去硒硫酸（5+95）　取 5mL 去硒硫酸，加入 95mL 水中。

去硒硫酸：取 200mL 硫酸，加入 200mL 水中，再加 30mL 氢溴酸，混匀，置沙浴上加热蒸去硒与水至出现浓白烟，此时体积应为 200mL。

(4) 0.2mol/L 的 EDTA　称 37gEDTA 二钠盐，加水并加热溶解，冷却后稀释至 500mL。

(5) 10%盐酸羟胺　称取 10g 盐酸羟胺溶于水中，稀释至 100mL。

（6）混合酸 硝酸：过氯酸=2：1。

（7）0.1g/L 2,3-二氨基萘（纯度95%～98%） 需在暗室配制。称取200mg 2,3-二氨基萘于一带盖三角瓶中，加入200mL 0.1mol/L盐酸，振摇约15min，使其全部溶解。约加40mL环己烷，继续振摇5min，将此液转入分液漏斗中，待溶液分层后，弃去环己烷层，收集2,3-二氨基萘层溶液。如此用环己烷纯化2,3-二氨基萘直至环己烷中的荧光数值降至最低时为止。将提纯后的2,3-二氨基萘溶液储于棕色瓶中，约加1cm厚的环己烷覆盖溶液表面。置冰箱中保存。必要时再纯化一次。

（8）硒标准储备液（100μg/mL） 精确称取100.0mg元素硒（光谱纯），溶于少量硝酸中，加2mL高氯酸，置沸水浴中加热3～4h，冷却后加入8.4mL盐酸，再置沸水浴中煮2min。准确稀释至1000mL。此储备液浓度为100μg/mL。

（9）硒标准使用液（0.5μg/mL） 将硒标准储备液用0.1mol/L盐酸多次稀释，使含硒为0.5μg/mL。于冰箱中保存。

（10）0.2%甲酚红指示剂 称取50mg甲酚红溶于水中，加氨水（1+1）1滴，待甲酚红完全溶解后加水稀释至250mL。

（11）EDTA混合液 取0.2mol/L的EDTA溶液和10%盐酸羟胺溶液各50mL，混匀，再加5mL硒标准使用液（0.5μg/mL）溶液，用水稀释至1000mL。

3. 仪器

荧光分光光度计。

4. 分析步骤

（1）样品处理

① 样品制备

a. 粮食 样品用水洗三次，于60℃烘干，用不锈钢磨磨成粉，储于塑料瓶内，放一小包樟脑精，密闭保存，备用。

b. 蔬菜及其他植物性食物 取可食部分用水冲洗三次后用纱布吸去水滴，用不锈钢刀切碎，取混合均匀的样品于60℃烘干，称量，粉碎，备用。

② 消化 称取0.5～2.0g样品（含硒量0.01～0.5μg）于磨口三角瓶内，加10mL去硒硫酸（5+95），样品湿润后，再加20mL混合酸液放置过夜。次日于沙浴上逐渐加热，当激烈反应发生后（溶液变无色），继续加热至产生白烟，溶液逐渐变成淡黄色即达终点。某些蔬菜样品消化后常出现浑浊，难以确定终点，所以要细心观察。还有含硒较高的蔬菜含有较多的六价硒，需要在消化达到终点时冷却后加10mL盐酸（1+9），继续加热，使六价硒还原成四价硒。按上述方法确定终点。

按同样方法做试剂空白实验溶液。

（2）仪器参考条件的选择 激发光波长：376nm；发射光波长：520nm；其他条件均按仪器说明调至最佳状态。

（3）标准曲线的绘制 准确吸取硒标准使用液0.0mL，0.2mL，1.0mL，

2.0mL 及 4.0mL，加水至 5mL，加 20mL EDTA 混合液，用氨水（1+1）或盐酸调至淡红橙色（pH=1.5～2.0）。以下步骤在暗室进行：加 3mL 2,3-二氨基萘试剂，混匀，置沸水浴中煮 5min，取出立即冷却，加 3mL 环己烷，振摇 4min，将全部溶液移入分液漏斗，待分层后弃去水层，环己烷层转入带盖试管中，小心勿使环己烷中混入水滴，在激发光波长 376nm，发射光波长 520nm 处测定苯硒脑的荧光强度。

由于硒含量在 0.5μg 以下时荧光强度与硒含量呈线性关系，在常规测定样品时，每次只需做试剂空白与样品硒含量相近的标准管（两份）即可。

（4）样品测定　在样品消化液中加 20mLEDTA 混合液，用氨水（1+1）或盐酸调至淡红橙色（pH=1.5～2.0）。以下步骤在暗室进行：加 3mL 2,3-二氨基萘试剂，混匀，置沸水浴中煮 5min，取出立即冷却，加 3mL 环己烷，振摇 4min，将全部溶液移入分液漏斗，待分层后弃去水层，环己烷层转入带盖试管中，小心勿使环己烷中混入水滴，于激发光波长 376nm，发射光波长 520nm 处测定苯硒脑的荧光强度。

5. 计算

$$X = \frac{(B_1 - B_0)m_0}{(B_2 - B_0)m} \qquad (6-5)$$

式中　X——样品中硒含量，μg/g；

B_2——标准管荧光读数；

B_0——空白管荧光读数；

B_1——样品管荧光读数；

m_0——标准管中硒质量，μg；

m——试样质量，g。

6. 说明

① 所用玻璃仪器均以硫酸-重铬酸钾洗液浸泡数小时，再用洗衣粉充分洗刷，后用水反复冲洗，最后用去离子水冲洗晒干或烘干，方可使用。

② 本方法检出限为 0.5ng。

第三节　食品中常见有害矿物质元素的测定

一、铅的测定——石墨炉原子吸收光谱法

食品生产中原料、管道、器具、容器和食品添加剂使用的含铅农药，都直接或间接地污染了食品。由于铅是一种具有蓄积性的有害元素，人们经常摄入含铅食品，能够引起慢性铅中毒。为了控制人体铅的摄入量，我国食品卫生标准中铅被列

为重要监测项目。

食品中铅的测定有石墨炉原子吸收光谱法、氢化物原子荧光光谱法、火焰原子吸收光谱法、二硫腙比色法和单扫描极进法五种国家标准方法。

1. 原理

样品经消化处理，导入原子吸收分光光度计的石墨炉经原子化后，吸收波长283.3nm 的共振线，其吸收量与铅含量成正比，与标准系列比较定量。

2. 试剂

(1) 高氯酸-硝酸消化液　高氯酸：硝酸＝1：4（体积比）。

(2) 0.5mol/L 硝酸　量取 32mL 硝酸，加入适量的水中，用水稀释并定容至 1000mL。

(3) 磷酸铵（20g/L）　称取 2.0g 磷酸铵，用水溶解并定容至 100mL。

(4) 硝酸（1＋1）　取 50mL 硝酸慢慢加入 50mL 水中。

(5) 铅标准储备液　精确称取 1.000g 金属铅（纯度约 99.99%）或 1.598g 的硝酸铅（优级纯），加适量（不超过 37mL）硝酸（1＋1）使之溶解，移入 1000mL 容量瓶中，用 0.5mol/L 硝酸定容。此溶液每毫升相当 1.0mg 的铅。

(6) 铅标准使用液（100μg/mL）　吸取铅标准储备液 10.0mL 置于 100mL 的容量瓶中，用 0.5mol/L 硝酸溶液稀释至刻度。该溶液每毫升相当于 100μg 的铅。

3. 仪器

原子吸收分光光度计：带石墨炉自动进样系统。

4. 分析步骤

(1) 样品处理

① 样品湿法消化　精确称取均匀样品约 2.00～5.00g 于 150mL 的三角烧瓶中，放入几粒玻璃珠，加入混合酸 10mL。盖一玻璃片，放置过夜。次日于电热板上逐渐升温加热，溶液变成棕红色，应注意防止炭化。如发现消化液颜色变深，再滴加浓硝酸，继续加热消化至冒白色烟雾，取下放冷后，加入约 10mL 水继续加热赶酸至冒白烟为止。放冷后用水洗至 25mL 的刻度试管中，用少量水多次洗涤三角瓶，洗涤液并入刻度试管，定容，混匀。

取与消化样品相同量的混合液、硝酸、水，按同样方法做试剂空白实验溶液。

② 样品干法灰化　称取制备好的均匀样品约 2.00～5.00g 置于坩埚中，在电炉上小火炭化至无烟后移入马弗炉中，500℃灰化 6～8h 后取出，放冷后再加入少量混合酸，小火加热至无炭粒，待坩埚稍凉，加 0.5mol/L 硝酸，溶解残渣并移入 10～25mL 的容量瓶中，再用 0.5mol/L 硝酸反复洗涤坩埚，洗液并入容量瓶中，并稀释至刻度，混匀备用。

取与消化样品相同量的混合酸和硝酸，按同样方法做试剂空白实验溶液。

(2) 系列标准溶液的制备　将铅标准使用液用 0.5mol/L 硝酸溶液稀释至 1μg/mL，准确吸取 1μg/mL 的铅标准溶液 0.00mL，0.50mL，1.00mL，2.00mL，

3.00mL，4.00mL 分别置于 50mL 的容量瓶中，加入 0.5mol/L 硝酸至刻度，混匀备用。

（3）仪器参考条件的选择 测定波长：283.3nm；灯电流：5～7mA；狭缝 0.7nm；干燥温度 120℃，20s；灰化温度 450℃，20s；原子化温度 1900℃，4s；背景校正为氘灯或塞曼效应。其他仪器条件均按仪器说明调至最佳状态。

（4）标准曲线的绘制 将铅系列标准溶液分别置入石墨炉自动进样器的样品盘上，进样量为 10μL，以磷酸铵为基体改进剂，进样量为 5μL，注入石墨炉进行原子化，测出吸光度值。以标准溶液中铅的含量为横坐标，对应的吸光度值为纵坐标，绘制出标准曲线。

（5）样品测定 将样品处理液、试剂空白液分别置入石墨炉自动进样器的样品盘上，进样量为 10μL，以磷酸铵为基体改进剂，进样量为 5μL，注入石墨炉进行原子化，记录对应的吸光度，在标准曲线上查得其浓度。

5. 计算

$$X = \frac{(c - c_0)V \times 1000}{m \times 1000} \tag{6-6}$$

式中 X——样品的铅含量，mg/kg 或 mg/L；

$\quad c$——测定用样品液中铅的浓度，μg/mL；

$\quad c_0$——试剂空白液中铅的浓度，μg/mL；

$\quad m$——样品的质量或体积，g 或 mL；

$\quad V$——样品处理液总体积，mL。

6. 说明

本方法最低检出浓度为 5μg/kg。

二、汞的测定——二硫腙比色法

汞是人体生理机能非必需的微量元素。汞在人体内积蓄可引起人的积蓄性汞中毒，导致骨节疼痛等症状。

食品中汞的测定方法有原子荧光光谱分析法、冷原子吸收光谱法、二硫腙比色法等三种国家标准。

1. 原理

样品经消化后，汞离子在酸性溶液中可与二硫腙生成橙红色络合物，溶于三氯甲烷，与标准系列比较定量。

2. 试剂

（1）硫酸（1+35） 量取 5mL 硫酸，缓缓倒入 150mL 水中，冷却后加水至 180mL。

（2）硫酸（1+19） 量取 5mL 硫酸，缓缓倒入水中，冷却后加水至 100mL。

（3）盐酸羟胺溶液（200g/L）　吹入清洁空气，除去溶液中含有的微量汞。

（4）溴麝香草酚蓝-乙醇指示液（1g/L）。

（5）二硫腙-三氯甲烷溶液（0.5g/L）。

（6）二硫腙使用液　吸取1.0mL二硫腙溶液，加三氯甲烷至10mL，混匀。用1cm比色杯，以三氯甲烷调节零点，于波长510nm处测吸光度（A），用式（6-7）计算出配制100mL二硫腙使用液（70%透光率）所需二硫腙溶液的体积（V，mL）。

$$V=\frac{10\times(2-\lg70)}{A}=\frac{1.55}{A} \tag{6-7}$$

（7）汞标准储备液　准确称取0.1354g经干燥器干燥过的二氯化汞，加硫酸（1+35）使其溶解后，移入100mL容量瓶中，并稀释至刻度，此溶液每毫升相当于1.0mg汞。

（8）汞标准使用液　吸取1.0mL汞标准溶液，置于100mL容量瓶中，加硫酸（1+35）稀释至刻度，此溶液每毫升相当于10.0μg汞。再吸取此液5.0mL于50mL容量瓶中，加硫酸（1+35）稀释至刻度，此溶液每毫升相当于1.0μg汞。

3. 仪器

可见分光光度计。

4. 分析步骤

（1）样品处理

① 粮食或水分少的食品　称取20.00g样品，置于消化装置锥形瓶中，加玻璃珠数粒及80mL硝酸、15mL硫酸，转动锥形瓶，防止局部炭化。装上冷凝管后，小火加热，待开始发泡即停止加热，发泡停止后加热回流2h。如加热过程中溶液变棕色，再加5mL硝酸，继续回流2h，放冷，用适量水洗涤冷凝管，洗液并入消化液中，取下锥形瓶，加水至总体积为150mL。

取与样品消化相同量的硝酸、硫酸、水，按同样方法做试剂空白实验溶液。

② 植物油及动物油脂　称取10.00g样品，置于消化装置锥形瓶中，加玻璃珠数粒及15mL硫酸，小心混匀至溶液变棕色，然后加入45mL硝酸，装上冷凝管后，以下按①自"小火加热"起依法操作。

③ 蔬菜、水果、薯类、豆制品　称取50.00g捣碎、混匀的样品（豆制品直接取样，其他样品取可食部分洗净、晾干），置于消化装置锥形瓶中，加玻璃珠数粒及45mL硝酸、15mL硫酸，转动锥形瓶，防止局部炭化。装上冷凝管后，以下按①自"小火加热"起依法操作。

④ 肉、蛋、水产品　称取20.00g捣碎混匀样品，置于消化装置锥形瓶中，加玻璃珠数粒及45mL硝酸、15mL硫酸，装上冷凝管后，以下按①自"小火加热"起依法操作。

⑤ 牛乳及乳制品　称取50.00g牛乳、酸牛乳，或相当于50.00g牛乳的乳制

品（6g 全脂乳粉，20g 甜炼乳，12.5g 淡炼乳），置于消化装置锥形瓶中，加玻璃珠数粒及 45mL 硝酸，牛乳、酸牛乳加 15mL 硫酸，乳制品另加 10mL 硫酸，装上冷凝管，以下按①自"小火加热"起依法操作。

（2）系列标准溶液配制　吸取 0.0mL，0.5mL，1.0mL，2.0mL，3.0mL，4.0mL，5.0mL，6.0mL 汞标准使用液（相当于 0.0μg，0.5μg，1.0μg，2.0μg，3.0μg，4.0μg，5.0μg，6.0μg 汞），分别置于 125mL 分液漏斗中，加 10mL 硫酸（1＋19），再加水至 40mL，混匀。再各加 1mL 盐酸羟胺溶液（200g/L），放置 20min，并时时振摇。

（3）仪器参考条件的选择　测定波长：490nm；其他仪器参考条件均按仪器说明调至最佳状态。

（4）标准曲线的绘制　在系列标准溶液振摇放冷后的分液漏斗中加 5.0mL 二硫腙使用液，剧烈振摇 2min，静置分层后，经脱脂棉将三氯甲烷层滤入 1cm 比色杯中，以三氯甲烷调节零点，在波长 490nm 处测吸光度，标准管吸光度减去零管吸光度，以标准溶液中汞的含量为横坐标，对应的吸光度为纵坐标，绘制出标准曲线。

（5）样品测定

① 取全量消化液，加 20mL 水，在电炉上煮沸 10min，除去二氧化氮等，放冷。

② 在样品消化液及试剂空白液中各加高锰酸钾溶液（50g/L）至溶液呈紫色，再加盐酸羟胺溶液（200g/L）使紫色褪去，加 2 滴麝香草酚蓝指示液，用氨水调节酸度，使橙红色变为橙黄色（pH＝1～2）。定量转移至 125mL 分液漏斗中。

③ 在样品消化液、试剂空白液振摇放冷后的分液漏斗中加 5.0mL 二硫腙使用液，剧烈振摇 2min，静置分层后，经脱脂棉将三氯甲烷层滤入 1cm 比色杯中，以三氯甲烷调节零点，在波长 490nm 处测吸光度，记录其对应的吸光度值，以测出的吸光度在标准曲线上查得样品溶液的汞含量。

5. 计算

$$X = \frac{(A-A_0) \times 1000}{m \times 1000} \qquad (6-8)$$

式中　X——样品中汞的含量，mg/kg；

A——样品消化液中汞的质量，μg；

A_0——试剂空白液中汞的质量，μg；

m——样品质量，g。

6. 说明

① 二硫腙-三氯甲烷溶液纯化方法　称取 0.5g 研细的二硫腙，溶于 50mL 三氯甲烷中，如不全溶，可用滤纸过滤于 250mL 分液漏斗中，用氨水（1＋99）提取三次，每次 100mL，将提取液用棉花过滤至 500mL 分液漏斗中，用盐酸（1＋1）调

至酸性,将沉淀出的二硫腙用三氯甲烷提取 2～3 次,每次 20mL,合并三氯甲烷层,用等量水洗涤两次,弃去洗涤液,在 50℃ 水浴上蒸去三氯甲烷。精制的二硫腙置硫酸干燥器中,干燥备用,或将沉淀出的二硫腙用 200mL,200mL,100mL 三氯甲烷提取三次,合并三氯甲烷层为二硫腙溶液。纯化后应保存冰箱中。

② 三氯甲烷　不含氧化物。

③ 本方法最低检出浓度为 25g/kg。

三、总砷的测定——银盐法

食品中的微量砷主要来自土壤,砷引起的慢性中毒表现为食欲下降,胃肠障碍,末梢神经炎等症状。为了控制人体砷的摄入量,我国要求各种食品中有害元素砷是必检的卫生指标。

食品中总砷的测定有氢化物原子荧光光谱法、银盐法、砷斑法、硼氢化物还原比色法四种国家标准方法,四种方法均适用于各种食品中总砷的测定。

1. 原理

样品经消化后,以碘化钾、氯化亚锡将高价砷还原为三价砷,然后与锌粒和酸产生的新生态氢生成砷化氢,经银盐溶液吸收后,形成红色胶态物,在 510nm 处比色,与标准系列比较定量。

2. 试剂

(1) 硝酸镁溶液 (150g/L)　称取 15g 硝酸镁溶于水中,并稀释至 100mL。

(2) 高氯酸-硝酸消化液　1＋4 混合液。

(3) 氧化镁。

(4) 碘化钾溶液 (150g/L)　称取 15g 碘化钾溶于水中,并稀释至 100mL,保存于棕色瓶中。

(5) 酸性氯化亚锡溶液　称取 40.0g 氯化亚锡,加盐酸溶解并稀释至 100.0mL,加入数颗金属锡粒。

(6) 盐酸溶液 (1＋1)　量取 50mL 盐酸,小心倒入 50mL 水中,混匀。

(7) 乙酸铅溶液 (100g/L)。

(8) 乙酸铅棉花　用 100g/L 乙酸铅溶液浸透脱脂棉后,压除多余溶液,并使疏松,在 100℃ 以下干燥后,储存于玻璃瓶中。

(9) 无砷锌粒。

(10) 氢氧化钠溶液 (200g/L)。

(11) 硫酸溶液 (6＋94)　量取 6.0mL 硫酸,小心倒入 94mL 水中,混匀。

(12) 二乙基二硫代氨基甲酸银-三乙醇胺-三氯甲烷溶液　称取 0.25g 二乙基二硫代氨基甲酸银置于乳钵中,加少量三氯甲烷研磨,移入 100mL 量筒中,加入 1.8mL 三乙醇胺,再用三氯甲烷分次洗涤乳钵,洗液一并移入量筒中,再用三氯甲烷稀释至 100.0mL，放置过夜。滤入棕色瓶中保存。

(13) 砷标准储备溶液　精密称取 0.1320g 在硫酸干燥器中干燥过的或在 100℃干燥 2h 的三氧化二砷，加 5mL 200g/L 氢氧化钠溶液，溶解后加 25mL 硫酸 (6+94) 溶液，移入 1000mL 容量瓶中，加新煮沸冷却的水稀释至刻度，储存于棕色玻璃塞瓶中。此溶液每毫升相当于 0.10mg 砷。

(14) 砷标准使用液　吸取 1.0mL 砷标准储备溶液，置于 100mL 容量瓶中，加 1mL 硫酸 (6+94) 溶液，加水稀释至刻度，此溶液每毫升相当于 1.0μg 砷。

3. 仪器

分光光度计；150mL 锥形瓶；19 号标准口；导气管：管口 19 号标准口或经碱处理后洗净的橡皮塞，与锥形瓶密合时不应漏气，管的另一端管径 1.0mm；吸收管：10mL 刻度离心管作吸收管用。

4. 分析步骤

(1) 样品处理

① 硝酸-高氯酸-硫酸法消化

a. 粮食、粉丝、豆干制品、糕点等及其他含水分少的固体食品　称取 5.00g 或 10.00g 的粉碎样品，置于 250～500mL 定氮瓶中，先加水少许使湿润，加数粒玻璃珠、10～15mL 硝酸-高氯酸混合液，放置片刻，小火缓缓加热，待作用缓和，放冷。沿瓶壁加入 5mL 或 10mL 硫酸，再加热，至瓶中液体开始变成棕色时，不断沿瓶壁滴加硝酸-高氯酸混合液至有机质分解完全。加大火力，至产生白烟，待瓶口白烟冒净后，瓶内液体再产生白烟为消化完全，该溶液应澄明无色或微带黄色，放冷。加 20mL 水煮沸，除去残余的硝酸至产生白烟为止，如此处理两次，放冷。将冷后的溶液移入 50mL 或 100mL 容量瓶中，用水洗涤定氮瓶，洗液并入容量瓶中，放冷，加水至刻度，混匀。定容后的溶液每 10mL 相当于 1g 样品，相当于加入硫酸量 1mL。

取与消化样品相同量的硝酸-高氯酸混合液和硫酸，按同样方法做试剂空白实验溶液。

b. 蔬菜、水果　称取 25.00g 或 50.00g 洗净打成匀浆的样品，置于 250～500mL 定氮瓶中，加数粒玻璃珠、10～15mL 硝酸-高氯酸混合液，以下按 a 自 "放置片刻" 起依法操作，但定容后的溶液每 10mL 相当于 5g 样品，相当于加入硫酸 1mL。

c. 酱、酱油、醋、冷饮、豆腐、腐乳、酱腌菜等　称取 10.00g 或 20.00g 样品 (或吸取 10.0mL 或 20.0mL 液体样品)，置于 250～500mL 定氮瓶中，加数粒玻璃珠、5～15mL 硝酸-高氯酸混合液。以下按 a 自 "放置片刻" 起依法操作，但定容后的溶液每 10mL 相当于 2g 或 2mL 样品。

d. 含酒精饮料或含二氧化碳饮料　吸取 10.00mL 或 20.00mL 样品，置于 250～500mL 定氮瓶中。加数粒玻璃珠，先用小火加热除去酒精或二氧化碳，再加 5～

10mL 硝酸-高氯酸混合液，混匀后，以下按 a 自"放置片刻"起依法操作，但定容后的溶液每 10mL 相当于 2mL 样品。

　　吸取 5～10mL 水代替样品，加与消化样品相同量的硝酸-高氯酸混合液和硫酸，按相同方法做试剂空白实验溶液。

　　e. 含糖量高的食品　称取 5.00g 或 10.0g 样品，置于 250～500mL 定氮瓶中，先加少许水使湿润，加数粒玻璃珠、5～10mL 硝酸-高氯酸混合后，摇匀。缓缓加入 5mL 或 10mL 硫酸，待作用缓和停止起泡沫后，先用小火缓缓加热（糖分易炭化），不断沿瓶壁补加硝酸-高氯酸混合液，待泡沫全部消失后，再加大火力，至有机质分解完全，发生白烟，溶液应澄明无色或微带黄色，放冷。以下按 a 自"加 20mL 水煮沸"起依法操作。

　　f. 水产品　取可食部分样品捣成匀浆，称取 5.00g 或 10.0g（海产藻类、贝类可适当减少取样量），置于 250～500mL 定氮瓶中，加数粒玻璃珠，5～10mL 硝酸-高氯酸混合液，混匀后，以下按 a 自"沿瓶壁加入 5mL 或 10mL 硫酸"起依法操作。

　　② 硝酸-硫酸法消化　以硝酸代替硝酸-高氯酸混合液按①进行操作。

　　③ 灰化法

　　a. 粮食、茶叶及其他含水分少的食品　称取 5.00g 磨碎样品，置于坩埚中，加 1g 氧化镁及 10mL 硝酸镁溶液，混匀，浸泡 4h。于低温或置水浴锅上蒸干，用小火炭化至无烟后移入马弗炉中加热至 550℃，灼烧 3～4h，冷却后取出。加 5mL 水湿润后，用细玻棒搅拌，再用少量水洗下玻璃棒上附着的灰分至坩埚内。在水浴上蒸干后移入马弗炉 550℃灰化 2h，冷却后取出。加 5mL 水湿润灰分，再慢慢加入 10mL 盐酸（1＋1），然后将溶液移入 50mL 容量瓶中，坩埚用盐酸（1＋1）洗涤 3 次，每次 5mL，再用水洗涤 3 次，每次 5mL，洗液均并入容量瓶中，再加水至刻度，混匀。定容后的溶液每 10mL 相当于 1g 样品，其加入盐酸量不少于（中和需要量除外）1.5mL。

　　取于灰化样品相同量的氧化镁和硝酸镁溶液，按同样方法做试剂空白实验。

　　b. 植物油　称取 5.00g 样品，置于 50mL 瓷坩埚中，加 10g 硝酸镁，再在上面覆盖 2g 氧化镁，将坩埚置小火上加热，至刚冒烟，立即将坩埚取下，以防内容物溢出，待烟小后，再加热至炭化完全。将坩埚移至马弗炉中，550℃下灼烧至灰化完全，冷却取出。加 5mL 水湿润灰分，再缓缓加入 15mL 盐酸溶液（1＋1），然后将溶液移入 50mL 容量瓶中。坩埚用盐酸溶液（1＋1）洗涤 5 次，每次 5mL，洗涤液均并入容量瓶中，加盐酸（1＋1）至刻度，混匀。定容后的溶液每 10mL 相当于 1g 样品，相当于加入盐酸量（中和需要量除外）1.5mL。

　　取于消化样品相同量的氧化镁和硝酸镁，按同样方法做试剂空白实验。

　　c. 水产品　取可食部分样品捣成匀浆，称取 5.00g 置于坩埚中，加 1g 氧化镁及 10mL 硝酸镁溶液，混匀，浸泡 4h。以下按 a. 自"于低温或置水浴锅上蒸干"

起依法操作。

（2）系列标准溶液配制　吸取 0.0mL，2.0mL，4.0mL，6.0mL，8.0mL，10.0mL 砷标准使用液（相当于 0μg，2μg，4μg，6μg，8μg，10μg 砷）分别置于 150mL 锥形瓶中，加水至 40mL，再加 10mL 硫酸（1+1）。在砷标准溶液中各加 150g/L 碘化钾溶液 3mL，0.5mL 酸性氯化亚锡溶液，混匀，静置 15min。各加入 3g 无砷锌粒，立即分别塞上装有乙酸铅棉花的导气管，并使管尖端插入盛有 4mL 银盐溶液的离心管中的液面下，在常温下反应 45min 后，取下离心管，加三氯甲烷补足 4mL。

（3）仪器参考条件的选择　波长：520nm；其他条件均按仪器说明调至最佳状态。

（4）标准曲线的绘制　用 1cm 比色杯，以零管调节零点，在波长 520nm 处测吸光度，记录其对应的吸光度值，以各浓度系列标准溶液砷的含量为横坐标，对应的吸光度为纵坐标，绘制出标准曲线。

（5）样品测定　吸取一定量的消化后的定容溶液（相当于 5g 样品）及同量的试剂空白液，分别置于 150mL 锥形瓶中，补加硫酸至总量为 5mL，加水至 50～55mL。

在样品消化液、试剂空白液中各加 3mL150g/L 碘化钾溶液，0.5mL 酸性氯化亚锡溶液，混匀，静置 15min。各加入 3g 无砷锌粒，立即分别塞上装有乙酸铅棉花的导气管，并使管尖端插入盛有 4mL 银盐溶液的离心管中的液面下，在常温下反应 45min 后，取下离心管，加三氯甲烷补足 4mL。

用 1cm 比色杯，以零管调节零点，在波长 520nm 处测吸光度，记录其对应的吸光度值，以测出的吸光度在标准曲线上查得样品测定溶液的砷含量。

5. 计算

$$X = \frac{A-A_0}{m} \times \frac{V_1}{V_2} \times \frac{1000}{1000} \tag{6-9}$$

式中　X——样品中砷的含量，mg/kg 或 mg/L；

　　　A——测定用样品消化液中砷的质量，μg；

　　　A_0——试剂空白液中砷的质量，μg；

　　　m——样品质量（体积），g 或 mL；

　　　V_1——样品消化液的总体积，mL；

　　　V_2——测定用样品消化液的体积，mL。

6. 说明

① 所用玻璃仪器均以硫酸-重铬酸钾洗液浸泡数小时，再用洗衣粉充分洗刷，后用水反复冲洗，最后用去离子水冲洗晒干或烘干，方可使用。

② 氯化亚锡在本实验的作用为将五价砷还原为三价砷；在锌粒表面沉积锡层以抑制产生氢气时作用过猛。

③乙酸铅棉花塞入导气管中，是为吸收可能产生的硫化氢，使其生成硫化铅而滞留在棉花上，以免吸收液吸收产生干扰，硫化物和银离子生成灰黑色的硫化银，但乙酸铅棉花要塞得不松不紧为宜。

④二乙基二硫代氨基甲酸银，不溶于水而溶于三氯甲烷，性质极不稳定，遇光或热，易生成银的氧化物而呈灰色，因而配置浓度不易控制。

⑤本方法最低检出量为 $0.2mg/kg$。

复 习 题

1. 食品中矿物质元素指的是什么？如何进行分类？
2. 食品中矿物质元素的测定方法有哪些？
3. 破坏有机物常用的方法有哪些？各方法的操作要点是什么？注意的问题是什么？
4. 怎样使用原子吸收分光光度法测定钙的含量？
5. 银盐法测定食品中砷的含量的基本原理是什么？
6. 测定食品中的汞含量时应注意些什么？
7. 在砷测定时应注意哪些问题？

第七章 食品添加剂的测定

食品添加剂是指为改善食品品质和色、香、味以及为延长食品保质期和加工工艺的需要，而加入食品中的化学合成或者天然物质。目前所使用的食品添加剂中，绝大多数是化学合成添加剂，存在着一定的安全性问题。如不限制使用，对人体健康会产生一定危害。因此，国家制定了有关食品添加的卫生法规，对食品添加剂的使用和生产都进行了严格的卫生管理。而食品添加剂的测定，就起到了监督、保证与促进的作用。

食品添加剂的品种日益增多，按其来源不同可分为天然食品添加剂与化学合成食品添加剂。根据目前我国食品工业中使用添加剂的情况，常需测定的项目有甜味剂、防腐剂、护色剂、漂白剂、食用色素、抗氧化剂等。

第一节 甜味剂的测定

甜味剂是赋予食品甜味的食品添加剂。甜味剂的分类按其来源分为天然甜味剂和人工合成甜味剂；以其营养价值分为营养性（如山梨糖醇、乳糖醇等）和非营养性（如糖精钠等）甜味剂。非营养性甜味剂的相对甜度远远高于蔗糖，如糖精钠的甜度是蔗糖的 300 倍。

常用的甜味剂有糖精钠、甜蜜素、甜菊糖苷。糖精钠、甜蜜素是人工合成的甜味剂，而甜菊糖苷是从植物甜叶菊中提取的天然甜味剂。

一、糖精钠的测定——薄层色谱法

糖精钠，俗称糖精，易溶于水，不溶于乙醚、氯仿等有机溶剂。对热不稳定，甜味强。

糖精钠被人体摄入后，不分解，不吸收，随尿排出，不供给热能，无营养价值。其致癌作用直到目前尚未有确切的结论。在我国，糖精钠可用于酱菜类、调味酱汁、浓缩果汁、蜜饯类、配制酒、饮料、冷饮类、糕点、饼干和面包，其最大使用量为 0.15g/kg，浓缩果汁按浓缩倍数的 80％加入，用于汽水时最大用量 0.08g/kg，婴幼儿食品、病人食品和大量食用的主食都不得使用。

糖精钠的测定方法有多种，国家标准有高效液相色谱法、薄层色谱法、离子选择性电极法。此外还有紫外分光光度法、酚磺酞比色法、纳氏比色法等。

1. 原理

在酸性条件下，食品中的糖精钠用乙醚提取、浓缩、薄层色谱分离、显色后与标准比较，进行定性和半定量测定。

2. 试剂

(1) 乙醚　不含过氧化物。

(2) 无水硫酸钠。

(3) 无水乙醇及乙醇（95%）。

(4) 聚酰胺粉　200目。

(5) 盐酸（1+1）　取100mL盐酸，加水稀释至200mL。

(6) 展开剂　正丁醇（异丙醇）：氨水：无水乙醇=7:1:2。

(7) 显色剂——溴甲酚紫溶液（0.4g/L）　称取0.04g溴甲酚紫，用乙醇（50%）溶解，加氢氧化钠溶液（40g/L）1.1mL调节pH为8，定容至100mL。

(8) 硫酸铜溶液（100g/L）　称取10g硫酸铜，用水溶解并稀释至100mL。

(9) 氢氧化钠溶液（40g/L）。

(10) 糖精钠标准溶液　准确称取0.0851g经120℃干燥4h后的糖精钠，加乙醇溶解，移入100mL容量瓶中，加乙醇（95%）稀释至刻度。此溶液每毫升相当于1mg糖精钠。

3. 仪器

玻璃纸：生物制品透析袋纸或不含增白剂的市售玻璃纸；玻璃喷雾器；微量注射器；紫外光灯：波长253.7nm；薄层板：10cm×20cm或20cm×20cm；展开槽。

4. 分析步骤

(1) 样品提取

① 饮料、冰棍、汽水等　取10.0mL均匀样品（如样品中含有二氧化碳，先加热除去，如样品中含有酒精，加40g/L氢氧化钠溶液使其呈碱性，在沸水浴中加热除去）置于100mL分液漏斗中，加2mL盐酸（1+1），用30mL，20mL，20mL乙醚提取三次，合并乙醚提取液，用5mL盐酸酸化的水洗涤一次，弃去水层。乙醚层通过无水硫酸钠脱水后，挥发除去乙醚，加2.0mL乙醇溶解残留物，密闭保存，备用。

② 酱油、果汁、果酱等　称取20.0g或吸取20.0mL均匀样品，置于100mL容量瓶中，加水至约60mL，加20mL硫酸铜溶液（100g/L），混匀，再加4.4mL氢氧化钠溶液（40g/L），加水至刻度，混匀，静置30min，过滤，取50mL滤液置于150mL分液漏斗中，以下按①自"加2mL盐酸（1+1）"起依法操作。

③ 固体果汁粉等　称取20.0g磨碎的均匀样品，置于200mL容量瓶中，加100mL水，加温使溶解、冷却。以下按②自"加20mL硫酸铜（100g/L）"起依法操作。

④ 糕点、饼干等含蛋白、脂肪、淀粉多的食品 称取 25.0g 均匀样品，置于透析用玻璃纸中，放入大小适当的烧杯内，加 50mL 氢氧化钠溶液（0.8g/L），调成糊状，将玻璃纸口扎紧，放入盛有 200mL 氢氧化钠溶液（0.8g/L）的烧杯中，盖上表面皿，透析过夜。量取 125mL 透析液（相当于 12.5g 样品），加约 0.4mL 盐酸（1+1）使成中性，加 20mL 硫酸铜溶液（100g/L），混匀，再加 4.4mL 氢氧化钠溶液（40g/L），混匀，静置 30min，过滤。取 120mL（相当于 10g 样品），置于 250mL 分液漏斗中，以下按①自"加 2mL 盐酸（1+1）"起依法操作。

（2）薄层板的制备 称取 1.6g 聚酰胺粉，加 0.4g 可溶性淀粉，加约 7.0mL 水，研磨 3～5min，立即涂成 0.25～0.30mm 厚的 10cm×20cm 的薄层板，室温干燥后，在 80℃下干燥 1h。置于干燥器中保存。

（3）点样 在薄层板下端 2cm 处，用微量注射器点 $10\mu L$ 和 $20\mu L$ 的样品溶液两个点，同时点 $3.0\mu L$，$5.0\mu L$，$7.0\mu L$，$10.0\mu L$ 糖精钠标准溶液，各点间距 1.5cm。

（4）展开与显色 将点好的薄层板放入盛有展开剂的展开槽中，展开剂液层约 0.5cm，并预先已达到饱和状态。展开至 10cm，取出薄层板，挥干，喷显色剂，斑点显黄色，根据样品点和标准点的比移值进行定性，根据斑点颜色深浅进行半定量测定。

5. 计算

$$X = \frac{m_1 \times 1000}{m \times \dfrac{V_2}{V_1} \times 1000} \tag{7-1}$$

式中 X——样品中糖精钠的含量，g/kg 或 g/L；

$\quad m_1$——测定用样品溶液中糖精钠的质量，mg；

$\quad m$——样品质量（体积），g 或 mL；

$\quad V_1$——样品提取液残留物加入乙醇的体积，mL；

$\quad V_2$——点板液体积，mL。

6. 说明

比移值是在进行纸层析或薄层层析的张开操作时，样品中被分离物质的斑点随溶剂向前移动的距离与溶剂前缘移动距离的比值。

二、甜蜜素的测定——分光光度法

甜蜜素的化学名为环己基氨基磺酸钠，具有甜味好、后苦味比糖精钠低、甜度不高的特点，约为蔗糖的 30 倍，故用量较大。

1. 原理

在硫酸介质中环己基氨基磺酸钠与亚硝酸钠反应，生成环己醇亚硝酸酯，与磺胺重氮化后再与盐酸萘乙二胺偶合生成红色染料，在 550nm 波长测其吸光度，与标准物质比较定量。

2. 试剂

(1) 三氯甲烷。

(2) 甲醇。

(3) 透析剂　称取 0.5g 二氯化汞和 12.0g 氯化钠于烧杯中，以 0.01mol/L 盐酸溶液定容至 100mL。

(4) 亚硝酸钠溶液（10g/L）。

(5) 硫酸溶液（100g/L）。

(6) 尿素溶液（100g/L）　临用时新配或冰箱保存。

(7) 盐酸溶液（100g/L）。

(8) 磺胺溶液（10g/L）　称取 1g 磺胺溶于 10% 盐酸溶液中，定容至 100mL。

(9) 盐酸萘乙二胺溶液（1g/L）。

(10) 环己基氨基磺酸钠标准溶液　精确称取 0.1000g 环己基氨基磺酸钠，加水溶解，定容至 100mL。此液每 1mL 含环己基氨基磺酸钠 1mg，临用时将环己基氨基磺酸钠标准溶液稀释 10 倍，此液每 1mL 含环己基氨基磺酸钠 100μg。

3. 仪器

分光光度计；旋涡混合器；离心机；透析纸。

4. 分析步骤

(1) 样品制备

① 液体样品　摇匀后直接称取。含二氧化碳的样品先加热除去；含酒精的样品加 40g/L 氢氧化钠溶液调至碱性，于沸水浴中加热除去，制成试样。称取 20.0g 试样于 100mL 具塞比色管，置冰浴中。

② 固体样品　蜜饯类样品将其剪碎制成试样，称取 2.0g 已剪碎的试样于研钵中，加少许色谱硅胶（或海沙）研磨至干粉状，经漏斗倒入 100mL 容量瓶中，加水冲洗研钵，并将洗液一并转移至容量瓶中，加水至刻度，不时摇动，1h 后过滤，即得试样，准确吸取 20mL 于 100mL 具塞比色管，置冰浴中。

(2) 提取

① 液体样品　称取 10.0g 经制备的试样于透析纸中，加 10mL 透析剂，将透析纸口扎紧，放入盛有 100mL 水的 200mL 广口瓶内，加盖，透析 20～24h 得透析液。

② 固体样品　准确吸取 10.0mL 经制备后的试样于透析纸中，加 10mL 透析剂，将透析纸口扎紧，放入盛有 100mL 水的 200mL 广口瓶内，加盖，透析 20～24h 得透析液。

(3) 测定

① 取两支 50mL 具塞比色管，分别加入 10mL 透析液和 10mL 标准液，于 0～

3℃冰浴中，加入 1mL 亚硝酸钠溶液（10g/L）、1mL 硫酸溶液（100g/L），摇匀后放入冰水中不时摇动，放置 1h。取出后加 15mL 三氯甲烷，置旋涡混合器上振动 1min，静置后吸去上层清液，再加 15mL 水，振动 1min，静置后吸去上层清液，加 10mL 尿素溶液（100g/L）、2mL 盐酸溶液（100g/L），再振动 5min，静置后吸去上层清液，加 15mL 水，振动 1min，静置后吸去上层清液，分别准确吸出 5mL 三氯甲烷于 2 支 25mL 比色管中。另取一支 25mL 比色管加入 5mL 三氯甲烷作参比管。

在各管中加入 15mL 甲醇、1mL 10g/L 磺胺溶液，置冰水中 15min，取出恢复常温后加入 1mL 1g/L 盐酸萘乙二胺溶液，加甲醇至刻度，在 15～30℃下放置 20～30min，用 1cm 比色皿于波长 550nm 处测定吸光度，测得吸光度 A 及 A_s。

② 另取 2 支 50mL 具塞比色管，分别加入 10mL 水和 10mL 透析液，除不加 10g/L 亚硝酸钠外，其他按①项进行，测得吸光度 A_{s0} 及 A_0。

5. 计算

$$X = \frac{\rho}{m} \times \frac{A - A_0}{A_s - A_{s0}} \times \frac{100 + 10}{V} \times \frac{1}{1000} \times \frac{1000}{1000} \qquad (7\text{-}2)$$

式中　X——样品中环己基氨基磺酸钠的含量，g/kg；

　　　m——样品质量，g；

　　　V——透析液用量，mL；

　　　ρ——标准管浓度，$\mu g/mL$；

　　　A_s——标准液吸光度；

　　　A_{s0}——水的吸光度；

　　　A——样品透析液吸光度；

　　　A_0——不加亚硝酸钠的样品透析液吸光度。

第二节　防腐剂的测定

防腐剂是在食品保存过程中具有抑制或杀灭微生物作用的一类物质的总称。食品中加入防腐剂可以延长食品的货架寿命，防止食品的腐败变质，因此，作为食品保藏的辅助手段，在现阶段尚有一定作用，随着食品保藏新工艺、新设备的不断完善，防腐剂将逐步减少使用。

目前食品工业中所用的防腐剂有苯甲酸及其钠盐，山梨酸及其钾盐，对羟基苯甲酸等，其中前两种应用得最多。

苯甲酸又名安息香酸，化学性质较稳定。人体摄入后有蓄积中毒的可能，故逐步被山梨酸盐所取代。

山梨酸盐在人体内可参与人体的新陈代谢，是目前人们认为较为安全的防腐剂。

苯甲酸（钠）和山梨酸（钾）的测定方法有气相色谱法、高效液相色谱法、薄层色谱法。其他还有紫外分光光度法、酸碱滴定法及硫代巴比妥酸比色法等。下面主要介绍气相色谱法。

1. 原理

样品经酸化后，用乙醚提取山梨酸或苯甲酸，用附氢火焰离子化测定器的气相色谱仪进行分离测定，与标准系列比较定量。

2. 试剂

(1) 乙醚　不含过氧化物。

(2) 石油醚　沸程 30～60℃。

(3) 盐酸。

(4) 无水硫酸钠。

(5) 盐酸（1+1）　取 100mL 盐酸，加水稀释至 200mL。

(6) 氯化钠酸性溶液（40g/L）　于氯化钠溶液（40g/L）中加少量盐酸（1+1）酸化。

(7) 苯甲酸、山梨酸标准溶液　准确称取山梨酸或苯甲酸 0.2000g 置于 100mL 容量瓶中，用石油醚-乙醚（3：1）混合溶剂溶解后并稀释至刻度。此溶液每毫升相当于 2.0mg 山梨酸或苯甲酸。

(8) 苯甲酸、山梨酸标准使用液　吸取适量的山梨酸或苯甲酸标准溶液，以石油醚-乙醚（3：1）混合溶剂稀释至每毫升相当于 $50\mu g$，$100\mu g$，$150\mu g$，$200\mu g$，$250\mu g$ 山梨酸或苯甲酸。

3. 仪器

气相色谱仪：具有氢火焰离子化测定器。

4. 分析步骤

(1) 样品提取　称取 2.05g 事先混合均匀的样品，置于 25mL 具塞量筒中，加 0.5mL 盐酸（1+1）酸化，用 15mL，10mL 乙醚提取两次，每次振摇 1min，将上层乙醚提取液吸入另一个 25mL 具塞量筒中。合并乙醚提取液。用 3mL 40g/L 氯化钠酸性溶液洗涤两次，静止 15min，用滴管将乙醚层通过无水硫酸钠滤入 25mL 容量瓶中。加乙醚至刻度，混匀。准确吸取 5mL 乙醚提取液于 5mL 具塞刻度试管中，置 40℃水浴上挥干，加入 2mL 石油醚-乙醚（3：1）混合溶剂溶解残渣，备用。

(2) 色谱参考条件　色谱柱：玻璃柱，内径 3mm，长 2mm，内装填以 5％ DEGS、1％磷酸固定液的 60～80 目 Chromosorb WAW；气流速度：载气为氮气，50mL/min（氮气和空气、氢气之比按各仪器型号不同选择各自的最佳比例条件）；温度：进样口 230℃，测定器 230℃，柱温 170℃。

(3) 测定　各浓度系列标准使用液进样 2mL 于气相色谱仪中，可测得不同浓度山梨酸、苯甲酸的峰高，以浓度为横坐标，相应的峰高值为纵坐标，绘制标准曲线。同时进样 $2\mu L$ 样品溶液。测得峰高与标准曲线比较定量。

5. 计算

$$X = \frac{m_1 \times 1000}{m \times (5/25) \times (V_2/V_1) \times 1000} \tag{7-3}$$

式中　X——样品中山梨酸或苯甲酸的含量，mg/kg；

　　　m_1——测定用样品液中山梨酸或苯甲酸的质量，μg；

　　　V_1——加入石油醚-乙醚（3∶1）混合溶剂的体积，mL；

　　　V_2——测定时进样的体积，μL；

　　　m——样品的质量，g；

　　　5——测定时吸取乙醚提取液的体积，mL；

　　　25——样品乙醚提取液的总体积，mL。

6. 说明

该法适用于酱油、果汁、果酱等样品的测定。

第三节　发色剂的测定

在食品加工过程中，常添加适量的化学物质与食品中的某些成分作用，而使制品呈现良好的色泽，这些物质称为发色剂。最常用的发色剂是硝酸盐、亚硝酸盐。亚硝酸盐和硝酸盐添加到制品中后转化为亚硝酸，亚硝酸易分解出亚硝基（NO），生成的亚硝基会很快与肌红蛋白结合，生成亚硝肌红蛋白，赋予食品鲜艳的红色。

过多地食用亚硝酸盐和硝酸盐对人体产生毒害。亚硝酸盐与仲胺反应生成具有致癌作用的亚硝胺。过度地摄入亚硝酸盐会使正常血红蛋白（二价铁）转变成正铁血红蛋白（三价铁）而失去携氧功能，导致组织缺氧。我国食品卫生标准规定：亚硝酸钠、硝酸钠仅限于肉类制品及肉类罐头中使用。最大使用量硝酸钠为 0.5g/kg，亚硝酸钠为 0.15g/kg，肉类罐头不超过 0.05g/kg，肉制品不超过 0.03g/kg，残留量以亚硝酸钠计。

一、亚硝酸盐的测定——盐酸萘乙二胺法

1. 原理

样品经沉淀蛋白质、除去脂肪后，在弱酸条件下亚硝酸盐与对氨基苯磺酸重氮化后，再与盐酸萘基乙二胺偶合形成紫红色染料，于最大吸收波长 538nm 处测定其吸光度，与标准比较定量。

2. 试剂

(1) 亚铁氰化钾溶液   称取 106.0g 亚铁氰化钾溶于水中，并定容至 1000mL。

(2) 乙酸锌溶液   称取 220.0g 乙酸锌加 30mL 冰醋酸，溶于水并定容至 1000mL。

(3) 饱和硼砂溶液   称取 5.0g 硼酸钠溶于 100mL 热水中，冷却备用。

(4) 0.4% 对氨基苯磺酸溶液   称取 0.4g 对氨基苯磺酸溶于 100mL 20% 盐酸中，置棕色瓶中避光保存。

(5) 0.2% 盐酸萘乙二胺溶液   称取 0.2g 盐酸萘乙二胺，以水定容 100mL，避光保存。

(6) 氢氧化铝乳液   溶解 125g 硫酸铝于 1000mL 重蒸馏水中，使氢氧化铝全部沉淀（溶液呈微碱性），用蒸馏水反复洗涤，真空抽滤，直至洗液分别用氯化钡、硝酸银检验不发生浑浊为止。取沉淀物，加适量重蒸馏水使呈稀糊状，捣匀备用。

(7) 亚硝酸钠标准溶液   精密称取 0.1000g 于硅胶干燥器中干燥 24h 的亚硝酸钠，加水溶解后移入 500mL 容量瓶中，并稀释至刻度。此溶液每毫升相当于 200μg 亚硝酸钠。

(8) 亚硝酸钠标准使用液   吸取标准溶液 5mL 于 200mL 容量瓶中，用重蒸馏水定容。此溶液含 5.0μg/mL 亚硝酸钠，临用时配制。

3. 仪器

组织捣碎机；分光光度计；50mL 比色管。

4. 分析步骤

(1) 样品处理   称取 5.0g 经绞碎混匀的样品，置于 50mL 烧杯中加 12.5g 硼砂饱和溶液，搅拌均匀，用 300mL 70℃ 的水将样品洗入 500mL 容量瓶中，于沸水浴中加热 15min，取出后冷至室温，然后一面转动，一面加入 5mL 亚铁氰化钾溶液，摇匀，再加入 5mL 乙酸锌溶液，以沉淀蛋白质。加水至刻度、摇匀，放置 0.5h，除去上层脂肪，清液用滤纸过滤，弃去初滤液 30mL，滤液备用。

有些肉制品有颜色，如红烧肉，其样品经处理、沉淀蛋白质、去除脂肪并过滤后，取滤液 60mL 于 100mL 容量瓶中，加氢氧化铝乳液至刻度、过滤，滤液应无色透明。

(2) 标准曲线绘制   吸取 0.00mL，0.20mL，0.40mL，0.60mL，0.80mL，1.00mL，1.50mL，2.00mL，2.50mL 亚硝酸钠标准使用液（相当于 0μg，1μg，2μg，3μg，4μg，5μg，7.5μg，10μg，12.5μg 亚硝酸钠），分别置于 50mL 比色管中。在各标准管中分别加入 0.4% 对氨基苯磺酸 2mL，混匀，静置 3~5min 后各加入 1.0mL 0.2% 盐酸萘乙二胺溶液，加水至刻度、混匀，静置 15min，用 2cm 比色杯，以零管调节零点，于 538nm 处测定吸光度，绘制标准曲线。

(3) 样品测定   吸取 40.0mL 样品处理液于 50mL 比色管中，按 (2) 自"加入 0.4% 对氨基苯磺酸 2mL"起依法操作。从标准曲线上查出样品溶液中亚硝酸钠的含量。

5. 计算

$$X = \frac{m_1 \times 1000}{m \times \dfrac{V_2}{V_1} \times 1000}$$ (7-4)

式中　X——样品中亚硝酸盐的含量，mg/kg；

　　　m——样品质量，g；

　　　m_1——测定用样品溶液中亚硝酸盐的质量，μg；

　　　V_1——样品处理液总体积，mL；

　　　V_2——测定用样品溶液体积，mL。

6. 说明

① 亚铁氰化钾和乙酸锌溶液为蛋白质沉淀剂。

② 饱和硼砂溶液既可作为亚硝酸盐提取剂，又可用作蛋白质沉淀剂。

二、硝酸盐的测定——镉柱法

1. 原理

样品经沉淀蛋白质、除去脂肪后，溶液通过镉柱，使其中的硝酸根离子还原成亚硝酸根离子，在弱酸性条件下，亚硝酸根与对氨基苯磺酸重氮化后，再与盐酸萘乙二胺偶合形成红色染料，测得亚硝酸盐总量，由总量减去亚硝酸盐含量即得硝酸盐含量。

2. 试剂

（1）氨缓冲溶液（pH 9.6～9.7）　量取 20mL 盐酸加 50mL 水，混匀后加 50mL 氨水再定容至 1000mL。

（2）稀氨缓冲液　量取 50mL 氨缓冲液，加水稀释定容至 500mL。

（3）盐酸溶液（0.1mol/L）　吸取 5mL 盐酸，用水稀释至 600mL。

（4）硝酸钠标准溶液　称取 0.1232g 于 110～120℃ 干燥恒重的硝酸钠，加水溶解，移于 500mL 容量瓶中，并定容，此溶液每毫升相当于 200μg 亚硝酸钠。

（5）硝酸钠标准使用液　临用时吸取硝酸钠标准溶液 2.5mL 于 100mL 容量瓶中，加水稀释至刻度，混匀。此溶液每毫升相当于 5.0μg 亚硝酸钠。

（6）其他试剂同"亚硝酸盐的测定"。

3. 仪器

分光光度计；50mL 比色管；镉柱（如图 7-1）。

（1）海绵状镉粉的制备　投入足够的锌棒于 500mL 200g/L 硫酸镉溶液中，经 3～4h，当其中的镉全部被锌置换后，用玻璃棒轻轻刮下，取出残余锌棒，使镉沉底，倾去上层清液，以水用倾斜法多次洗涤，然后移入粉碎机中，加 500mL 水，捣碎约 2s，用水将金属细粒洗至标准筛上，取 20～40 目之间的部分，备用。

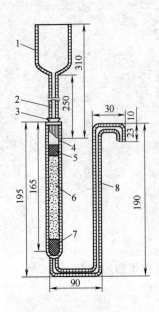

图 7-1 镉柱装填示意图
1—储液漏斗（内径 35mm,
外径 37mm）；2—进液毛细管
（内径 0.4mm，外径 6mm）；
3—橡皮塞；4—镉柱玻璃管
（内径 12mm，外径 16mm）；
5,7—玻璃棉；6-海绵状镉；
8—出液毛细管（内径 2mm,
外径 8mm）

（2）镉柱的装填　用水装满镉柱玻璃管，并装入高 2cm 的玻璃棉作垫，将玻璃棉压向柱低，并将其中所包含的空气全部排出，在轻轻敲击下加入海绵状镉粉至 8～10cm 高，上面用 1cm 高的玻璃棉覆盖，上置一储液漏斗，末端穿过橡皮塞并与镉柱玻璃管紧密连接。

如无上述镉柱玻璃管，可用 25mL 酸式滴定管代用。

当镉柱装填好后，先用 25mL 盐酸（0.1mol/L）洗涤，再以每次 25mL 水洗两次，调节柱流速至 3～5mL/min。镉柱不用时用水封盖，随时都要保持水平面在镉层之上，不得使镉层夹有气泡。

镉柱每次使用完毕后，应先以 25mL 盐酸（0.1mol/L）洗涤，再以水洗两次，每次 25mL，最后用水覆盖镉柱。

（3）镉柱还原效率的测定　镉柱先加 25mL 稀氨缓冲液，控制流速 3～5mL/min。

吸取 20mL 硝酸钠标准使用液，加入 5mL 稀氨缓冲液，混匀，注入储液漏斗，使流经镉柱还原，以原烧杯收集流出液，当柱液中溶液流完后，再加 5mL水置换柱内留存溶液。将全部收集液如前再经镉柱还原一次，第 2 次流出液收集于 100mL 容量瓶中，再用 20mL 水洗涤镉柱 3 次，洗涤液收集于同一容量瓶，加水至刻度，混匀。

取 10.00mL 还原后的标准液（相当 10μg 亚硝酸钠）于 50mL 比色管中，加入 2.0mL 4g/L 对氨基苯磺酸溶液，混匀，静置 3～5min，各加 1.0mL 2g/L 盐酸萘乙二胺溶液，加水至刻度，混匀，静置 15min，用 2cm 比色杯，于 538nm 处测定吸光度，根据标准曲线计算测得结果。还原效率大于 98% 为符合要求。

$$X = \frac{A}{10} \times 100 \qquad (7-5)$$

式中　X——还原效率，%；

　　　A——测得亚硝酸盐的质量，μg；

　　　10——测定用溶液相当于亚硝酸盐的质量，μg。

4. 分析步骤

（1）样品中硝酸盐的提取　同"亚硝酸盐的测定"中样品处理。

（2）标准曲线绘制　同"亚硝酸盐的测定"中标准曲线绘制。

（3）经镉柱还原后样品中亚硝酸盐总量测定

① 样品溶液还原　吸取 20mL 样品处理液于 50mL 烧杯中，加 5mL 氨缓冲液，

混匀后注入储液漏斗，使流经镉柱还原，以下按 3.（3）"镉柱还原效率的测定"操作进行，收集还原后样品溶液于 100mL 容量瓶并定容。

② 吸取 10～20mL 镉还原后的样品溶液于 50mL 比色管中，以下按"亚硝酸盐的测定——盐酸萘乙二胺法"4.（2）、（3）进行，测定吸光度，从标准曲线上查出亚硝酸盐含量。

（4）镉柱还原前样品中亚硝酸盐含量测定　吸取 40mL 样品处理液于 50mL 管中，按"亚硝酸盐的测定——盐酸萘乙二胺法"4.（2）、（3）进行，测定吸光度，从标准曲线上查出亚硝酸盐含量。

5. 计算

$$X = \left[\frac{m_1}{m \times \frac{20}{V_1} \times \frac{V}{100}} - \frac{m_2}{m \times \frac{40}{V_1}} \right] \times 1.232 \tag{7-6}$$

式中　X——硝酸盐含量，mg/kg；

m_1——镉柱还原后测得亚硝酸盐总量，μg；

m_2——不经过还原直接测得亚硝酸盐量，μg；

V_1——样品处理液的体积，mL；

20——测亚硝酸盐总量时经镉柱还原的样品处理液的体积，mL；

100——经镉柱还原的样品处理液的定容体积，mL；

40——直接测定亚硝酸盐含量时测定用样品溶液体积，mL；

V——测定用经镉柱还原后样品溶液体积，mL；

1.232——换算成硝酸钠的系数；

m——样品质量，g。

6. 说明

① 镉是有害元素之一，在制备、处理过程的废弃液含大量的镉，应经处理之后再放入水道，以免造成环境污染。

② 在制取海绵状镉和装填镉柱时最好在水中进行，勿使颗粒暴露于空气中以免氧化。

③ 为保证硝酸盐测定结果准确，镉柱还原效率应当经常检查。隔柱维护得当，使用一年效能尚无显著变化。

第四节　漂白剂的测定

一、概述

漂白剂是指能破坏、抑制食品的发色因素，使色素褪色或使食品免于褐变的添加剂。漂白剂除了具有漂白作用外，对微生物也有显著的抑制作用。

目前，在我国食品行业中，使用较多的是二氧化硫和亚硫酸盐。在某些食品如果干、果脯、蔗糖、果蔬罐头等加工中，常采用熏硫法或亚硫酸溶液浸渍法进行漂白，以防褐变。熏硫使果片表面细胞破坏，促进干燥，同时由于二氧化硫的还原作用破坏酶系统、阻止氧化作用，使果实中的单宁物质不致氧化而变棕褐色；使果脯蜜饯保持浅黄色或金黄色，使干制品不褐变；同时也起到保护果实中维生素 C 的作用。二氧化硫残留于食品以亚硫酸形式存在，有助于防腐。

二氧化硫和亚硫酸盐有一定的腐蚀性，过量使用对人体健康有一定影响，因此在食品中添加应加以限制。我国卫生标准规定：亚硫酸钠对食糖、冰糖、果糖、蜜饯类、葡萄糖、饴糖、饼干、罐头最大使用量为 0.6g/kg，漂白后的产品二氧化硫残留量为：饼干、食糖、粉丝、罐头各类产品不得超过 0.05g/kg，其他品种二氧化硫残留量不超过 0.1g/kg。

二氧化硫和亚硫酸盐的测定方法有盐酸副玫瑰苯胺比色法、蒸馏法、碘量法、高效液相色谱法和极谱法等，其中盐酸副玫瑰苯胺比色法和蒸馏法为国家标准方法。

二、二氧化硫和亚硫酸盐的测定——盐酸副玫瑰苯胺比色法

1. 原理

亚硫酸盐与四氯汞钠反应生成稳定的配合物。再与甲醛及盐酸副玫瑰苯胺作用生成紫红色物质，其色泽深浅与亚硫酸含量成正比，可比色测定。

2. 试剂

（1）四氯汞钠吸收液 称取氯化高汞 27.2g 和氯化钠 11.9g 溶于水中稀释至 1000mL，放置过夜，过滤备用。

（2）氨基磺酸胺溶液（12g/L） 称取 1.2g 氨基磺酸胺于 50mL 烧杯中，用水移入 100mL 容量瓶中，定容。

（3）甲醛溶液（2g/L） 吸取 0.55mL 甲醛（37%～40%）稀释至 100mL，混匀。

（4）淀粉指示液 临用时称取 1g 可溶性淀粉，用少许水调成糊状，缓缓倾入 100mL 沸水中，边加边搅，煮沸，放冷备用。

（5）亚铁氰化钾溶液 称取 10.60g 亚铁氰化钾，用水溶解，并稀释至 100mL。

（6）乙酸锌溶液 称取 22g 乙酸锌溶于少量水中，加 3mL 冰醋酸溶于水，并稀释至 100mL。

（7）盐酸副玫瑰苯胺溶液 称取 0.1g 盐酸副玫瑰苯胺于研钵中，加少量水研磨使溶解并定容至 100mL。然后取出 20mL 置于 100mL 容量瓶中，加 6mol/L 盐

酸，充分摇匀后，使溶液由红变黄，如不黄再滴加少量盐酸至出现黄色，用水定容100mL，混匀备用（若无盐酸副玫瑰苯胺可用盐酸品红代替）。

（8）碘溶液 0.1mol/L。

（9）硫代硫酸钠标准溶液 0.1000mol/L。

（10）二氧化硫标准溶液

① 配制　称取 0.5g 亚硫酸钠，溶于 200mL 四氯汞钠吸收液中，放置过夜，上清液用定量滤纸过滤备用。

② 标定　吸取 10.0mL 亚硫酸钠-四氯汞钠溶液于 250mL 碘量瓶中，加水100mL，准确加入 20.00mL 碘溶液（0.100mol/L）、5mL 冰醋酸，摇匀，放置于暗处。2min 后迅速以 0.1000mol/L 硫代硫酸钠标准溶液滴定至淡黄色，加 0.5mL淀粉指示液，继续滴至无色。

另取 100mL 水，准确加入 20.0mL 碘溶液（0.100mol/L）、5mL 冰醋酸，按同一方法做空白实验。

二氧化硫标准溶液的浓度按式（7-7）计算。

$$\rho = \frac{(V_2 - V_1)c \times 32.03}{10} \tag{7-7}$$

式中　ρ——二氧化硫标准溶液浓度，mg/mL；

$\quad\quad V_2$——标定用亚硫酸钠-四氯汞钠溶液消耗硫代硫酸钠标准溶液的体积，mL；

$\quad\quad V_1$——空白实验消耗硫代硫酸钠标准溶液的体积，mL；

$\quad\quad c$——硫代硫酸钠标准溶液的浓度，mol/L；

$\quad\quad$ 32.03——1mL 硫代硫酸钠标准溶液相当于二氧化硫的质量，mg/mmol。

（11）二氧化硫标准使用液　临用时取二氧化硫标准液，用四氯汞钠吸收液稀释成 2mg/mL 二氧化硫的溶液。

（12）氢氧化钠溶液（0.5mol/L）。

（13）硫酸（0.25mol/L）。

3. 仪器

分光光度计。

4. 分析步骤

（1）样品处理

① 水溶性固体样品　如白砂糖等，称取 10g 均匀样品（视二氧化硫含量而定），以少量水溶解，移入 100mL 容量瓶中，加入 4mL 0.5mol/L 氢氧化钠，5min后加入 4mL 0.25mol/L 硫酸，然后加入 20mL 四氯汞钠吸收液，以水稀释至刻度。

② 其他固体样品　如饼干、粉丝等，称取 5.0～10.0g 研磨均匀的样品，以少量水湿润并移入 100mL 容量瓶中，然后加入四氯汞钠吸收液 20mL，浸泡 4h 以上。若上层液不澄清，可加入亚铁氰化钾及乙酸锌溶液各 2.5mL，然后用水定容，过滤备用。

③ 液体样品　如葡萄酒等,可直接吸取样品溶液 5.0～10.0mL,移入 100mL 容量瓶中,以少许水稀释,加入四氯汞钠吸收液 20mL,用水定容,摇匀备用。

(2) 标准曲线绘制　吸取 0.00mL,0.20mL,0.40mL,0.60mL,0.80mL,1.00mL,1.50mL,2.00mL 二氧化硫使用液(相当于 0.0mg,0.4mg,0.8mg,1.2mg,1.6mg,2.0mg,3.0mg,4.0mg 二氧化硫),分别置于 25mL 具塞比色管中。各加入四氯汞钠吸收液至 10mL,然后各加 1mL 12g/L 氨基磺酸胺溶液、1mL 2g/L 甲醛溶液及 1mL 盐酸副玫瑰苯胺溶液,摇匀,放置 20min。用 1cm 比色杯,以零管调零,于 550nm 处测定吸光度,并绘制标准曲线。

(3) 样品测定　吸取 0.5～5.0mL 样品处理液(视二氧化硫含量高低而定)按 (2) 自 "25mL 具塞比色管中" 起依法操作,于 550nm 处测定吸光度,由标准曲线查出样品溶液中二氧化硫的量。

5. 计算

$$X = \frac{m_1 \times 1000}{m \times (V/100) \times 1000 \times 1000} \qquad (7\text{-}8)$$

式中　X——二氧化硫含量,g/kg;

$\quad$ m_1——测定用样品液中二氧化硫的量,μg;

$\quad$ V——测定用样品溶液体积,mL;

$\quad$ m——样品质量,g;

$\quad$ 100——样品溶液总体积,mL。

6. 说明

① 显色反应的最适温度为 20～25℃,温度低灵敏度低,故样品管和标准管应在相同温度下显色。

② 盐酸副玫瑰苯胺中盐酸用量对显色有影响,加入量多显色浅,加入量少显色深,对测定结果有较明显的影响,因此需严格控制。

③ 样品中加入四氯汞钠吸收液后,溶液中的二氧化硫含量在 24h 内稳定,测定须在 24h 内进行。

第五节　食用色素的测定

食用色素是食品着色或改善食品色泽的物质。按其来源可分为天然色素和人工合成色素两大类。天然色素是从一些动、植物组织中提取的,安全性高,但稳定性差,着色能力差,难以调出任意的色泽。合成色素是利用有机物合成的,具有稳定性好、色泽鲜艳、附着力强、能调出任意色泽等优点,因而得到了广泛的应用,但具有一定的毒性,对人体健康有害。随着科学的进步,食用合成色素的安全性正逐渐被人们所认识。

目前我国允许使用的食用合成色素有苋菜红、胭脂红、柠檬黄、日落黄、赤藓红、新红、亮蓝、靛蓝，在使用过程中要严格控制其适用范围和使用限量。对于合成色素，国家标准测定方法有：高效液相色谱法、薄层色谱法和示波极谱法。下面介绍薄层色谱法测定食用合成色素的含量。

1. 原理

在酸性条件下，用聚酰胺吸附水溶性合成色素，将其与天然色素、蛋白质、脂肪、淀粉等物质分离；然后再于碱性条件下，用适当的溶液将其解吸；最后用纸色谱法或薄层色谱法进行分离，与标准物质比较定性、定量。

2. 试剂

（1）石油醚。

（2）甲醇。

（3）聚酰胺粉（过 200 目筛）。

（4）硅胶 G。

（5）硫酸（1+10）。

（6）甲醇-甲酸溶液（6+4）。

（7）氢氧化钠溶液（50g/L）。

（8）海沙、碎瓷片　先用盐酸（1+10）煮沸 15min，用水洗至中性，再用氢氧化钠溶液（50g/L）煮沸 15min，用水洗至中性，再于 105℃干燥，储于具玻璃塞的瓶中，备用。

（9）乙醇（50%）。

（10）乙醇-氨溶液　取 1mL 氨水加乙醇（70%）至 100mL。

（11）pH=6 的水　用柠檬酸溶液（20%）调至 pH=6。

（12）盐酸（1+10）。

（13）柠檬酸溶液（200g/L）。

（14）钨酸钠溶液（100g/L）。

（15）展开剂

① 正丁醇-无水乙醇-氨水（1%）（6：2：3）　供纸色谱用。

② 正丁醇-吡啶-氨水（1%）（6：3：4）　供纸色谱用。

③ 甲乙酮-丙酮-水（7：3：3）　供薄层色谱用。

④ 甲醇-乙二胺-氨水（10：3：2）　供薄层色谱用。

⑤ 柠檬酸钠溶液（25g/L）-氨水-乙醇（8：1：2）　供薄层色谱用。

⑥ 甲醇-氨水-乙醇（5：1：10）　供薄层色谱用。

（16）合成色素标准溶液　准确称取按其纯度折算为 100%质量的柠檬黄、日落黄、苋菜红、胭脂红、新红、赤藓红、亮蓝、靛蓝各 0.100g，分别置于 100mL 容量瓶中，加 pH=6 水到刻度，配成合成色素混合溶液，各个单纯色素的浓度均为 1.00mg/mL。

（17）合成色素标准使用液　临用时吸取色素标准溶液各 5.0mL，分别置于 50mL 容量瓶中，加 pH＝6 的水稀释至刻度。此溶液每毫升相当于 0.10mg 合成色素。

3. 仪器

可见分光光度计；微量注色器或血色素吸管；展开槽：25cm×6cm×4cm；层析缸；滤纸：中速滤纸，纸色谱用；薄层板 5cm×20cm；电吹风。

4. 分析步骤

（1）样品处理

① 果味水、果子露、汽水　称取 50.0g 样品于 100mL 烧杯中。汽水需加热驱除二氧化碳。

② 配制酒　称取 100.0g 样品于 100mL 烧杯中，加碎瓷片数块，加热驱除酒精。

③ 硬糖、蜜饯类、淀粉软糖　称取 5.00g 或 10.0g 粉碎的样品，加 30mL 水，温热溶解，若样品溶液 pH 较高，用柠檬酸溶液（200g/L）调至 pH＝4 左右。

④ 奶糖　称取 10.0g 粉碎均匀的样品加 30mL 乙醇-氨溶液溶解，置水浴上浓缩至 20mL，立即用硫酸溶液（1＋10）调至微酸性。再加 1.0mL 硫酸（1＋10），加 1mL 钨酸钠溶液（100g/L）使蛋白质沉淀，过滤，用少量水洗涤，收集滤液。

⑤ 蛋糕类　称取 10.0g 粉碎均匀的样品，加海沙少许，混匀，用热风吹干用品（用手摸已干燥即可），加入 30mL 石油醚搅拌，放置片刻，倾出石油醚，如此重复处理三次，以除去脂肪，吹干后研细，全部倒入漏斗中，用乙醇-氨溶液提取色素，直至色素全部提完。以下按④自"置水浴上浓缩至 20mL"起依法操作。

（2）吸附分离　将处理后所得的溶液加热至 70℃，加 0.5～1.0g 聚酰胺粉充分搅拌，用柠檬酸溶液（200g/L）调 pH＝4，使合成色素完全被吸附，如溶液还有颜色，可以再加一些聚酰胺粉。

将吸附合成色素的聚酰胺全部转入漏斗中过滤。用 pH＝4 的 70℃水反复洗涤，每次 20mL，边洗边搅拌。若含有天然色素，再用甲醇-甲酸溶液洗涤 1～3 次，每次 20mL，至洗液无色为止。再用 70℃水多次洗涤至流出的溶液为中性。洗涤中应充分搅拌。然后用乙醇-氨溶液分次解吸全部色素，收集全部解吸液，于水浴上驱氨。如果为单色，则用水准确稀释至 50mL，用分光光度计进行测定。

如果为多种色素混合液，则进行纸色谱法或薄层色谱法分离后测定，即将上述溶液置水浴中浓缩至 2mL 后移入 5mL 容量瓶中，用 50%乙醇洗涤容器，洗液并入容量瓶中并稀释至刻度。

（3）定性分析

① 纸色谱定性　取色谱用纸，在距底边 2cm 的起始线上分别点 3～10μL 样品溶液、1～2μL 色素标准溶液，挂于分别盛有正丁醇-无水乙醇-氨水（1%）（6∶2∶3）、正丁醇-吡啶-氨水（1%）（6∶3∶4）展开剂的层析缸中，用上行法展开，待溶剂

前沿展至 15cm 处，将滤纸取出于空气中晾干，与标准斑比较定性。

也可取 0.5mL 样品溶液，在起始线上从左到右点成条状，纸的左边点色素标准溶液，依以上方法展开，晾干后先定性后再供定量用。靛蓝在碱性条件下易褪色，可用甲乙酮-丙酮-水（7∶3∶3）作为展开剂。

② 薄层色谱定性

a. 薄层板的制备　称取 1.6g 聚酰胺粉、0.4g 可溶性淀粉及 2g 硅胶 G，置于合适的研钵中，加 15mL 水研匀后，立即置涂布器中铺成厚度为 0.3mm 的板。在室温晾干后，于 80℃ 干燥 1h，置于干燥器中备用。

b. 点样　离板底边 2cm 处将 0.5mL 样品溶液从左到右点成与底边平行的条状，板的左边点 $2\mu L$ 色素标准溶液。

c. 展开　苋菜红与胭脂红用甲醇-乙二胺-氨水（10∶3∶2）展开剂，靛蓝与亮蓝用甲醇-氨水-乙醇（5∶1∶10）展开剂，柠檬黄与其他食用色素用柠檬钠溶液（25g/L）-氨水-乙醇（8∶1∶2）展开剂。取适量展开剂倒入展开槽中，将薄层板放入展开，待食用色素明显分开后取出，晾干，与标准斑比较，如相同即为同一色素。

（4）定量分析

① 标准曲线制备　分别吸取 0.0mL，0.5mL，1.0mL，2.0mL，3.0mL，4.0mL 胭脂红、苋菜红、柠檬黄、日落黄色素标准使用溶液，或 0.0mL，0.2mL，0.4mL，0.6mL，0.8mL，1.0mL 亮蓝、靛蓝色素标准使用液，分别置于 10mL 比色管中，各加水稀释至刻度。

分别用 1cm 比色杯，以零管调节零点，于一定波长下（胭脂红 510nm，苋菜红 520nm，柠檬黄 430nm，日落黄 482nm，亮蓝 627nm，靛蓝 620nm）测定吸光度，分别绘制标准曲线。

② 样品测定　将纸色谱的条状色斑剪下，用少量热水洗涤数次，洗液移入 10mL 比色管中，并加水稀释至刻度，作比色测定用。

或将薄层色谱的条状色斑包括有扩散的部分，分别用刮刀刮下，移入漏斗中，用乙醇-氨溶液解吸食用色素，少量反复多次将解洗液移于蒸发皿中，于水浴上挥发去氨，移入 10mL 比色管中，加水至刻度，作比色用。

用 1cm 比色杯，以零管调节零点，于一定波长下（胭脂红 510nm，苋菜红 520nm，柠檬黄 430nm，日落黄 482nm，亮蓝 627nm，靛蓝 620nm）测定样品的吸光度，由标准曲线查出样品溶液中食用色素的量，或与标准系列目测比较。

5. 计算

$$X = \frac{m_1 \times 1000}{m \times \dfrac{V_2}{V_1} \times 1000} \tag{7-9}$$

式中　X——样品中食用色素的含量，g/kg 或 g/L；

m_1——测定用样品溶液中食用色素的质量，mg；

 m——样品质量（体积），g 或 mL；

V_1——样品解吸后的总体积，mL；

V_2——样品点板的体积，mL。

6. 说明

① 样品在加入聚酰胺溶液吸附色素之前，要用 20%柠檬酸调节 pH=4 左右，因为聚酰胺粉在偏酸性（pH=4~6）条件下对色素吸附力较强，吸附较完全。

② 样品溶液中的色素被聚酰胺粉吸附后，当用热水洗涤聚酰胺粉以便除去可溶性杂质时，要求水偏酸性，防止吸附的色素被洗脱下来，使定量结果偏低。

第六节　抗氧化剂的测定

抗氧化剂是阻止或延迟食品氧化，以提高食品的稳定性和延长储存期的物质。抗氧化剂按其溶解性可分为油溶性抗氧化剂和水溶性抗氧化剂两类。

叔丁基羟基茴香醚（英文缩写 BHA）、2,6-二叔丁基对甲酚（英文缩写 BHT）是国内外广泛使用的抗氧化剂，它的抗氧化效果好，稳定性高。我国规定：BHA 和 BHT 的最大单独使用量为 0.2g/kg，两者混合使用时，质量不得超过 0.2g/kg（以脂肪计）。

一、叔丁基羟基茴香醚与 2,6-二叔丁基对甲酚的测定——气相色谱法

1. 原理

样品中的叔丁基羟基茴香醚和 2,6-二叔丁基对甲酚用石油醚提取，通过色谱柱使 BHA 与 BHT 净化、浓缩后，经气相色谱分离后用氢火焰离子化检测器检测，根据样品峰高与标准峰高比较定量。

2. 试剂

(1) 石油醚。

(2) 二氯甲烷。

(3) 二硫化碳。

(4) 无水硫酸钠。

(5) 硅胶　60~80 目于 120℃活化 4h 后置干燥器内备用。

(6) 弗罗里硅土　60~80 目，于 120℃活化 4h 后置干燥器内备用。

(7) BHA、BHT 混合标准溶液　准确称取 BHA、BHT 各 0.1000g 混合后用二硫化碳溶解，定容 100mL。此溶液分别为每毫升含 BHA、BHT 各 1.0mg，置

冰箱保存。

（8）BHA、BHT 混合标准使用液　吸取标准溶液 4.0mL 于 100mL 容量瓶中，用二硫化碳定容至刻度，此溶液分别为每毫升含 BHA、BHT 各 0.040mg，置冰箱中保存。

3. 仪器

气相色谱仪：附 FLD 检测器；蒸发器：容积 200mL；振荡器；色谱柱：1cm×30cm 玻璃柱，带活塞；气相色谱柱：长 1.5m，内径 3mm 玻璃柱，于 Gas Chrome Q（80～100 目）担体上涂 10%（质量分数）QF-1。

4. 分析步骤

（1）样品处理　取 0.5kg 油脂较多的样品或 1kg 含油脂少的样品，用对角线取 1/2 或 1/3 或根据样品情况取有代表性样品，在玻璃乳钵中研碎，混合均匀后置广口瓶内保存于冰箱中。

（2）脂肪的提取

① 含油脂高的样品（桃酥等）　称取 50.0g，混合均匀，置于 250mL 具塞锥形瓶中，加 50mL 石油醚，放置过夜，用快速滤纸过滤后，减压回收溶剂，残留脂肪备用。

② 含油脂中等的样品（蛋糕等）　称取 100g 左右，混合均匀，置于 500mL 具塞锥形瓶中，加 100～200mL 石油醚，放置过夜，用快速滤纸过滤后，减压回收溶剂，残留脂肪备用。

③ 含油脂少的样品（面包、饼干等）　称取 250～300g 混合均匀后，于 500mL 具塞锥形瓶中，加入适量石油醚浸泡样品，放置过夜，用快速滤纸过滤后，减压回收溶剂，残留脂肪备用。

（3）样品的制备

① 色谱柱的制备　于色谱柱的底部加入少量玻璃棉，少量无水硫酸钠，将硅胶-弗罗里硅土（6：4）共 10g，用石油醚湿法混合装柱，柱顶部再加入少量无水硫酸钠。

② 样品的制备　称取 [4.（2）] 提取的脂肪 0.50～1.00g，用 25mL 石油醚溶解移入制备好的色谱柱上，再加 100mL 二氯甲烷分 5 次淋洗，合并淋洗液，减压浓缩近干时，用二硫化碳定容 2mL，该溶液为待测溶液。

③ 植物油样品的制备　称取混合均匀样品 2.00g 放入 500mL 烧杯中，加 30mL 石油醚溶解转移到制备好的色谱柱内，再用 10mL 石油醚分数次洗涤烧杯并转移到色谱柱内，用 100mL 二氯甲烷分 5 次淋洗，合并淋洗液，减压浓缩近干，用二硫化碳定容至 2mL，该溶液为待测溶液。

（4）测定　将 3μL 标准使用液注入气相色谱仪，绘制色谱图，分别量取各组分峰高或峰面积，将 3μL 待测样品溶液，绘制色谱图，量取峰高或峰面积，与标准峰高或峰面积比较计算待测样品溶液含量。

5. 计算

$$m_1 = \frac{h_i}{h_x} \times \frac{V_0}{V_i} \times V_x c_x \qquad (7\text{-}10)$$

式中 m_1——待测溶液 BHA（或 BHT）的质量，mg；

h_i——注入色谱仪的样品中 BHA（或 BHT）的峰高或峰面积；

h_x——标准使用液中 BHA（或 BHT）的峰高或峰面积；

V_i——注入色谱仪的样品溶液体积，mL；

V_0——待测样品定容的体积，mL；

V_x——注入色谱中标准使用液的体积，mL；

c_x——标准使用液的浓度，mg/mL。

食品中以脂肪计 BHA（或 BHT）的含量按下式计算。

$$X_1 = \frac{m_1 \times 1000}{m \times 1000} \qquad (7\text{-}11)$$

式中 X_1——食品中以脂肪计 BHA（或 BHT）的含量，g/kg；

m_1——待测溶液中 BHA（或 BHT）的质量，mg；

m——油脂（或食品中脂肪）的质量，g。

6. 说明

① 本标准适用于糕点和植物油等食品中 BHA 与 BHT 的测定。气相色谱法最低检出量为 $2\mu g$，油脂取样量为 0.5g 时最低检出浓度为 4mg/kg。

② BHA、BHT 气相色谱条件 检测器：FLD；温度：检测室 200℃，进样口 200℃，柱温 140℃；载气流量：氮气 70mL/min，氢气 50mL/min，空气 500mL/mL。

二、2,6-二叔丁基对甲酚（BHT）的测定——分光光度法

1. 原理

样品通过水蒸气蒸馏，使 BHT 分离，用甲醇吸收，遇邻联二茴香胺与亚硝酸钠溶液生成橙红色，用三氯甲烷提取，与标准比较定量。

2. 试剂

（1）无水氯化钙。

（2）甲醇。

（3）三氯甲烷。

（4）甲醇（50%）。

（5）亚硝酸钠溶液（3g/L） 避光保存。

（6）邻联二茴香胺溶液 临用时称取 125mg 邻联二茴香胺于 50mL 棕色容量瓶中，加 25mL 甲醇，振摇使全部溶解，加 50mg 活性炭，振摇 5min，过滤，取

20mL 滤液，置于另一 50mL 棕色容量瓶中，加盐酸（1mol/L）至刻度，避光保存。

（7）BHT 标准溶液 准确称取 0.050g BHT，用少量甲醇溶解，移入 100mL 棕色容量瓶中，并稀释至刻度，避光保存。此溶液每毫升相当于 0.5mg BHT。

（8）BHT 标准使用液 临用时吸取 1.0mL BHT 标准溶液，置于 50mL 棕色容量瓶中，加甲醇至刻度，混匀，避光保存。此溶液每毫升相当于 10.0μg BHT。

3. 仪器

水蒸气蒸馏装置；甘油浴；分光光度计。

4. 分析步骤

（1）样品处理 称取 2.00～5.00g 样品（约含 0.4mgBHT）于 100mL 蒸馏瓶中，加 16g 无水氯化钙粉末及 10mL 水，当甘油浴温度达到 165℃恒温时，将蒸馏瓶浸入甘油浴中，连接好水蒸气发生装置及冷凝管，冷凝管下端浸入盛有 50mL 甲醇的 200mL 容量瓶中，进行蒸馏，蒸馏速度每分钟 1.5～2mL，在 50～60min 内收集约 100mL 馏出液（连同原盛有的甲醇共约 150mL，蒸汽压不可太高，以免油滴带出），以温热的甲醇分次洗涤冷凝管，洗液并入容量瓶中并稀释至刻度。

（2）标准曲线的绘制 另准确吸取 0.0mL，1.0mL，2.0mL，3.0mL，4.0mL，5.0mL BHT 标准使用液（相当于 0μg，10μg，20μg，30μg，40μg，50μgBHT），分别置于黑纸（布）包扎的 60mL 分液漏斗，加入甲醇（50%）至 25mL。分别加入 5mL 邻联二茴香胺溶液，混匀，再各加 2mL 亚硝酸钠溶液（3g/L），振摇 1min，放置 10min，再各加 10mL 三氯甲烷，剧烈振摇 1min，静置 3min 后，将三氯甲烷层分入黑纸（布）包扎的 10mL 比色管中，管中预先放入 2mL 甲醇，混匀。用 1cm 比色杯，以三氯甲烷调节零点，于波长 520nm 处测吸光度，绘制标准曲线。

（3）样品测定 准确吸取 25mL 处理后的样品溶液，移入用黑纸（布）包扎的 100mL 分液漏斗中，加入 5mL 邻联二茴香胺溶液，混匀，再加 2mL 亚硝酸钠溶液（3g/L），振摇 1min，放置 10min，再加 10mL 三氯甲烷，剧烈振摇 1min，静置 3min 后，将三氯甲烷层分入黑纸（布）包扎的 10mL 比色管中，管中预先放入 2mL 甲醇，混匀。用 1cm 比色杯，以三氯甲烷调节零点，于波长 520nm 处测吸光度，从标准曲线上得到样品溶液中 BHT 的质量。

5. 计算

$$X = \frac{m_0 \times 1000}{m \times \frac{V_2}{V_1} \times 1000 \times 1000} \qquad (7\text{-}12)$$

式中 X——样品中 BHT 的含量，g/kg；

m_0——测定用样品溶液中 BHT 的质量，μg；

m——样品质量，g；

V_1——蒸馏后样品溶液总体积，mL；

V_2——测定用吸取样品溶液的体积，mL。

复 习 题

1. 什么是食品添加剂？测定食品添加剂有何意义？

2. 常用的甜味剂有哪些？简述分光光度法测定甜蜜素不同样品的处理方法。

3. 如何用薄层色谱法测定糖精钠的含量？

4. 如何用气相色谱法测定苯甲酸的含量？

5. 测定广式香肠中亚硝酸盐的含量时，广式香肠在测定前需怎样制备？蛋白质沉淀剂是什么？这种沉淀剂还可以用哪种试剂来代替？

6. 试述盐酸萘乙二胺法测定食品中亚硝酸盐含量的测定原理、方法。

7. 镉柱法测定食品中硝酸盐的含量时，镉柱在使用前须经过怎样的处理过程？

8. 简述测定食品中二氧化硫和亚硫酸钠的测定原理、方法。

9. 薄层色谱法测定食用色素的含量时如何制备薄层板？

第八章　食品中有害物质的测定

　　食品中的有害物质是指食品中含有的能对人体造成急性或慢性中毒的有毒物质。食品中有害物质来源较广，种类也极为繁杂，常见的有食品中的农药、兽药残留，激素残留，微生物毒素及食品加工过程中产生的苯并［a］芘、亚硝铵等。正常的食品不应含有有害物质，但在食品加工、储藏、运输、销售等环节中受到物理、化学、生物等诸多因素的影响，可能被有害物质污染，当有害物质超过一定量时，给食用者的健康带来危害，因此限制有害物质在食品中的含量，对于保证食品安全十分必要。

第一节　食品农药残留量的测定

　　农药是农业生产中使用的各种药剂的统称，种类很多，但常用的有有机氯农药和有机磷农药两类。农药在防治农作物病虫害、控制人畜传染病、提高农畜产品的产量和质量以及确保人体健康等方面，都起着重要的作用。但是，大量使用农药也会造成对食品的污染。农药对食品的污染途径主要有：农田施用农药时，直接污染农作物；因水质的污染进一步污染水产品；土壤中沉积的农药通过农作物的根系吸收到作物组织内部而造成污染；大气中漂浮的农药随风向、雨水对地面作物、水生生物产生影响；饲料中残留的农药转入畜禽体内，造成肉类加工食品的污染。

　　食品中普遍存在农药残留，残留量随食品种类不同而有很大差异，由于农药的毒性都很大，有的还可在人体内蓄积，对人体造成危害，为提高食品的卫生质量，保证食品的安全性，保障消费者身体健康，许多国家都对食品中农药允许残留量作了规定。表 8-1 和表 8-2 分别为我国和 WHO 制定的有机氯农药六六六（BHC）、滴滴涕（DDT）在食品中的允许残留量标准；表 8-3 为我国制定的有机磷农药在食品中允许残留量标准。

表 8-1　我国主要食品中 BHC 和 DDT 允许残留标准

食物名称	BHC/(mg/kg)	DDT/(mg/kg)
粮食（成品粮）、麦乳精（含乳固体饮料）	≤0.3	≤0.2
蔬菜、水果、干食用菌	≤0.2	≤0.1
鱼类（包括其他水产品）	≤2	≤1
肉类（脂肪含量≤10%，以鲜重计）	≤0.4	≤0.2
肉类（脂肪含量＞10%，以脂肪计）	≤4.0	≤2.0
蛋（去壳）	≤1.0	≤1.0
牛乳、鲜食用菌、蘑菇罐头	≤0.1	≤0.1
绿茶及红茶	≤0.4	≤0.2

表 8-2 WHO 建议的 BHC 和 DDT 在某些食品中允许残留量标准

农 药 名 称	食品中允许残留量标准/(mg/kg)	
DDT	瓜果、蔬菜	7.0
	热带水果	3.5
	全脂奶	0.05
	蛋(去壳)	0.5
γ-BHC	莴苣、畜肉脂肪	2.0
	水果、蔬菜	0.5
	奶脂、甜菜根及叶、米、蛋(去壳)	0.1
	马铃薯	0.05

表 8-3 我国食品中有机磷农药残留限量标准/(mg/kg)

农药	粮食(小麦、玉米、糙米)	蔬菜、水果	食用植物油
甲拌磷(3911)	0.02	不得检出	不得检出
杀螟硫磷	0.4	0.4	不得检出
倍硫磷	0.05	0.05	0.01
乐果		1.0	
敌敌畏	暂不定	0.2	
对硫磷(1605)	0.1	不得检出	0.1
马拉硫磷	0.3	暂不定	

　　食品中农药残留量的分析，早期一般以比色法和分光光度法为基础，亦有用电化学分析法，但这些方法均缺少特异性且灵敏度很低，故现在已很少使用。后发展了纸色谱、薄层色谱等多种形式的色谱分析方法，自从气相色谱仪出现以来，气相色谱法在食品中农药残留量检测方面应用非常广泛。对于非挥发性或热不稳定性农药，如部分有机磷农药还可选用高效液相色谱法分析。

一、食品中有机氯农药残留量的测定——气相色谱法

　　有机氯农药是农药中一类有机含氯化合物，一般分为两大类：一为 DDT 类，称作氯化苯及其衍生物，包括 DDT 和六六六等；二为氯化亚甲基萘类，如七氯、氯丹、艾氏剂、狄氏剂与异狄氏剂、毒杀酚等。在我国以 DDT 和六六六使用最广泛，这是因为他们具有杀虫范围广、高效、急性毒性小。但是由于残留时间长、累积浓度大，属高残留农药，目前已被许多国家禁用，我国已于 1984 年停止使用。

　　滴滴涕（DDT）根据苯环上氯的取代位置不同形成 p,p'-DDT、o,p'-DDT、m,p'-DDT、o,o'-DDT、m,m'-DDT、o,m'-DDT 六种异构体。

　　工业品 DDT 是 DDT 及有关化合物的混合物，主要含 p,p'-DDT。DDT 化学性质稳定，酸及光照都无法使其分解，但遇碱性物质易分解。

　　六六六（BHC）有多种异构体，其常见异构体 α-BHC、β-BHC、γ-BHC、δ-BHC。工业品六六六也是几种异构体的混合物，主要含 α-六六六，杀虫活性取决于

γ-六六六的含量。六六六对光热稳定，又耐强酸，但除 β-六六六外，其余异构体对碱都不稳定。

大多数有机氯农药难溶于水。因化学性质稳定，降解极为缓慢，半衰期约为 1~10 年。过去几十年的使用，造成在自然环境及生物体内的富集，其残效仍然存在，通过食物进入人体后会积累在肝脏和脂肪组织内产生慢性中毒。因此世界各国到目前为止仍将有机氯在食品中的含量作为重要食品卫生限量指标。

有机氯残留量的测定方法，目前常采用气相色谱法和薄层色谱法。气相色谱法是分析有机氯农药残留量较好的测定方法，既可进行定性也可进行定量。薄层色谱法所需设备简单，较易推广使用，对六六六和 DDT 的最低检出量为 0.02mg，可以满足限量检验或半定量之用。

1. 原理

样品中有机氯经提取、净化与浓缩后，进样汽化并由氮气载入色谱柱中进行分离，再进入对电负性强的组分具有较高检测灵敏度的电子捕获检测器中检出，与标准有机氯农药比较定量。

对 DDT、六六六进行测定时，不同异构体和代谢物可同时分别测定。出峰顺序与保留时间如表 8-4 所示。

表 8-4　各异构体出峰顺序及保留时间

顺序	名　称	保留时间	顺序	名　称	保留时间
1	α-六六六	1分42秒	5	p,p'-DDE	8分5秒
2	γ-六六六	2分15秒	6	o,p'-DDT	12分12秒
3	β-六六六	2分48秒	7	p,p'-DDD	13分15秒
4	δ-六六六	3分10秒	8	p,p'-DDT	15分10秒

2. 试剂

（1）丙酮。

（2）乙醚。

（3）95％乙醇。

（4）石油醚。

（5）苯　色谱纯。

（6）无水硫酸钠　经 350℃灼烧 4h，储存于密闭容器中。

（7）草酸钾。

（8）硫酸。

（9）2％硫酸钠溶液。

（10）1∶1 过氯酸-冰醋酸混合液。

（11）DDT、BHC 标准溶液　精密称取 α-BHC、β-BHC、γ-BHC、δ-BHC 和 p,p'-DDT、p,p'-DDE、p,p'-DDD、o,p'-DDT 各 10.0mg，溶于苯，分别移入 100mL 容量瓶中，加苯至刻度，混匀，每毫升含农药 100μg，作为储备液存于冰箱中。

（12）DDT、BHC 标准使用液　临用时各吸取标准溶液 2.0mL，分别移入 10mL 容量瓶中，各加苯至刻度，混匀。每毫升相当于农药 20μg。

（13）BHC 与 DDT 标准混合液　分别吸取 α-BHC、γ-BHC 标准使用液各 0.05mL，δ-BHC 标准使用液 0.01mL，β-BHC、p,p'-DDT、o,p'-DDT、p,p'-DDE、p,p'-DDD 标准使用液各 0.25mL，合并于 100mL 容量瓶中，加己烷稀释到刻度，混匀。此标准混合液中每毫升含 α-BHC、γ-BHC 各 0.01μg，δ-BHC 0.02μg，β-BHC、p,p'-DDT、o,p'-DDT、p,p'-DDE、p,p'-DDD 各 0.05μg。

（14）载体　硅藻土，80～100 目，气相色谱用。

（15）固定液　OV-17 及 QF-1。

3. 仪器

小型粉碎机；小型绞肉机；分样筛；组织捣碎机；电动振荡器；恒温水浴锅；气相色谱仪：具有电子捕获检测器；微量注射器：5μL，10μL；梨形分液漏斗；K-D 浓缩器或索氏抽提器。

4. 分析步骤

（1）提取

① 粮食　称取 20g 粉碎后并通过 20 目筛的样品，置于 250mL 具塞锥形瓶中，以 100mL 石油醚于电动振荡器上振荡 30min，滤入 150mL 分液漏斗中，以 20～30mL 石油醚分数次洗涤残渣，洗液并入分液漏斗中，用石油醚稀释至 100mL。

② 蔬菜、水果　称取 200g 样品，置于捣碎机中捣碎 1～2 min（若样品含水分少，可加一定量的水）。称取相当于原样 50g 的匀浆，加 100mL 丙酮，振荡 1min，浸泡 1h，过滤。残渣用丙酮洗涤三次，每次 10mL，洗液并入滤液，置于 500mL 分液漏斗中，加 80mL 石油醚，振荡 1min，加 200mL 2% 硫酸钠溶液振荡 1min，静置分层，弃去下层。将上层石油醚液经盛有约 15g 无水硫酸钠的漏斗，滤入另一分液漏斗中，再以少量石油醚分数次洗涤漏斗及其内容物，洗液并入滤液中，并以石油醚稀释至 100mL。

③ 动物油　称取 5g 炼过的样品，溶于 250mL 石油醚，移入 500mL 分液漏斗中。

④ 植物油　称取 10g 样品，以 250mL 石油醚溶解，移入 500mL 分液漏斗中。

⑤ 乳与乳制品　称取 100g 鲜乳（乳制品取样量按鲜乳折算），移入 500mL 分液漏斗中。加 100mL 乙醇、1g 草酸钾，猛摇 1min，加 100mL 乙醚，摇匀。加 100mL 石油醚，猛摇 2min。静置 10min，弃去下层。将有机溶剂经盛 20g 无水硫酸钠的漏斗，小心缓慢地滤入 250mL 锥形瓶中，再用少量石油醚分数次洗涤漏斗及其内容物，洗液并入滤液中。以脂肪提取器或浓缩器蒸除有机溶剂，残渣为黄色透明油，再以石油醚溶解，移入 150mL 分液漏斗中，以石油醚稀释至 100mL。

⑥ 蛋与蛋制品　取鲜蛋 10 个，去壳，全部搅匀。称取 10g（蛋制品取样量按鲜蛋折算）置于 250mL 具塞锥形瓶中。加 100mL 丙酮，在电动振荡器上振荡

30min，过滤。用丙酮洗残渣数次，洗液并入滤液中，用脂肪提取器或浓缩器将丙酮蒸除掉，在浓缩过程中，溶液变黏稠，常出现泡沫，应小心注意不使其溢出。将残渣用 50mL 石油醚移入分液漏斗中。振荡，静置分层。将下层残渣放入另一分液漏斗中，加 20mL 石油醚，振荡，静置分层，弃去残渣，合并石油醚，经盛约 15g 无水硫酸钠的漏斗滤入分液漏斗中，再用少量石油醚分数次洗涤漏斗及其内容物，洗液并入滤液中，以石油醚稀释至 100mL。

⑦ 各种肉类及动物组织　可根据实验室条件及操作习惯选择甲法或乙法。

a. 甲法　称绞碎混匀的 20g 样品，置于乳钵中，加约 80g 无水硫酸钠研磨，无水硫酸钠用量以样品研磨后呈干粉状为宜。将研磨后的样品和硫酸钠一并移入 250mL 具塞锥形瓶中，加 100mL 石油醚于电动振荡器上振荡 30min，抽滤，残渣用约 100mL 石油醚分数次洗涤，洗液并入滤液中。将全部滤液用脂肪提取器或浓缩器蒸除石油醚，残渣为油状物。以石油醚溶解残渣，移入 150mL 分液漏斗中，以石油醚定容至 100mL。

b. 乙法　称取绞碎混合的 20g 样品，置于烧杯中，加入 40mL 1∶1 过氯酸-冰醋酸混合液，上面覆盖表面皿，于 80℃ 的水浴上消化 4～5h。将消化液移入 500mL 分液漏斗中，以 40mL 水洗涤烧杯，洗液并入分液漏斗。以 30mL、20mL、20mL、20mL 石油醚（或环己烷）分四次从消化液中提取农药。合并石油醚（或环己烷）并使之通过高约 4～5cm 的无水硫酸钠小柱，滤入 100mL 容量瓶中，以少量石油醚（或环己烷）洗小柱，洗液并入容量瓶中，然后稀释至刻度，混匀。

（2）净化

① 在 100mL 样品石油醚提取液（动、植物油样品除外）中加 10mL 硫酸（提取液与硫酸体积比为 10∶1），振摇数次后，将分液漏斗倒置，打开活塞放气，然后振摇半分钟，静置分层。弃去下层溶液，上层溶液由分液漏斗上口倒入另一个 250mL 分液漏斗中，用少许石油醚洗原分液漏斗后，并入 250mL 分液漏斗中，加 100mL 2%硫酸钠溶液，振摇后静置分层。弃去下层水溶液，用滤纸吸除分液漏斗颈内外的水。然后将石油醚经盛有约 15g 无水硫酸钠的漏斗过滤，并以石油醚洗涤盛有无水硫酸钠的漏斗数次。洗液并入滤液中，以石油醚稀释至一定体积，供气相色谱法用。

经净化步骤处理过的样品溶液，如在测定时出现干扰，可再用硫酸处理。

② 动、植物油样品提取液净化　在 250mL 动、植物油样品石油醚提取液中，加 25mL 硫酸，振摇数次后，将分液漏斗倒置，打开活塞放气，然后摇半分钟，静置分层，弃去下层溶液。再加 25mL 硫酸，振摇 30s，静置分层，弃去下层溶液。上层溶液由分液漏斗上口倒入另一个 500mL 分液漏斗中，用少许石油醚洗原分液漏斗，洗液并入分液漏斗中。加 250mL 2%硫酸钠溶液，摇均，静置分层。以下按净化法①自"弃去下层水溶液"起依法操作。

（3）浓缩　将分液漏斗中已净化的石油醚经过盛有 15g 无水硫酸钠的小漏斗，缓慢滤入 K-D 浓缩器中，并以少量石油醚洗涤盛有无水硫酸钠的漏斗 3～5 次，合

181

并洗液与滤液，然后于水浴上将滤液用 K-D 浓缩器浓缩至 0.3mL（不要蒸干，否则结果偏低），停止蒸馏浓缩，用少许石油醚淋洗导管尖端，最后定容至 0.5~1.0mL，摇匀。

（4）测定

① 色谱条件

a. 氚源电子捕获检测器　汽化室温度：190℃；色谱柱温度：160℃；检测器温度：165℃；载气（氮气）流速：60mL/min。

b. Ni^{63}电子捕获检测器　汽化室温度：215℃；色谱柱温度：195℃；检测器温度：225℃；载气（氮气）流速：90mL/min。

c. 色谱柱　直径 3~4mm，长 2m 的玻璃柱，内装填以 1.5% OV-17 和 2% QF-1 的混合固定液的 80~100 目硅藻土。

② 标准曲线的绘制　在一定范围内，进样量浓度与峰高成正比。吸取 BHC 与 DDT 标准混合液 1μL，2μL，3μL，4μL，5μL 分别进样，可以得到各农药组分含量（ng）与其相对应的峰面积（或峰高），以峰面积（或峰高）为纵坐标，农药含量为横坐标，绘制各农药组分的标准曲线。

③ 样品测定

a. 定性　根据保留时间进行。样品提取液进入色谱仪后，依据其与标准有机氯 BHC 与 DDT 各异构体在色谱上出峰和峰高的保留时间必须完全一致，可以定性 BHC 与 DDT。

b. 定量　吸取样品处理液 1.0~5.0μL 进样，记录色谱峰，据其峰面积（或峰高），在 BHC 与 DDT 各异构体的标准曲线上查出相应的组分含量（ng）。

注意：在色谱条件下，待系统稳定后基线平稳时，才能进样。

5. 计算

根据各组分的标准曲线，六六六、DDT 及其异构体或代谢物含量按式（8-1）计算。

$$X = \frac{\alpha \times 1000}{m \times \dfrac{V_2}{V_1} \times 1000} \tag{8-1}$$

式中　X——样品中 BHC、DDT 及异构体或代谢物的单一含量，mg/kg；

α——被测样品溶液中 BHC 或 DDT 及其异构体或代谢物的单一含量，ng；

V_1——样品净化液体积，mL；

V_2——进样体积，μL；

m——样品质量，g。

6. 说明

① 进样注射器要清洗洁净，防止相互污染，一般先用苯洗两遍，再用丙酮洗两遍，最后用石油醚洗两遍，方可进样溶液测定。

② 电子捕获的动态范围较窄，样品浓度和峰高之间成线性关系的范围较小，因此标准曲线往往不呈直线，又因六六六、DDT 各异构体在同一条件下的响应不同，各异构体必须各自作标准曲线而不能用同一曲线。

③ 样品经净化、浓缩、定容之后，不能含有水分，以免产生杂峰干扰测定。

④ 当仪器基线稳、不漂移、性能好、灵敏度高时再进样，工作一段时间后要注意用单一的六六六标准液检查仪器性能及灵敏度有无变化，力求标准曲线与样品出峰的条件相同，不得超过一般的分析误差。

⑤ 所有试剂均为分析纯或优纯级，有机溶剂须经全玻璃蒸馏装置重蒸至色谱图无异常。

二、食品中有机磷农药残留量的测定——气相色谱法

有机磷农药是农药中一类含磷的有机化合物，其种类很多，目前大量生产与使用的至少有 60 多种，按其结构则可划分为磷酸酯及硫代磷酸酯两大类。常见的有：内吸磷（又名 1059）、对硫磷（又名 1605）、甲拌磷（又名 3911）、敌敌畏、敌百虫、乐果、马拉硫磷（又名 4049）、倍硫磷、杀螟硫磷、稻瘟净等。

大多数有机磷农药易分解，在食品中残留时间短，在生物体内也较易分解和解毒。但如果使用或保管不善会造成食品污染，误食会发生急性中毒，使血液胆碱酯酶活力下降而危及生命。

测定有机磷农药的方法有气相色谱法和铜配合物比色法。气相色谱法测定有机磷农药具有很好的选择性和灵敏度。

1. 原理

食品中残留的有机磷农药经有机溶剂提取并经净化、浓缩后，注入气相色谱仪，汽化后在载气携带下于色谱柱中分离，并由火焰光度检测器检测。当样品溶液组分在富氢火焰上燃烧时，放射出波长为 526nm 的特征光，并通过滤光片选择后，由光电倍增管接收，转换成电信号，在柱后连接检测器，显示样品有机磷组分色谱峰，与标准有机磷出峰时间、色谱图形和大小比较，即可定性和定量测出样品中有机磷的种类和含量。

2. 试剂

（1）二氯甲烷。

（2）中性氧化铝 层析用，经 300℃活化 4h 后备用。

（3）无水硫酸钠。

（4）5%硫酸铜溶液。

（5）丙酮。

（6）活性炭 称取 20g 活性炭用 3mol/L 盐酸浸泡过夜，抽滤后，用水洗至无氯离子，在 120℃烘干备用。

（7）农药标准溶液　精密称取适量有机磷农药标准品，用二氯甲烷先配制成储备液，放在冰箱中保存。

（8）农药标准使用液　临用时用二氯甲烷将标准溶液稀释为使用液，使其浓度为每毫升相当于敌敌畏、乐果、马拉硫磷、对硫磷和甲拌磷各 $1.0\mu g$，稻瘟净、倍硫磷、杀螟硫磷和虫螨磷各 $2.0\mu g$。

3. 仪器

气相色谱仪：具有火焰光度检测器；电动振荡器；K-D 浓缩器。

4. 分析步骤

（1）提取、净化

① 果蔬类　称取切碎混匀样品 10g，置于乳钵中，加入 30～50g 无水硫酸钠，研磨成干粉状，转入 100mL 锥形瓶中，加入活性炭 0.5g，再加二氯甲烷 70mL，振荡 30min，过滤，取滤液 35mL，用 K-D 浓缩器浓缩至 1～2mL，并定容至 2mL，备用。

② 液体样品　准确吸取均匀样品 50mL，于 100mL 分液漏斗中，加入二氯甲烷 25mL 提取两次，通过无水硫酸钠小漏斗过滤，合并两次滤液，浓缩至 1～2mL，定容至 2mL，备用。

③ 谷类样品　取粉碎并通过 40 目筛的样品 10g，加入中性氧化铝 1g，活性炭 0.2～0.5g，加入二氯甲烷 20mL，置振荡器上 30min，过滤，取滤液 10mL，备用。

（2）色谱条件

① 色谱柱　长 1.5～2.0m，内径 3mm 的玻璃管。

② 固定相　5% OV-101/Chromosorb WAWDMCS 80～100 目。

③ 温度　柱温 190℃，汽化室 230℃，检定器 250℃

④ 气体流量　氮气 100mL/min；氢气 180mL/min；空气 50mL/min。

（3）标准曲线的绘制　将各有机磷农药标准溶液稀释成浓度为 0.00μg/mL、0.02μg/mL、0.04μg/mL、0.06μg/mL、0.08μg/mL、0.10μg/mL，于气相色谱仪上分别进样，以测得的峰高（或峰面积）为纵坐标，有机磷浓度为横坐标，绘制标准曲线。

（4）测定　将 1～5μL 提取液注入色谱柱中，得出色谱峰，以保留时间定性，根据峰高或峰面积从标准曲线上查出有机磷农药的含量。

5. 计算

样品中有机磷农药含量按式（8-2）计算。

$$X=\frac{V}{m}\times\frac{c\times1000}{V_1 D\times1000} \tag{8-2}$$

式中　X——样品中有机磷农药含量，mg/kg 或 mg/L；

　　　V——提取样品溶液体积，mL；

　　　m——样品质量，g；

　　　c——样品溶液相当于标准物质的质量，μg；

V_1——进色谱仪样品溶液的体积，μL 换算成 mL；

D——浓缩倍数。

6. 说明

① 当多种有机磷注入色谱柱时，可——分离。出峰顺序：乐果、内吸磷、甲基对硫磷、马拉硫磷。

② 当含磷化合物在高氢火焰中燃烧时，能发射出 526nm 的特征光，用火焰光度检测器可同时分别测出各种有机磷农药。

第二节　食品中黄曲霉毒素的测定

黄曲霉毒素（英文缩写 AFT）是黄曲霉、寄生曲霉及温特曲霉等产毒菌株的代谢产物，是一群结构类似的化合物。目前已发现 17 种黄曲霉毒素。根据其在波长为 365nm 紫外光下呈现不同颜色的荧光而分为 B、G 两大类：B 大类在氧化铝薄层板上于紫外光照射下呈现蓝色荧光；G 大类则呈绿色荧光。

黄曲霉毒素难溶于水、乙醚、石油醚及己烷，易溶于油和甲醇、丙酮、氯仿、苯等有机溶剂中。其化学性质总的来说比较稳定，尤其是对光、热、酸较稳定，而对碱和氧化剂则不稳定。

黄曲霉毒素主要污染粮油及其制品，如花生、花生油、玉米、大米、棉子等被污染严重，此外各种植物性与动物性食品也能被广泛污染，如在杏仁、高粱、小麦、豆类、王豆、皮蛋、奶与奶制品、干咸鱼及辣椒中均有 AFT 污染。一般来说，富含脂肪的粮食易产生 AFT。AFT 属剧毒物质，其毒性比氰化钾还高，也是目前最强的化学致癌物质。其中 $AFTB_1$ 的毒性和致癌性最强，故其在食品中允许量各国都有严格规定。FAO/WHO 规定食品中 $AFTB_1 \leqslant 15\mu g/kg$。表 8-5 为我国制定的主要食品中 $AFTB_1$ 的允许量标准。

表 8-5　我国食品中黄曲霉毒素 B_1 的允许量标准

食品种类	允许残留量标准/(μg/kg)	食品种类	允许残留量标准/(μg/kg)
婴儿代乳食品	不得检出	玉米及花生制品（按原料折算）	$\leqslant 20$
裱花蛋糕、饼干、面包、糕点	$\leqslant 5$	大米、其他食用油	$\leqslant 10$
玉米、花生、花生油	$\leqslant 20$	其他粮食、豆类、发酵食品、发酵酒	$\leqslant 5$

黄曲霉毒素的测定方法很多，目前常用的有薄层色谱法、微柱色谱法以及高效液相色谱法，其中薄层色谱法为我国 AFT 标准分析方法。以下介绍薄层色谱法测定食品中黄曲霉毒素的含量。

1. 原理

样品中黄曲霉毒素 B_1 经提取、浓缩、薄层分离后，在波长 365nm 紫外光下产生紫色荧光，根据其在薄层上显示荧光的最低检出量来测定含量。

2. 试剂

（1）三氯甲烷。

（2）正己烷或石油醚（沸程 30～60℃或 60～90℃）。

（3）甲醇。

（4）苯。

（5）乙腈。

（6）无水乙醚。

（7）丙酮。

以上试剂在试验时先进行一次试剂空白试验，如无干扰测定即可使用，否则需一一检查重蒸。

（8）苯-乙腈混合液　量取 98mL 苯，加 2mL 乙腈，混匀。

（9）甲醇水溶液（55＋45）。

（10）硅胶 G　薄层色谱用。

（11）三氟乙酸。

（12）无水硫酸钠。

（13）氯化钠。

（14）次氯酸钠溶液　称取 100g 漂白精，加入 500mL 水，搅匀。另将 80g 工业用碳酸钠溶于 500mL 温水中，倒入上述溶液中，搅匀，澄清、过滤后储存于带橡皮塞的玻璃瓶中，作为 AFT 消毒剂。

（15）黄曲霉毒素 B_1 标准溶液　用 10^{-6} 微量分析天平精密称取 1～1.2μg AFTB$_1$ 标准品，先加入 2mL 乙腈溶解后再用苯稀释至 100mL，避光置于 4℃冰箱中保存。先用紫外分光光度计测定配制的 AFTB$_1$ 标准储备浓度，再用苯-乙腈混合液调整其浓度为 10μg/mL。

（16）黄曲霉毒素 B_1 标准应用液 I　精密吸取 1.0mL 10μg/mL AFTB$_1$ 标准溶液于 10mL 容量瓶中，加苯-乙腈混合液至刻度，混匀。此液含 AFTB$_1$ 为 1μg/mL。

（17）黄曲霉毒素 B_1 标准应用液 II　精密吸取 1.0μg/mL AFTB$_1$ 标准应用液 I 于 5mL 容量瓶中，加苯-乙腈混合液至刻度，摇匀。此液含 AFTB$_1$ 为 0.2μg/mL。

（18）黄曲霉毒素 B_1 标准应用液 III　精密吸取 1.0mL 0.2μg/mL 黄曲霉毒素 B_1 标准应用液 II 于 5mL 容量瓶中，加苯-乙腈混合液至刻度，摇匀。此液含 AFTB$_1$ 为 0.04μg/mL。

3. 仪器

小型粉碎机；振荡器；分样筛；全玻璃浓缩器或 250mL 索氏抽提器；玻璃板：5cm×2cm；薄层板涂布器；色谱展开槽：内长 25cm，宽 6cm，高 4cm；紫外光灯：100～125W，带有波长 365nm 滤光片；微量注射器。

4. 分析步骤

(1) 取样　样品中污染黄曲霉毒素高的霉粒对测定结果影响很大，而且有毒霉粒的比例小，分布也不均匀。为避免取样带来的误差，必须增大取样量，将该大量粉碎样品，混合均匀，才有可能得到确能代表一批样品的相对可靠的样品，因此采样必须注意以下几点：

① 根据规定检取有代表性的样品；

② 对局部发霉变质的样品检验时，应单独取样；

③ 每份分析测定用的样品应从大量样品经连续粉碎后，多次采用用四分法缩减至 0.5～1kg，然后全部粉碎。

(2) 提取

① 含脂样品除油提取　花生、腊肠、火腿、蛋粉、糕点、肉松、花生酱、芝麻酱（花生酱、芝麻酱加入适量无水硫酸钠干燥）等，称取样品 20.0g，放入滤纸筒内，筒两端塞以少许脱脂棉，置索氏提取器内。在 250mL 索氏提取瓶内，加入 180～200mL 石油醚，于 70～80℃ 水浴上加热除去油脂，回流提取 8h 以上，将滤纸筒放在瓷盘或烧杯中避光自然挥干，回收石油醚，下次再用。除去油脂后的样品转入 150mL 或 250mL 具塞锥形瓶中，加入 6mL 水湿润，准确加入 60mL 三氯甲烷，于瓶塞上加 1 滴水盖紧，置振荡器上 30min。加入 12g 无水硫酸钠脱水，静置 60min 以上，用脱脂棉过滤于 50mL 具塞锥形瓶中，取出 20mL 滤液于蒸发皿中自然挥干，加入苯-乙腈混合液 1mL，用带橡皮头的滴管，将瓷皿内的内容物充分混合，将上清液置于 2mL 小试管中，皿内不溶解的残留物可以弃去。如果上层液体不清晰，可以离心 10min，转速 1500r/min 左右，再取上清液于另一个小试管中，此样品提取液相当于 4g 样品。

② 玉米、大米、小麦及其制品　称取 20.0g 粉碎样品于 250mL 具塞锥形瓶中，加 6mL 水使样品湿润，准确加入 60mL 三氯甲烷，振摇 30min，加 12g 无水硫酸钠，振摇后，静置 30min，用叠成折叠式的快速定性滤纸过滤于 100mL 具塞锥形瓶中，取 12mL 滤液（相当于 4g 样品）于蒸发皿中，在通风柜内于 65℃ 水浴上通风挥干，准确加入 1mL 苯-乙腈混合液，用带橡皮头滴管的管尖将残渣充分混合，若有苯的结晶析出，将蒸发皿从冰盒上取下，继续溶解、混合，晶体即消失，再用此滴管吸取上清液转移于 2mL 具塞试管中。

③ 花生油、香油、菜油等油脂类样品及豆类及其制品，曲种、花生及花生酱　称取样品 4.0g 于烧杯中，加入己烷或石油醚 20mL，将杯内样品移入 125mL 分液漏斗中，用甲醇水溶液 20mL，少量多次洗小烧杯，洗液并入分液漏斗中，振荡 2min，分层之后，将下层甲醇水溶液放入第二个分液漏斗中，向第一个分液漏斗中加入甲醇水溶液 5mL，振荡提取 2min，分层之后，将甲醇水溶液放入第二个分液漏斗中，向第二个分液漏斗中加入氯仿 20mL，振荡 2min，静置分层后，将下层

三氯甲烷层通过无水硫酸钠小漏斗脱水，过滤于蒸发皿中，再向第二个分液漏斗加入 5mL 三氯甲烷，重复提取一次。最后用 2～5mL 三氯甲烷洗无水硫酸钠小漏斗。自然挥干，加入苯-乙腈（98：2）1mL，用带橡皮头滴管的管尖将残渣充分混合，再用此滴管吸取上清液转移于 2mL 具塞试管中。此液每毫升相当于样品 4.0g。

④ 酱油、醋、酒类等液体样品　称取 10.0g 样品于小烧杯中，为防止提取时乳化，加 0.5g 氯化钠，移于分液漏斗中，用 15mL 三氯甲烷分次洗涤烧杯，洗液并入分液漏斗中。振荡 2min，静置分层，如出现乳化现象可滴加甲醇促使分层。放出三氯甲烷层，经盛有约 10g 先用三氯甲烷湿润的无水硫酸钠的定量慢速滤纸，过滤于 50mL 蒸发皿中，再加 5mL 三氯甲烷于分液漏斗中，重复振荡提取，三氯甲烷层一并滤于蒸发皿中，最后用少量三氯甲烷洗过滤器，洗液并于蒸发皿中。将蒸发皿放在通风柜内于 65℃ 水浴上通风挥干，然后放在冰盒上冷却 2～3min 后，准确加入 1mL 苯-乙腈混合液。用带橡皮头的滴管的管尖将残渣充分混合，再用此滴管吸取上清液转移于 2mL 具塞试管中（发酵酒类不加氯化钠）。

（3）测定（单向展开法）

① 薄层板的制备　称取约 3g 硅胶 G，加相当于硅胶量 2～3 倍的水，研磨 1～2min，至成糊状后立即倒于涂布器内，推成 5cm×20cm，厚度约为 0.25mm 的薄层板三块。在空气中干燥约 15min 后在 100℃ 活化 2h 取出，放干燥器中保存。一般可保存 2～3 天，若放置时间较长，可再活化后使用。

② 点样　将薄层板边缘附着的吸附剂刮净，在距薄层板下端 3cm 的基线上用微量注射器或血色素吸管滴加样品溶液。一块板可滴加 4 个点，点距边缘和点间距约为 1cm，点直径约 3mm，在同一板上滴加点的大小应一致，滴加时可用吹风机用冷风边吹边加。滴加样式如下。

第一点：10μL 0.04μg/mL AFTB$_1$ 标准使用液。

第二点：20μL 样品溶液。

第三点：20μL 样品溶液+10μL 0.04μg/mL AFTB$_1$ 标准使用液。

第四点：20μL 样品溶液+10μL 0.2μg/mL AFTB$_1$ 标准使用液。

③ 展开与观察　在展开槽内加 10mL 无水乙醚，预展 12cm，取出挥干。再于另一展开槽内加 10mL 丙酮-三氯甲烷（8：92），展开 10～12cm，取出在紫外光下观察结果，方法如下：

由于样品溶液点上加 AFTB$_1$ 标准使用液，可使 AFTB$_1$ 标准点与样品溶液中的 AFTB$_1$ 荧光点重叠。如样品溶液为阴性，薄层板上的第三点中 AFTB$_1$ 为 0.0004μg，可用作检查在样品溶液内 AFT 最低检出量是否正常出现；如为阳性，则起定位作用。薄层板上的第四点中 AFTB$_1$ 为 0.002μg，主要起定位作用。

若第二点在与 AFTB$_1$ 标准点的相应位置上无蓝色荧光点，表示样品中 AFTB$_1$ 含量在 5μg/kg 以下；如在相应位置上有蓝紫色荧光点，则需进行确证试验。

④ 确证试验　为了证实薄层板上样品溶液荧光系由 AFTB$_1$ 产生的，加一滴三

氟乙酸，使其与 AFTB$_1$ 反应，产生 AFTB$_1$ 的衍生物，展开后此衍生物的比移值约在 0.1 左右。方法是：于薄层板左边依次滴加两个点。

第一点：10μL 0.04μg/mL AFTB$_1$ 标准使用液。

第二点：20μL 样品溶液。

于以上两点各加一小滴三氟乙酸盖于其上，反应 5min 后用吹风机吹热风 2min，使热风吹到薄层板上的温度不高于 40℃。再于薄层板上滴加以下两个点。

第三点：10μL 0.04μg/mLAFTB$_1$ 标准使用液。

第四点：20μL 样品溶液。

再展开后，在紫外灯下观察样品溶液是否产生与 AFTB$_1$ 相同的衍生物。未加三氟乙酸的三、四两点，可依次作为样品溶液与标准的衍生物空白对照。

⑤ 稀释定量　样品溶液中的黄曲霉毒素 B$_1$ 荧光点的荧光强度如与黄曲霉毒素 B$_1$ 标准点的最低检出量（0.0004μg）的荧光强度一致，则样品中黄曲霉毒素 B$_1$ 含量即为 5μg/kg。如样品溶液中荧光强度比最低检出量强，则根据其强度估计减少滴加微升数或将样品溶液稀释后再滴加不同微升数，直至样品溶液点的荧光强度与最低检出量的荧光强度一致为止。滴加式样如下。

第一点：10μL 0.04μg/mL 黄曲霉毒素 B$_1$ 标准使用液。

第二点：根据情况滴加 10μL 样品溶液。

第三点：根据情况滴加 15μL 样品溶液。

第四点：根据情况滴加 20μL 样品溶液。

5. 计算

$$X = 0.0004 \times \frac{V_1 D \times 1000 \times 1000}{V_2 m} \tag{8-3}$$

式中　X——样品黄曲霉毒素 B$_1$ 的含量，μg/kg；

　　　V_1——样品处理液加入苯-乙腈混合液的体积，mL；

　　　V_2——出现最低荧光时滴加样品溶液的体积，μL；

　　　D——样品溶液的总稀释倍数；

　　　m——加入苯-乙腈混合液溶解时相当样品的质量，g；

　0.0004——黄霉毒素 B$_1$ 的最低检出量，μg。

6. 说明

① 展开剂丙酮与氯仿的比例可随比移值大小（R_f 值）与分离情况而调节，比移值大，减少丙酮用量，反之增加用量。

② 薄层板制备时，用 0.3% 羧甲基纤维素钠，可增加薄层板强度，易于点样，且对分离效果无不良影响。

③ 在气候潮湿的情况下，薄层板需当天活化，点板时在盛有硅胶干燥剂的展开槽内进行。

第三节 食品中其他有害物质的测定

一、食品中兽药的测定

（一）兽药残留的种类与危害

兽药是指用于预防和治疗畜禽疾病的药物。但是，随着集约化养殖生产的开展，一些化学的、生物的药用成分被开发成具有某些功效的动物保健品或饲料添加剂，也属于兽药的范畴。兽药的主要用途有防病治病、促进生长、提高生产性能、改善动物性食品的品质等。兽药残留是指动物性产品的任何可食部分含有兽药母化合物或其代谢物。兽药最高残留限量是指某种兽药在食品中或食品表面产生的最高允许兽药残留量（单位 $\mu g/kg$，以鲜重计）。

常见兽药残留的种类有：抗生素类药物、磺胺类药物、硝基呋喃类药物、抗寄生虫类药物等。畜禽产品中可能存在的兽药残留种类繁多，测定方法各不相同。下面主要介绍高效液相色谱法测定畜禽制品中四环素类药物残留。

（二）食品中四环素类药物残留的测定

1. 原理

样品经提取，微孔滤膜过滤后直接进样，用反相色谱分离，紫外检测器检测，与标准比较定量，出峰顺序为土霉素、四环素、金霉素。标准加法定量。

2. 试剂

（1）乙腈（分析纯）。

（2）0.01mol/L 磷酸二氢钠溶液 称取 1.56g 磷酸二氢钠溶于蒸馏水中，定容到 100mL，经微孔滤膜（0.45μm）过滤，备用。

（3）土霉素标准溶液 称取土霉素 0.0100g，用 0.1mol/L 盐酸溶液溶解并定容 10.00mL，此溶液每毫升含土霉素 1mg。应于 4℃ 以下保存，可使用 1 周。

（4）四环素标准溶液 称取四环素 0.0100g，用 0.01mol/L 盐酸溶液溶解并定容 10.00mL，此溶液每毫升含四环素 1mg。应于 4℃ 以下保存，可使用 1 周。

（5）金霉素标准溶液 称取金霉素 0.0100g，溶于蒸馏水并定容至 10.00mL，此溶液每毫升含金霉素 1mg。应于 4℃ 以下保存，可使用 1 周。

注意：以上标准品均按 1000 单位/mg 折算。

（6）混合标准溶液 临用时取土霉素、四环素标准溶液各 1.00mL，取金霉素标准溶液 2.00mL，置于 10mL 容量瓶中，加蒸馏水至刻度。此溶液每毫升含土霉素、四环素各 0.1mg，金霉素 0.2mg。

（7）5％高氯酸溶液。

3. 仪器

高效液相色谱仪：具紫外检测器。

4. 色谱条件

① 柱　ODS-C$_{18}$（5μm）6.2mm×15cm。

② 检测波长　355nm。

③ 灵敏度　0.002AUFS。

④ 柱温　室温。

⑤ 流速　1.0mL/min。

⑥ 进样量　10μL。

⑦ 流动相　乙腈：0.01mol/L磷酸二氢钠溶液（用30％硝酸溶液调节pH＝2.5)＝35：65，使用前用超声波脱气10min。

5. 分析步骤

(1) 样品测定　称取5.00g切碎的肉样（<5mm），置于50mL锥形烧瓶中，加入5％高氯酸25.0mL，于振荡器上振荡提取10min，移入到离心管中，以2000r/min离心3min，取上清液经0.45μm滤膜过滤，取溶液10μL进样，记录峰高，从标准曲线上查得含量。

(2) 标准曲线的绘制　分别称取7份切碎的肉样，每份5.00g，分别加入混合标准溶液0μL，25μL，50μL，100μL，150μL，200μL，250μL（含土霉素、四环素各为0.0μg，2.5μg，5.0μg，10.0μg，15.0μg，20.0μg、25.0μg；含金霉素0.0μg，5.0μg，10.0μg，20.0μg，30.0μg，40.0μg、50.0μg），按〔5(1)〕方法操作，以峰高为纵坐标，抗生素含量为横坐标，绘制标准曲线。

6. 结果计算

样品中抗生素的含量按式（8-4）计算。

$$X=\frac{A\times 1000}{m\times 1000} \tag{8-4}$$

式中　X——样品中抗生素含量，mg/kg；

　　　A——样品溶液测得抗生素质量，μg；

　　　m——样品质量，g。

7. 说明

本法适用于各种畜禽肉中土霉素、四环素、金霉素残留量的测定，检出限为土霉素0.15mg/kg，四环素0.20mg/kg，金霉素0.65mg/kg。

二、食品加工过程中形成的有害物质的检测

（一）概述

烟熏、油炸、焙烤、腌制等加工技术，在改善食品的外观和质地、增加风味、

延长保存期、钝化有毒物质（如酶抑制剂、红细胞凝集素）以及提高食品的可利用度等方面发挥了很大作用，但随之还产生了一些有害物质，相应的食品存在着严重的安全性问题，对人体健康可产生很大的危害。常见的有 N-亚硝基化合物和苯并[a]芘等。

（二）食品中苯并[a]芘的测定——荧光分光光度法

苯并[a]芘又称 3,4-苯并芘，是一种由五个苯环构成的多环芳烃。常温为浅黄色针状结晶，性质稳定，能与硝酸、过氯酸、氯磺酸起化学反应，人们可利用这一性质来消除苯并[a]芘。

苯并[a]芘是已发现的 200 多种多环芳烃中最主要的环境和食品污染物，是一种强烈的致癌物质，对机体各器官，如对皮肤、肺、肝、食道、胃肠等均有致癌作用。

苯并[a]芘对食品的污染主要是针对熏制、烘烤和煎炸等食品而言的，该类食品中的苯并[a]芘一方面来源于煤、煤气等不完全燃烧，另一方面来源于食品中的脂肪、胆固醇等成分的高温热解或热聚。当食品经烟熏或烘烤而发生烤焦或炭化时，苯并[a]芘生成量随着温度的上升而急剧增加。苯并芘为荧光物质，因此可采用荧光进行测定。

1. 原理

样品先用有机溶剂提取，或经皂化后提取，再将提取液经液-液分配或色谱柱净化，然后在乙酰滤纸上分离苯并[a]芘，因苯并[a]芘在紫外光照射下呈蓝紫色荧光斑点，将分离后有苯并[a]芘的滤纸部分剪下，用溶剂浸出后，用荧光分光光度计测荧光强度与标准比较定量。

2. 试剂

（1）苯。

（2）环己烷（或石油醚，沸程 30～60℃）。

（3）二甲基甲酰胺或二甲基亚砜。

（4）无水乙醇。

（5）95％乙醇。

（6）无水硫酸钠。

（7）氢氧化钾。

（8）丙酮。

（9）展开剂　95％乙醇-二氯甲烷（2：1）。

（10）硅镁吸附剂　将过 60～100 目筛的硅镁吸附剂经水洗四次（每次用水量为吸附剂质量的 4 倍）于垂融漏斗上抽滤干后，再以等量的甲醇洗（甲醇与吸附剂量相等），抽滤干后，吸附剂铺于干净瓷盘上，在 130℃干燥 5h 后，装瓶存于干燥器内，临用前加 5％水减活，混匀后平衡 4h 以上，最好放置过夜。

（11）层析用氧化铝（中性）　120℃活化 4h。

（12）乙酰化滤纸　将中速层析用滤纸裁成 30cm×4cm 的条状，逐条放入盛有乙酰化混合液（180mL 苯、130mL 乙酸酐、0.1mL 硫酸）的 500mL 烧杯中，使滤纸条充分地接触溶液，保持溶液温度在 21℃以上，时时搅拌，反应 6h，再放置过夜。取出滤纸条，在通风橱内吹干，再放入无水乙醇中浸泡 4h，取出后放在垫有滤纸的干净白瓷盘上，在室温内风干压平备用，一次可处理滤纸条 15～18 条。

（13）苯并［a］芘标准溶液　精密称取 10.0mg 苯并［a］芘，用苯溶解后移入 100mL 棕色容量瓶中，并稀释至刻度，此溶液每毫升相当于苯并［a］芘 100μg。放置冰箱中保存。

（14）苯并［a］芘标准使用液　吸取 1mL 苯并［a］芘标准溶液置于 10mL 容量瓶中，用苯稀释至刻度，同样反复用苯稀释，最后配成每毫升相当于 1.0μg 及 0.1μg 苯并［a］芘两种标准使用液，放置冰箱中保存。

3. 仪器

索氏提取器；层析柱：内径 10mm，长 350mm，上端有内径 25mm、长 80～100mm 漏斗，下端具有活塞；层析缸（筒）；K-D 全玻璃浓缩器；紫外光灯：带有波长为 365nm 或 254nm 的滤光片；回流皂化装置：锥形瓶磨口处连接冷凝管；组织捣碎机；荧光分光光度计。

4. 分析步骤

（1）样品处理

① 鱼肉及其制品　称取 50.0～60.0g 切碎混匀的样品，加无水硫酸钠搅拌（无水硫酸钠用量为样品量的 1～2 倍，如水分过多需 60℃左右烘干），装入滤纸筒内，然后将脂肪提取器接好，加入 100mL 环己烷于 90℃水浴上，回流提取 6～8h，然后将提取液倒入 250mL 分液漏斗中，再用 6～8mL 环己烷淋洗滤纸筒，洗液并入 250mL 分液漏斗中，以环己烷饱和过的二甲基甲酰胺提取三次，每次 40mL，振摇 1min，合并二甲基甲酰胺提取液，用 40mL 经二甲基甲酰胺饱和过的环己烷提取一次，弃去环己烷液层。二甲基甲酰胺提取液合并于预先装有 240mL 2％硫酸钠溶液的 500mL 分液漏斗中，混匀，静置数分钟后用环己烷提取两次，每次 100mL，振荡 3min，环己烷提取液合并于第一个 500mL 分液漏斗。也可用二甲基亚砜代替二甲基甲酰胺。

② 植物油　称取 20.0～25.0g 的混合油样，用 100mL 环己烷提取，振摇 30s，分层后弃去水层液，收集于环己烷层，于 50～60℃水浴上减压浓缩至 40mL。加适量无水硫酸钠脱水。

③ 粮食及水分少的食品　称取 40.0～60.0g 粉碎过筛的样品，装入滤纸筒内，用 70mL 环己烷湿润样品，接收瓶内装 6～8g 氢氧化钾、100mL 95％乙醇及 60～80mL 环己烷，然后将脂肪提取器连接好，于 90℃水浴上回流提取 6～8h，将皂化液趁热倒入 500mL 分液漏斗中，并将滤纸筒中的环己烷也从支管中倒入分液漏斗，用 50mL 95％乙醇分两次洗接收瓶，将洗液合并于分液漏斗。加入 100mL 水，振

摇提取 3min，静置分层（约 20min），下层液放入第二分液漏斗，再用 70mL 环己烷振摇提取一次，待分层后弃去下层液，将环己烷合并于第一分液漏斗中，并用 6～8mL 环己烷淋洗第二分液漏斗，洗液合并。

用水洗涤合并后的环己烷提取液三次，每次 100mL，三次水洗液合并于原来的第二分液漏斗中，用环己烷提取二次，每次 30mL，振摇 30s，分层后弃去水层液，收集环己烷并入第一分液漏斗中，于 50～60℃水浴上，减压浓缩至 40mL，加适量无水硫酸钠脱水。

④ 蔬菜　称取 100.0g 洗净、晾干的可食部分蔬菜，切碎放入组织捣碎机内，加 150mL 丙酮，捣碎 2min。在小漏斗上加少许脱脂棉过滤，滤液移入 500mL 分液漏斗中，残留用 50mL 丙酮分数次洗涤，洗液与滤液合并，加 100mL 水和 100mL 环己烷，振摇提取 2min，静置分层，环己烷转入另一 500mL 分液漏斗中，水层再用 100mL 环己烷分两次提取，环己烷提取液合并于第一个分液漏斗中，再用 250mL 水，分两次振摇、洗涤，收集环己烷于 50～60℃水浴上减压浓缩至 25mL，加适量无水硫酸钠脱水。

⑤ 饮料（如含二氧化碳在温水浴上加温除去）　吸取 50.0～100.0mL 样品于 50mL 液漏斗中，加 2g 氯化钠溶解，加 50mL 环己烷提取一次，合并环己烷提取液，每次用 100mL 水振摇，洗涤两次，收集环己烷于 50～60℃水浴减压浓缩至 25mL，加适量无水硫酸钠脱水。

⑥ 糕点类　称取 50.0～60.0g 磨碎样品，操作同粮食类食品。

（2）净化　于层析柱下端填入少许玻璃棉，选装入 5～6cm 的氧化铝，轻轻敲管壁使氧化铝层填实、无空隙，顶面平齐，再同样装入 5～6cm 的硅镁吸附剂，上面再装入 5～6cm 无水硫酸钠，用 30mL 环己烷淋洗装好的层析柱，待环己烷液面流下至无水硫酸钠层关闭活塞。

将样品环己烷提取液倒入层析柱中，打开活塞，调节流速为 1mL/min，必要时可适当加压，待环己烷液面下降至无水硫酸钠层时，用 30mL 苯洗脱，此时在紫外光下观察，以蓝紫荧光物质全从氧化铝层洗下为止，如 30mL 苯不足时，可适当增加。收集苯液于 50～60℃水浴减压浓缩至 0.1～0.5mL。

（3）分离　在乙酰化滤纸条上的一端 5cm 处，用铅笔划一横线为起始线，吸取一定量净化后的浓缩液，点于滤纸条上，用电吹风从纸条背面吹冷风，使溶剂挥散，同时点 20μL 苯并芘的标准使用液（1μg/mL），点样时斑点的直径不超过 3mm，层析缸（筒）内盛有展开剂，滤纸条下端浸入展开剂 1cm，待溶剂前沿至 20cm 时取出阴干。

在 365nm 或 254nm 紫外灯下观察展开后的滤纸条，用铅笔划出标准苯并 [a] 芘与其同一位置的样品的蓝紫色斑点，剪下斑点分别放入小比色管中，各加 4mL 苯加盖，插入 50～60℃水浴中不时振摇，浸泡 15min。

（4）测定　将样品及标准斑点的苯浸出液移入荧光分光光度计的石英杯中，以

365nm 为激发光波长，以 365～460nm 波长进行荧光扫描，所得荧光光谱与标准苯并芘的荧光谱比较定量。

样品分析的同时做试剂空白，包括处理样品所用的全部试剂同样操作，分别读取样品、标准及试剂空白于波长 406nm、406nm 加 5nm、406nm 减 5nm 处的荧光强度。

定量计算的荧光强度值。

$$F（或 F_1 或 F_2）=F_{406}-\frac{F_{401}+F_{411}}{2} \tag{8-5}$$

式中　F——标准的斑点液荧光强度；

$\quad\quad F_1$——样品斑点浸出液荧光强度；

$\quad\quad F_2$——试剂空白浸出液荧光强度。

5. 计算

$$X=\frac{S}{F}\times\frac{(F_1-F_2)\times1000}{m}\times\frac{V_1}{V_2} \tag{8-6}$$

式中　X——样品中苯并 [a] 芘的含量，$\mu g/kg$；

$\quad\quad S$——苯并 [a] 芘标准斑点的量，μg；

$\quad\quad F$——标准的斑点浸出液荧光强度；

$\quad\quad F_1$——样品的斑点浸出液荧光强度；

$\quad\quad F_2$——试剂空白浸出液荧光强度；

$\quad\quad V_1$——样品浓缩体积，mL；

$\quad\quad V_2$——点样体积，mL；

$\quad\quad m$——样品质量 g。

6. 注意事项

①在样品处理操作规程中，如用石油醚代替环己烷，需将石油醚提取液蒸发至干，残渣用 25mL 环己烷溶解。

②样品提取液浓缩时，不可蒸干。

③提纯净化如有乳化现象，可加 1～2 滴甲醇。

总之，食品中有害物质种类很多，其测定方法不在此一一列举，值得一提的是"瘦肉精"的检测。"瘦肉精"，化学名为盐酸克伦特罗，是一种平喘药的商品名，有强而持久的松弛支气管平滑肌的作用，用于治疗哮喘。克伦特罗可促进动物生长，改善动物体内脂肪分配，并增加瘦肉率。20 世纪 90 年代，我国错误地将其作为科研成果开始用于饲料添加剂。一连串因食用含克伦特罗的食物而引起的中毒事件发生后，使克伦特罗成了世界上普遍禁用的饲料添加剂。1997 年以来，我国有关行政部门多次明令禁止畜牧行业生产、销售和使用盐酸克伦特罗。但我国各地克伦特罗中毒事件仍然频繁发生，说明非法使用克伦特罗现象依然存在。

目前我国已经制定了较为完善的瘦肉精的测定方法，主要有气相色谱-质谱法、高效液相色谱法、酶联免疫法（ELISA 筛选法）等，具体方法参考 GB/T 5009.192—2003《动物性食品中克伦特罗残留量的测定》。

复 习 题

1. 食品中常见的有毒有害物质有哪些？
2. 简述气相色谱法测定有机氯农药的原理及薄层色谱法测定有机磷农药的原理。
3. 薄层色谱法测定食品中黄曲霉毒素的原理和步骤是什么？
4. 食品中的苯并 [a] 芘是如何产生的？简述其测定原理及其步骤。

实验部分

实验一　分析天平的使用

一、实验内容

（1）分析天平的使用。
（2）直接称量法、差量称量法、固定质量称量法的基本操作。

二、实验目的

（1）了解分析天平的原理和构造。
（2）掌握分析天平的使用及操作要点。
（3）掌握直接称量法、差量称量法、固定质量称量法的基本操作。

三、试剂与仪器

1. 试剂

无水碳酸钠；铜片。

2. 仪器

TG328A 型全机械加码分析天平；称量瓶；表面皿；托盘天平；锥形瓶。

四、实验步骤

1. 称量前检查

（1）打开天平布罩，叠好放置到天平的左边。同时检查天平是否处于水平位置（若不在水平位置，调节天平脚使天平处于水平位置）。

（2）检查机械加码旋钮是否归零，圈码是否掉落，天平梁是否处于正常位置，吊耳是否被支撑在正常位置，两盘是否空载并用小毛刷将天平两盘轻轻清扫干净。如果正常，接通电源。

2. 调节零点

向右旋转升降旋钮，轻轻开启天平。观察荧光屏的读数是否处于零位，若零刻度与屏幕黑线不重合，需要关闭天平后调节调零螺丝，然后重新开启天平，看是否接近零位，如此反复调整调零螺丝。接近零点时，用调零微拉杆调节至零点，使二者完全重合为止。

3. 称量

（1）直接称量法　先在托盘天平上分别粗称铜片、表面皿的质量，记下数据。将表面皿放入天平称量盘中，按粗称表面皿的质量旋加砝码和圈码，慢慢启动天平至恰好荧光屏亮，停止开启天平，而后稍稍启动天平，注意观察荧光屏上刻度尺，若刻度尺快速向一边偏移，说明天平不平衡，此时不能再启动天平，马上关闭天平，然后增加或减少砝码。如此反复操作，直至天平刻度尺摆动缓慢，说明天平已经接近平衡。完全开启天平，天平完全平衡后读取读数。

将铜片放入表面皿，按粗称铜片的质量旋加砝码和圈码，同上操作称量铜片的质量。

（2）递减称量法

① 在一个洁净、干燥的称量瓶中加入不超过 2/3 的无水碳酸钠，先在托盘天平上粗称盛有一定量无水碳酸钠的称量瓶的质量，记下数据。然后将盛有无水碳酸钠的称量瓶放入天平称量盘中，按粗称的质量旋加砝码和圈码，然后按"直接称量法"自"慢慢启动天平至恰好荧光屏亮"起依法操作至天平完全平衡后读取读数。

② 按递减称量法的操作要求，依次称量三份约 0.15～0.20g 的无水碳酸钠至指定的三个锥形瓶中。

③ 称量完毕，关闭天平，将砝码和圈码归零。

（3）固定质量称量法

① 先在托盘天平上粗称称量瓶的质量，记下数据。将称量瓶放入天平称量盘中，按粗称的称量瓶的质量旋加砝码和圈码，然后按"直接称量法"自"慢慢启动天平至恰好荧光屏亮"起依法操作至天平完全平衡后读取读数。

② 按固定质量称量法操作要求，称量 1.0g 无水碳酸钠。

③ 称量完毕，关闭天平，将砝码和圈码归零。

（4）称量后检查　称量完成后，应重新检查天平是否复原，然后盖好天平布罩，关闭电源，教师检查后方可离开天平室。

五、数据记录

（1）直接称量法　铜片的质量 $m=$ _____ g。

（2）递减称量法

无水碳酸钠和称量瓶的质量 (m_0)	第一次减重后的质量 (m_1)	第二次减重后的质量 (m_2)	第三次减重后的质量 (m_3)

第一份无水碳酸钠的质量 $m_0 - m_1 =$ _____ g。

第二份无水碳酸钠的质量 $m_1 - m_2 =$ _____ g。

第三份无水碳酸钠的质量 $m_3 - m_2 =$ _____ g。

（3）固定质量称量法　无水碳酸钠的质量 $m_4 =$ _____ g。

六、说明

（1）调节调零螺丝时，应根据刻度偏离方向进行调整。左盘中调零螺丝向右，反之，向左。

（2）递减称量法称量时，不能用手触及称量瓶。可用小纸条夹取或戴上专用手套。

（3）分析天平使用熟练后，不必每次都要调节零点，只要把天平调节平衡，读出相应的读数，然后在称量结果中减去或加上相应的数值即可。

（4）对天平进行调节、加减物品等操作时，都必须关闭天平，然后操作。

（5）固定质量称量时，药品不能撒入称量盘。若不小心撒入，应重新调节天平，重新称量。

（6）每次称量应使用同一台天平和同一套砝码，这样可消除因天平性能不同和砝码不同而引起的误差。

实验二　酸碱标准溶液的配制与标定

一、实验内容

（1）盐酸、氢氧化钠标准溶液的配制与标定。

（2）滴定的基本操作。

二、实验目的

（1）掌握标准溶液的配制方法与标定的原理。

（2）掌握盐酸、氢氧化钠标准溶液的配制与标定方法。

（3）掌握酸碱滴定法的基本操作。

三、实验原理

酸碱标准溶液一般不直接配制，而是先配制成近似浓度，然后根据酸碱中和反应用基准物质标定。

四、试剂与仪器

1. 试剂

（1）浓盐酸（相对密度为 1.19）。

（2）固体氢氧化钠。

（3）邻苯二甲酸氢钾（基准试剂）。

（4）无水碳酸钠（基准试剂）。

（5）0.1％酚酞乙醇溶液。

（6）0.1％甲基橙水溶液。

2. 仪器

50mL 酸（碱）式滴定管；250mL 锥形瓶；500mL 试剂瓶；烧杯；托盘天平；分析天平；洗瓶等。

五、实验步骤

1. 配制 500mL 0.1mol/L 盐酸溶液

在通风橱中用洁净的量筒量取浓盐酸 4～4.5mL，倒入 500mL 试剂瓶中，用蒸馏水稀释至 500mL，盖上玻璃塞，摇匀，贴上标签。

2. 配制 500mL 0.1mol/L 氢氧化钠溶液

在托盘天平上（左、右盘放上等质量的称量纸）称取固体纯氢氧化钠 2g，倒入烧杯中，用 50mL 蒸馏水使之全部溶解，转移至 500mL 试剂瓶中，再加蒸馏水 450 mL 稀释至 500mL，塞上橡皮塞，摇匀，贴上标签。

3. 酸（碱）式滴定管的准备

（1）洗净酸、碱式滴定管各一支，涂凡士林，检查是否漏水。

（2）用已配制好的 0.1mol/L 盐酸溶液、氢氧化钠溶液分别洗涤酸、碱式滴定管各三次（每次约 10mL），再分别装入 0.1mol/L 盐酸溶液、氢氧化钠溶液至刻度 "0" 线以上，排除滴定管下端气泡，调节液面的凹月面下缘与刻度 "0" 线相切即为起点。

4. 0.1mol/L 氢氧化钠溶液的标定

在分析天平上准确称取邻苯二甲酸氢钾三份（每份质量 0.4～0.5g），分别置于已编号的 250mL 锥形瓶中，分别加入 25mL 蒸馏水，温热使之溶解。冷却后取出其中一份，滴加 2 滴 0.1％酚酞指示剂，用待标定的氢氧化钠溶液滴定至微红色，30s 不褪色即为终点。记录消耗氢氧化钠溶液的体积。用同样的方法滴定剩余的两份邻苯二甲酸氢钾溶液。

5. 0.1mol/L 盐酸溶液的标定

在分析天平上准确称取无水碳酸钠三份（每份质量 0.10～0.12g），分别置于已编号的 250mL 锥形瓶中，分别加入 25mL 蒸馏水使之溶解。取出其中一份，滴加 2 滴 0.1％石蕊指示剂，用待标定的盐酸溶液滴定至由黄色变为橙色，30s 不褪色即为终点。记录消耗盐酸溶液的体积。用同样的方法滴定剩余的两份无水碳酸钠溶液。

六、数据记录

邻苯二甲酸氢钾的质量/g	$m_1 =$	$m_2 =$	$m_3 =$
消耗氢氧化钠溶液的体积/mL	$V_1 =$	$V_1 =$	$V_1 =$
氢氧化钠溶液的浓度/(mol/L)	$c_1 =$	$c_2 =$	$c_3 =$
无水碳酸钠的质量/g	$m_1 =$	$m_2 =$	$m_3 =$
消耗盐酸溶液的体积/mL	$V_1 =$	$V_1 =$	$V_1 =$
盐酸溶液的浓度/(mol/L)	$c_1 =$	$c_2 =$	$c_3 =$

七、数据处理

依据下式计算待测溶液的浓度，然后求出平均值即为标准溶液的浓度。

$$c = \frac{m \times 1000}{MV}$$

式中　c——待测溶液的浓度，mol/L；

　　　m——基准试剂的质量，g；

　　　M——基准试剂的摩尔质量，g/moL；

　　　V——消耗待测溶液的体积，mL。

八、说明

（1）配制的 0.1mol/L 盐酸或氢氧化钠溶液由于还要标定，所以不必用容量瓶配制。

（2）每次滴定完成后，玻璃尖嘴外不应留有液滴。

（3）在滴定过程中，滴定溶液可能溅到锥形瓶的内壁上，因此，快到终点时，应该用洗瓶挤出少量蒸馏水把滴定液冲洗下去。

（4）由于空气的影响，已达终点的溶液放置一段时间后仍会褪色，这并不说明反应没有完全。

（5）试剂瓶标签上注明试剂名称、浓度标定日期、标定者姓名等。

（6）滴定结束后，把滴定管中剩余的溶液放出，用水冲洗干净后装满蒸馏水，用一小试管套在滴定管口上方，以保持滴定管的洁净。

（7）无水碳酸钠应在干燥箱中 180℃下干燥 2～3h，装入称量瓶，置于干燥器内备用。邻苯二甲酸氢钾在干燥箱中 100～125℃条件下干燥后备用。

（8）三次滴定计算的平均结果，要求相对平均偏差小于 0.2%。

实验三 密度计的使用

一、实验内容

(1) 糖锤度计的使用，用糖锤度计测定蔗糖溶液的浓度。
(2) 酒精计的使用，用酒精计测定白酒中酒精的含量。
(3) 乳稠计的使用，用乳稠计测定牛乳的相对密度。

二、实验目的

(1) 掌握密度的测定原理及操作方法。
(2) 学会并掌握把测量值校正为标准温度值的方法。

三、实验原理

密度计是根据阿基米德定律制成的。即浸在液体里的物质受到向上的浮力，其浮力的大小等于物质排开液体的质量。而密度计的质量是一定的，液体的密度越大，密度计就浮得越高，所以从密度计上的刻度就可以直接读取相对密度的数值或某种液体的百分含量。

四、仪器

糖锤度计；酒精计；乳稠计。

五、操作步骤

1. 糖锤度计测定蔗糖溶液的浓度
(1) 将蔗糖溶液倒入 250mL 的干燥量筒中，加到量筒容积的 3/4 处，并用温度计测定蔗糖溶液的温度。
(2) 将洗净擦干的糖锤度计小心置于蔗糖溶液中，待静止后，轻轻按下少许，待其浮起至静止状态，读取蔗糖溶液水平面与糖锤度计相交处的刻度。
(3) 根据蔗糖溶液的温度和糖锤度计的读数查表校正为 20℃ 的数值。

2. 酒精计测定酒精溶液的浓度
(1) 将酒精溶液倒入 250mL 的干燥量筒中，加到量筒容积的 3/4 处，并用温度计测定酒精溶液的温度。
(2) 将洗净擦干的酒精计小心置于酒精溶液中，待静止后，轻轻按下少许，待其浮起至静止状态，读取酒精溶液水平面与酒精计相交处的刻度。
(3) 根据酒精溶液的温度和酒精计的读数查表校正为 20℃ 的酒精度。

3. 乳稠计测定牛乳的相对密度
(1) 将混匀并调节温度为 10~20℃ 的牛乳，小心倒入 250mL 的干燥量筒中，加到量筒容积的 3/4 处，勿使产生泡沫。并用温度计测定牛乳样品的温度。

（2）将洗净擦干的乳稠计小心沉入牛乳样品中到相当刻度 30 处，然后让其自然上浮。待静置 2～3min 后，读取牛乳液面与乳稠计相交处的刻度。

（3）根据样品的温度和乳稠计的读数查表校正为 15℃或 20℃时的数值。

六、数据记录与测定结果

样品名称	使用仪器	样品温度/℃	测 量 值	校 正 值	标准温度下的数值

七、说明

（1）测定时，应小心置入样品，避免产生气泡。

（2）测定时，密度计放入后，勿使其与量筒壁及底部接触。

（3）乳稠计刻度读取时，读取弯月面上缘刻度（仪器本身规定）。

（4）乳稠计有 20℃/4℃和 15℃/15℃两种规格。两者刻度数值关系为：

$$a+2=b$$

式中　　a——20℃/4℃测得的读数；

　　　　b——15℃/15℃测得的读数。

实验四　食品中可溶性固形物含量的测定

一、实验内容

（1）阿贝折光计、手提式折光计的使用。

（2）用折光计测定软饮料中可溶性固形物含量。

二、实验目的

（1）学会阿贝折光计及手提式折光计的使用方法。

（2）掌握用折光计测定可溶性固形物含量的原理。

三、实验原理

本实验的依据是光的折射定律。折射率是物质的特征常数，每一种均一物质都有其固有的折射率。折射率的大小决定于入射光的波长、介质的温度和溶液的浓度。对于同一种物质，其浓度不同时，折射率也不同。因此，根据折射率，可以确定物质的浓度。

四、仪器

阿贝折光计；手提式折光计；组织捣碎机。

五、操作步骤

1. 样品制备

（1）透明液体软饮料　将样品混匀，直接测定。

（2）半黏稠软饮料（果酱、菜浆等）　将样品混匀，用4层纱布挤出滤液（弃去最初几滴），收集滤液，备用。

（3）含悬浮物软饮料（果粒果汁饮料）　将样品置于组织捣碎机中捣碎，用4层纱布挤出滤液（弃去最初几滴），收集滤液，备用。

2. 手提式折光计测定软饮料中可溶性固形物的含量

（1）开启照明棱镜盖板，用蒸馏水洗净进光窗和棱镜，再用擦镜纸吸干水分。

（2）取制备好的样品溶液1～2滴置于折光棱镜面上，合上盖板，使样品溶液均匀地分布于棱镜表面。

（3）将进光窗对向光源或明亮处，调节视光圈视场内分界线清晰，视场明暗分界线相应的读数，即为软饮料可溶性固形物的百分含量。

（4）使用完毕，用蒸馏水洗净盖板和棱镜，再用擦镜纸吸干水分。

（5）温度校正　测量样品溶液的温度，当温度不在标准温度（20℃）时，查温度校正表进行校正。或者先用纯净蒸馏水校正手提式折光计读数为零（旋动校正螺丝），然后进行测定，则不用查校正表也可获得正确的读数。

3. 阿贝折光计测定软饮料中可溶性固形物的含量

（1）阿贝折光计校正　参照第三章"折射率检验法"。

（2）测定　将镜面擦干，用玻璃棒滴1～2滴制备好的样品溶液于镜面中央，将两棱镜闭合。以下操作同阿贝折光计校正，旋动补偿器旋钮和棱镜旋钮使视野明暗分界线刚好在通过十字交叉线的交点，从镜筒中读取百分浓度。

（3）测定完毕，用蒸馏水洗净棱镜镜面，再用擦镜纸吸干水分。

六、数据记录与测定结果

样 品 名 称	使用仪器	样品溶液温度/℃	折射率	浓　度	温度校正值	校正后浓度

七、说明

（1）测定时，应小心滴加溶液于镜面，避免产生气泡。

（2）对于折射率较高的液体，可用仪器附有的标准玻璃块校正（参考仪器说明书操作）。

（3）测定颜色较深的样品时，可用反射光反复调整反光镜，使光线从进光棱镜射入，同时取下折射棱镜的旁盖，使光线间接射入而观察，具体操作相同。

实验五　液体食品相对密度的测定

一、实验内容

（1）密度瓶的使用。

（2）用密度瓶测定酱油的相对密度。

二、实验目的

（1）学会密度瓶的使用。

（2）学会并掌握密度瓶法测定液体相对密度的原理和操作方法。

三、实验原理

密度瓶具有一定的容积，在一定温度下，用同一密度瓶分别称量等体积的酱油和蒸馏水的质量，两者质量之比即为酱油的相对密度。

四、仪器

普通密度瓶；恒温水浴锅；分析天平；温度计；滤纸条。

五、操作步骤

（1）把密度瓶用自来水洗净，再依次用乙醇、乙醚洗涤，烘干并冷却后，准确称其质量 m_0。

（2）将密度瓶装满煮沸 30min 并冷却到 20℃ 以下的蒸馏水，盖上瓶盖，置于 (20 ± 1)℃恒温水浴锅中，使瓶内蒸馏水的温度达到 20℃ 并维持 0.5h，取出密度瓶，用滤纸条吸去毛细管溢出的蒸馏水，然后用滤纸小心把瓶外擦干，准确称其质量 m_1。

（3）将蒸馏水倾出，洗净密度瓶并烘干，冷却至 20℃ 以下，然后装满酱油，以下按 2 自"盖上瓶盖"起依法操作，称出同体积 20℃酱油的质量 m_2。

六、数据记录

空密度瓶质量 $m_0 = $ _____ g；密度瓶和蒸馏水的质量 $m_1 = $ _____ g；密度瓶和酱油的质量 $m_2 = $ _____ g。

七、数据处理

$$d_{20}^{20} = \frac{m_2 - m_0}{m_1 - m_0}$$

$$d_4^{20} = d_{20}^{20} \times 0.99823$$

式中　d_{20}^{20}——20℃酱油对 20℃蒸馏水的相对密度；

　　　d_4^{20}——20℃酱油对 4℃蒸馏水的相对密度；

　　　m_0——空密度瓶质量，g；

　　　m_1——密度瓶和水的质量，g；

　　　m_2——密度瓶和酱油的质量，g；

　　0.99823——20℃时水的密度，g/cm³。

八、说明

（1）测定时密度瓶中须充满液体，无气泡。

（2）称量时，天平室温度应低于 20℃。

实验六　食品中总酸度的测定

一、实验内容

用酸碱滴定法测定雪碧饮料的总酸度。

二、实验目的

（1）掌握饮料总酸度的测定原理和测定方法。

（2）学会并掌握酸碱滴定的基本操作及操作要点。

三、仪器与试剂

1. 仪器

碱式滴定管；锥形瓶；滴定台；烧杯；移液管；电炉；玻璃棒；洗瓶；恒温水浴锅。

2. 试剂

（1）0.1mol/L 氢氧化钠标准溶液。

（2）0.1％的酚酞指示剂。

四、操作步骤

1. 样品溶液制备

吸取雪碧饮料 100mL，放入洁净的烧杯中，置于 70～80℃恒温水浴锅中加热 20～30min，以除去二氧化碳，取出冷却至室温后，补加蒸馏水至 100mL，备用。

2. 滴定

吸取上述样品溶液 20.00mL 置于锥形瓶中，加入 2 滴酚酞指示剂，用氢氧化钠标准溶液滴定到粉红色（半分钟不褪色）为终点，记录消耗氢氧化钠标准溶液的体积。平行测定三次。

五、数据记录

滴 定 次 数	1	2	3	平 均 值
消耗氢氧化钠标准溶液的体积/mL				

氢氧化钠标准溶液的浓度 $c=$ _____ mol/L。

六、数据处理

$$X = \frac{c\overline{V}F}{V} \times 100$$

式中　X——样品的总酸度，％；

c——氢氧化钠标准溶液的浓度，mol/L；

V——吸取样品溶液的体积，mL；

$\overline{V}$——消耗氢氧化钠标准溶液体积的平均值，mL；

F——换算系数（即 1mmol 氢氧化钠相当于柠檬酸的质量，g；若以柠檬酸计为 0.07）。

七、说明

（1）样品中二氧化碳对测定有干扰，故对含有二氧化碳的饮料等样品，在测定之前须除去二氧化碳。

(2) 若饮料颜色较深，则不易观察滴定终点，可采用活性炭脱色或用电位滴定法测定。

(3) 由于食品中的有机酸均为弱酸，用强碱滴定时滴定产物为强碱弱酸盐，滴定终点偏碱性，故选用酚酞指示剂。

(4) 测定所用蒸馏水均为不含二氧化碳蒸馏水。因为二氧化碳溶于水以碳酸的形式存在，影响滴定结果。驱除二氧化碳的方法是：将蒸馏水在使用之前煮沸20～30min，并迅速冷却备用。

实验七　食品中有效酸度的测定

一、实验内容

(1) 酸度计的使用。
(2) 用酸度计测定碳酸饮料的 pH 值。

二、实验目的

(1) 掌握用酸度计测定碳酸饮料中 pH 值的原理及操作要点。
(2) 学会并掌握酸度计的使用方法；电极的使用和维护方法。

三、仪器与试剂

1. 仪器
酸度计（pHS-2）；玻璃电极（221 型或 231 型）；甘汞电极（222 型或 232 型）；恒温水浴锅。

2. 试剂
pH＝4.01 标准缓冲溶液（市售）。或称取 10.12g 在 110℃干燥 2h 并已冷却的邻苯二甲酸氢钾，用不含二氧化碳的蒸馏水溶解并定容至 1000mL。

四、操作步骤

1. 样品溶液制备
吸取碳酸饮料 100mL，放入洁净的锥形瓶中，置于 70～80℃恒温水浴锅中加热煮沸 20～30min，以除去二氧化碳，取出冷却至室温，然后补加蒸馏水至 100mL，备用。

2. pH 值的测定
(1) 酸度计的校正
① 开启酸度计电源，预热 30min，连接玻璃电极和甘汞电极，在读数开关放

开的情况下调零。

② 测量标准缓冲溶液的温度，调节酸度计温度补偿旋钮。

③ 将两电极插入标准缓冲溶液中，按下读数开关，调节定位旋钮使指针在缓冲溶液的 pH 值上，放开读数开关，指针回 pH＝7，如此重复操作（一般三次）至酸度计稳定工作。

（2）碳酸饮料 pH 值的测定

① 用不含二氧化碳的蒸馏水冲洗电极，并用滤纸吸干水分，再用制备好的样品溶液冲洗电极。

② 根据样品溶液温度调节酸度计温度补偿旋钮，将电极插入样品溶液中，按下读数开关，稳定 1min，酸度计指针所指 pH 值即为样品溶液的 pH 值。如此重复操作，测定三次。

五、数据记录

次 数	1	2	3	平 均 值
pH 值				

六、说明

（1）样品中二氧化碳对测定有干扰，故对含有二氧化碳的饮料等样品，在测定之前须除去二氧化碳。

（2）测定所用蒸馏水均为不含二氧化碳蒸馏水。因为二氧化碳溶于水以碳酸的形式存在，影响测定结果。

（3）玻璃电极初次使用时，一定要先在蒸馏水中浸泡 24h 以上，每次用毕应浸泡在蒸馏水或 0.1mol/L 盐酸溶液中，玻璃电极壁薄易碎，操作时应仔细。

（4）甘汞电极在使用时，要注意电极内部是否充满氯化钾溶液，里面应无气泡，防止断路。此外，必须保证甘汞电极下端毛细管畅通，在使用时应将电极下端的橡皮帽取下，并拔下电极上部的小橡皮塞，让极少量的氯化钾溶液从毛细管中流出，使测定结果准确。

实验八 食品中水分含量的测定

一、实验内容

利用常压干燥法测定面粉中水分的含量。

二、实验目的

(1) 掌握面粉中水分的测定原理和测定方法。
(2) 掌握常压干燥法测定水分的原理及操作要点。
(3) 熟悉分析天平的称量、恒温干燥箱的使用。
(4) 掌握恒重的基本操作。

三、仪器

玻璃称量瓶（扁形）；恒温干燥箱；干燥器；分析天平；台秤。

四、操作步骤

(1) 取洁净玻璃称量瓶，置于95～105℃恒温干燥箱中，瓶盖斜支于瓶边，加热0.5～1h，取出盖好，置于干燥器内冷却至室温（0.5h），用分析天平称其质量。并重复上述操作至称量瓶恒重（前后两次质量差不超过2mg）为止。质量为 m_1。

(2) 将面粉加入称量瓶（厚度约5mm）内，加盖，用分析天平精密称取其质量 m_2。然后，置于95～105℃恒温干燥箱内，瓶盖斜支于瓶边，干燥2～4h后，盖好取出，放入干燥器内冷却至室温（0.5h），用分析天平称量其质量。然后再放入95～105℃恒温干燥箱内干燥1h左右，取出放入干燥器内冷却至室温（0.5h），用分析天平再称量。如此重复上述操作至恒重（前后两次质量差不超过2mg）为止，质量为 m_3。

五、数据记录

称量瓶恒重质量 $m_1=$ _____ g；干燥前面粉＋称量瓶质量 $m_2=$ _____ g；干燥后面粉＋称量瓶恒重质量 $m_3=$ _____ g。

六、数据处理

$$X=\frac{m_2-m_3}{m_2-m_1}\times100$$

式中　X——面粉中水分含量，g/100g；
　　m_1——称量瓶恒重质量，g；
　　m_2——（面粉＋称量瓶）干燥前质量，g；
　　m_3——（面粉＋称量瓶）干燥后恒重质量，g。

七、说明

(1) 直接干燥法适用于95～105℃下，不含或含其他挥发性物质甚微的食品。含有较多氨基酸、蛋白质及羧基化合物的样品，长时间加热会发生羧基反应而生成水分，导致误差，宜采用其他方法测定水分含量。

（2）称量瓶从干燥箱中取出后应迅速放入干燥器中冷却，否则不易达到恒重。

（3）干燥器内一般采用硅胶作为干燥剂，当其颜色由蓝色减退变成红色时，应于135℃条件下在恒温干燥箱中烘干2～3h，使其再生后再使用。

（4）在测定中一般加入适量海沙，目的是防止样品结块，增加样品受热与蒸发面积，加速水分蒸发，缩短测定时间。

（5）干燥过程中，样品表面形成薄膜或内部出现物理栅，致使水分蒸发不完全导致误差。

实验九　食品中总灰分的测定

一、实验内容

利用直接灰化法测定面粉中总灰分的含量。

二、实验目的

（1）掌握面粉中灰分的测定原理和测定方法。
（2）掌握直接灰化法测定灰分的原理及操作要点。
（3）学会高温炉的使用方法，坩埚的处理、样品炭化、灰化等基本操作。
（4）进一步熟悉分析天平的称量、恒温干燥箱的使用、恒重基本操作。

三、仪器和试剂

1. 仪器

马弗炉；电炉；瓷坩埚；坩埚钳；台秤；干燥器；分析天平（0.0001g）。

2. 试剂

（1）盐酸（1＋4）。
（2）三氯化铁与蓝墨水混合液。

四、操作步骤

1. 瓷坩埚的准备

将坩埚用盐酸（1＋4）煮1～2h，洗净晾干，然后用三氯化铁与蓝墨水混合液在坩埚外壁及坩埚盖上写上编号，置于（600±10）℃下的马弗炉内灼烧1h，然后将坩埚移至炉口冷却到200℃左右，再移入干燥器中冷却至室温，准确称量。然后再放入马弗炉内灼烧0.5h，移至炉口冷却到200℃左右后，移入干燥器中冷却至室温，准确称量。如此重复操作直至瓷坩埚恒重（前后两次质量差不超过0.5mg）为止，质量为m_1。

2. 样品的称量

在瓷坩埚中加入面粉 2g 左右，并准确称量。质量为 m_2。

3. 样品的炭化

将盛有面粉的瓷坩埚置于电炉上，以小火加热使面粉充分炭化至无烟。

4. 样品的灰化

炭化后，将瓷坩埚置于马弗炉内，在（600±10）℃下灼烧至灰白色（一般为 2~4h，如灰化不完全，可沿壁滴加几滴浓硝酸或双氧水，以湿润样品即可，再灼烧）。然后将此瓷坩埚移至炉口冷却到 200℃ 左右，再移入干燥器中冷却至室温，准确称量。如此重复操作直至恒重（前后两次质量差不超过 0.5mg）为止。质量为 m_3。

五、数据记录

瓷坩埚恒重质量 $m_1 =$ _____ g；炭化前面粉＋瓷坩埚质量 $m_2 =$ _____ g；灰化后灰分＋瓷坩埚恒重质量 $m_3 =$ _____ g。

六、数据处理

$$X = \frac{m_2 - m_3}{m_2 - m_1} \times 100$$

式中　X——面粉中灰分含量，g/100g；

m_1——瓷坩埚恒重质量，g；

m_2——干燥前面粉＋瓷坩埚质量，g；

m_3——灰化后灰分＋瓷坩埚恒重质量，g。

七、说明

（1）样品炭化时要注意热源强度，先用小火，再用大火，避免样品溅出。若样品含糖量较高，炭化前应先滴加数滴橄榄油，以防止样品膨胀溢流。

（2）把瓷坩埚放入马弗炉或从马弗炉中取出时，要放到炉口使瓷坩埚预热或预冷，防止因温度剧变而使瓷坩埚破裂。

（3）灼烧后的瓷坩埚应在炉口冷却到 200℃ 以下再移入干燥器中，否则因热对流作用，易造成残灰飞溅，且冷却速度慢，冷却后干燥器内形成较大真空，盖子不易打开。

（4）瓷坩埚从马弗炉中取出后应迅速放入干燥器中冷却，否则不易达到恒重。

（5）从干燥器中取出瓷坩埚时，因局部形成真空，开盖恢复正常时，应注意使气流缓慢流入，以防止残灰飞溅。

（6）用过的瓷坩埚经初步洗涤后，用粗盐酸浸泡 10~20min，再用水冲洗干净。

（7）第一次灼烧后，如还有炭粒，可待坩埚冷却后，滴加数滴硝酸，润湿、蒸干后再灼烧。

（8）灰化后所得的残渣可用作钙、铁、磷等成分的测定。

实验十　食品中粗脂肪含量的测定

一、实验内容

用索氏提取法测定方便面中粗脂肪的含量。

二、实验目的

（1）掌握索氏提取法测定粗脂肪的原理及操作要点。
（2）掌握方便面中粗脂肪的测定原理和测定方法。
（3）掌握用有机溶剂萃取脂肪及回收溶剂等基本操作。

三、仪器和试剂

1. 仪器
索氏提取器；水浴锅；分析天平；恒温干燥箱；干燥器。

2. 试剂
无水乙醚或石油醚。

四、操作步骤

1. 称量接收瓶
准确称取已干燥恒重的索氏提取器接收瓶，质量为 m_1。

2. 称量样品
裹好滤纸筒。准确称取粉碎均匀经干燥的方便面 2～6g，质量为 m。用滤纸筒严密包裹好后（筒口放置少量脱脂棉），放入提取筒内。

3. 提取
在已干燥恒量的索氏提取器接收瓶中注入约 2/3 的无水乙醚，并安装好索氏提取装置，在 45～50℃左右的水浴中提取 4～5h，提取的速率以 80 滴/min 左右为宜。

4. 回收溶剂、烘干、称量
提取完成后，水浴蒸馏回收乙醚，无乙醚滴出后，取下接收瓶置于 105℃烘箱内干燥 1～2h，取出迅速放入干燥器中，冷却至室温后准确称量，并重复干燥至恒重为止，质量为 m_2。

五、数据记录

方便面质量 $m=$ _____ g；接收瓶恒重质量 $m_1=$ _____ g；提取脂肪＋接受瓶恒重质量 $m_2=$ _____ g。

六、数据处理

$$X=\frac{m_2-m_1}{m}\times 100$$

式中　X——方便面中粗脂肪含量，g/100g；

　　　m——方便面质量，g；

　　　m_1——接收瓶恒重质量，g；

　　　m_2——提取脂肪＋接受瓶恒重质量，g。

七、说明

(1) 样品应研细后干燥无水，因为样品中含水分会影响溶剂的提取效果。

(2) 装样品的滤纸筒应严密，样品不外漏。滤纸筒高度不能超过回流弯管。

(3) 提取用的乙醚或石油醚要求无水、无过氧化物，挥发残渣含量低。

(4) 过氧化物的检查方法：取 6mL 乙醚，加 2mL 10％碘化钾溶液，用力振荡，放置 1min，若出现黄色，证明有过氧化物存在。应另换乙醚或经处理后使用。

(5) 提取脂肪、回收乙醚或石油醚时，切忌直接用明火加热。烘干前应驱除全部残留的乙醚或石油醚，因有残留的乙醚或石油醚放入干燥箱时，有发生爆炸的危险。

(6) 提取速率以 80 滴/min 左右，每小时回流 6～10 次为宜。

(7) 脂肪提取是否完全，可凭经验，也可用滤纸或毛玻璃检查，用滤纸或毛玻璃在提取管的下口接取滴下的乙醚，挥发后不留下油迹表明已提完全，若留下油迹说明提取不完全。

实验十一　食品中粗蛋白含量的测定

一、实验内容

用微量凯氏定氮法测定黄豆中粗蛋白的含量。

二、实验目的

(1) 掌握黄豆中粗蛋白的测定原理和测定方法。

(2) 掌握凯氏定氮法测定蛋白质的原理及操作要点。

（3）掌握凯氏定氮法中样品消化、蒸馏、吸收等基本操作。

三、仪器与试剂

1. 仪器

100mL 凯氏烧瓶；微量凯氏定氮装置。

2. 试剂

（1）硫酸铜。

（2）硫酸钾。

（3）浓硫酸。

（4）40g/L 硼酸溶液。

（5）混合指示剂　0.1%甲基红乙醇溶液与 0.1%甲基蓝乙醇溶液，临用时按 2∶1 的比例混合（或 0.1%甲基红乙醇溶液与 0.1%溴甲酚绿乙醇溶液，临用时按 1∶5 的比例混合）。

（6）400g/L 氢氧化钠溶液。

（7）0.0100mol/L 盐酸标准溶液。

四、操作步骤

1. 样品消化

准确称取粉碎均匀的黄豆粉 0.20～2.0g 左右，小心移入干燥洁净的 100mL 凯氏烧瓶中（勿粘在瓶壁上），加入 0.5g 硫酸铜、3g 硫酸钾及 10mL 浓硫酸，玻璃珠 2～3 粒，于瓶口置一小漏斗，瓶颈以 45 度角倾斜置于电炉上，在通风橱内加热消化（若无通风橱可在瓶口倒插入一口径适宜的干燥管，用胶管与水力真空管相连接，利用水力抽出消化过程所产生的烟气）。先以小火缓慢加热，待样品内容物完全炭化，泡沫消失后再加大火力，消化至溶液透明呈蓝绿色，继续加热 0.5h，冷却至室温。同时做空白消化实验。

2. 定容

取约 20mL 蒸馏水，缓慢加入烧瓶中，冷却至室温，移入 100mL 容量瓶中，再用蒸馏水冲洗烧瓶数次，并入容量瓶，混匀冷却至室温，再用蒸馏水定容，备用。

3. 蒸馏与吸收

（1）按蒸馏装置（如图 5-4）安装好装置，将所有的夹子打开。取下样品加入口的磨口塞，从样品加入口加入 50mL 的蒸馏水，再插回塞好。并给冷凝管接通冷凝水。

（2）往蒸汽发生瓶加入蒸馏水至其体积的 2/3 处，加入几粒沸石和 4 滴甲基橙，再加入适量浓硫酸，以保持水呈酸性，然后置于电炉上加热使水沸腾。

（3）产生蒸汽后，夹上夹子 3，让蒸汽经导管进入反应管外套，待废液排放口排出蒸汽后，夹上夹子 9，使蒸汽进入反应管，蒸馏洗涤 10min。打开夹子 3，同时夹上夹子4，待反应管内的水全部排出到外套后，打开夹子9，排出废水。马上从进样口加入蒸馏水约 20mL，立即再夹上夹子9，使废水排出，反复操作三次，洗涤完毕。

(4) 量取 25mL 40g/L 硼酸溶液及 2 滴混合指示剂置于接受瓶内，然后将接受瓶置于冷凝管下端，冷凝管下端插入到液面以下。

(5) 将全部夹子打开，吸取 10mL 样品溶液（或空白溶液）从样品加入口加入到反应管内，插上磨口塞。再从样品加入口加入约 20mL 400g/L 氢氧化钠溶液使反应管内的样品溶液有黑色沉淀生成或变成深蓝色，用少量水洗涤加入口，插好磨口塞，并用少量水封口。

(6) 夹上夹子3，让蒸汽经导管进入反应管外套，待废液排放口排出蒸汽后，夹上夹子9，使蒸汽进入反应管，蒸馏开始，待吸收液变蓝后计时蒸馏 10min，将冷凝管下端提离吸收液面，再蒸馏 1min，用萘氏试剂检查无氨后，停止承接蒸馏液。打开夹子3，同时夹上夹子4，待反应管内的样品废液全部排出到外套后，打开夹子9，排出废液。马上从进样口加入蒸馏水约 20mL，立即再夹上夹子9，反复操作洗涤三次，再做样品平行测定。测定完毕，打开全部夹子，停止加热，待冷却后拆除装置并洗涤干净。

4. 滴定

用 0.0100mol/L 盐酸标准溶液滴定吸收液至变为红色为终点，记下消耗的盐酸标准溶液的体积。

五、数据记录

滴定样品吸收液消耗的盐酸标准溶液的体积 $V_1 = $ _____ mL。

滴定样品空白液消耗的盐酸标准溶液的体积 $V_2 = $ _____ mL。

黄豆粉的质量 $m = $ _____ g。

六、数据处理

$$X = \frac{(V_1 - V_2) \times C \times 0.014 \times F}{m \times \frac{V}{100}} \times 100$$

式中　X——样品中粗蛋白含量，g/100g；

C——盐酸标准溶液的浓度，mol/L；

V_1——滴定样品吸收液消耗盐酸标准溶液的体积，mL；

V_2——滴定空白液消耗盐酸标准溶液的体积，mL；

m——黄豆粉的质量，g；

V——蒸馏时吸取样品稀释液体积，mL；

F——黄豆的蛋白质含量换算系数 5.71；

0.014——氮的毫摩尔质量，g/mmol。

七、说明

（1）实验所用试剂应用无氨蒸馏水配制。

（2）消化过程中应不断转动凯氏烧瓶，利用冷凝酸液将附在瓶壁上的炭粒冲下，以加快消化速度。

（3）样品中含脂肪或糖类较多时，消化过程中易产生大量泡沫，应注意控制热源强度，以免泡沫溢出瓶外。必要时可加入少量辛醇或液体石蜡，或硅消泡剂消泡。

（4）消化液呈透明后，一般继续消化 30min 即可。但当样品中含有特别难以氨化的氮化合物（如含赖氨酸或组氨酸）时，消化时间应适当延长。有机物分解完全，消化液呈蓝色或浅绿色，含铁较多时，呈较深绿色。

（5）硼酸吸收液的温度应在 40℃ 以下，否则氨吸收减弱，造成氨损失。温度高时，可置于冷水浴中冷却。

（6）蒸馏吸收时应注意接头无松漏现象。蒸馏完毕先将蒸馏出口离开液面，继续蒸馏 1min，将附着在尖端的吸收液完全吸入吸收瓶中，再将吸收瓶移开，最后关闭电源。绝不可先关闭电源，否则吸收液将发生倒吸现象。

实验十二　食品中还原糖含量的测定

一、实验内容

（1）标定碱性酒石酸铜溶液。
（2）用改良快速滴定法测定硬糖中还原糖的含量。

二、实验目的

（1）掌握硬糖中还原糖的测定原理和测定方法。
（2）掌握改良快速滴定法测定还原糖的测定原理及操作要点。

三、仪器与试剂

1. 仪器
台秤；电炉；酸式滴定管；洗瓶；锥形瓶；移液管；量筒；容量瓶等。
2. 试剂
（1）碱性酒石酸铜甲液　称取硫酸铜 15g 及亚甲基蓝 0.05g，加水溶解，并稀释至 1000mL，摇匀。

（2）碱性酒石酸铜乙液　称取 50g 酒石酸钾钠，75g 氢氧化钠，溶解于水中，加入 4g 亚铁氰化钾，溶解并稀释至 1000mL，摇匀。

（3）0.1%葡萄糖标准溶液 准确称取在（100±5）℃下烘干至恒重的分析纯葡萄糖1.000g，加水溶解，并定容至1000mL，摇匀。

（4）亚铁氰化钾溶液（106g/L） 称取10.6g亚铁氰化钾溶于水中，并稀释至100mL。

（5）乙酸锌溶液 称取21.9g乙酸锌，加3mL冰醋酸，加水溶解，并稀释至100mL。

（6）盐酸。

四、操作步骤

1. 碱性酒石酸铜溶液的标定（空白滴定）

（1）预滴定 准确吸取碱性酒石酸铜甲液、碱性酒石酸铜乙液各5mL于锥形瓶中，加水10mL，摇匀。加入玻璃珠2粒，在电炉上加热，使其2min内至沸腾，沸腾后立即由滴定管滴入葡萄糖标准溶液至终点（蓝色刚好褪去），记下消耗葡萄糖标准溶液的体积。

（2）标定 准确吸取碱性酒石酸铜甲液、碱性酒石酸铜乙液各5mL于锥形瓶中，加水10mL，摇匀。预加比预滴定少0.5～1mL的标准葡萄糖溶液，摇匀。加入玻璃珠2粒，在电炉上加热，使其2min内至沸腾，沸腾后立即由滴定管以1滴/2s的速度滴入标准葡萄糖溶液至终点（蓝色刚好褪去），记下消耗葡萄糖标准溶液的体积。平行操作三次取其平均值。

2. 样品的测定

（1）样品制备 将硬糖粉碎后，精确称取1.2～1.5g于50mL小烧杯内，加水溶解并定容于250mL的容量瓶中。

（2）预滴定 准确吸取碱性酒石酸铜甲液、碱性酒石酸铜乙液各5mL于锥形瓶中，加水10mL，加样品溶液10.00mL，摇匀。加入玻璃珠2粒，在电炉上加热，使其2min内至沸腾，沸腾后立即由滴定管滴入葡萄糖标准溶液至终点，记下消耗葡萄糖标准溶液的体积。

（3）样品的滴定 准确吸取碱性酒石酸铜甲液、碱性酒石酸铜乙液各5mL于锥形瓶中，加水10mL，摇匀。加样品溶液10mL，预加比预滴定少0.5～1mL的标准葡萄糖溶液，摇匀。加入玻璃珠2粒，在电炉上加热，使其2min内至沸腾，沸腾后立即由滴定管滴入葡萄糖标准溶液至终点，记下消耗葡萄糖标准溶液的体积。平行操作三次取其平均值。

五、数据记录

硬糖的质量 $m=$＿＿＿＿＿＿＿ g。

测定时吸取的样品溶液体积 $V_2=$＿＿＿＿＿＿＿ mL。

样品溶液总体积 $V_1=$＿＿＿＿＿＿＿ mL。

标定 10mL 碱性酒石酸铜溶液消耗的葡萄糖标准溶液的体积 $V_0 = \underline{\hspace{3cm}}$ mL。
样品滴定消耗的标准葡萄糖溶液的体积 $V = \underline{\hspace{3cm}}$ mL。

六、数据处理

$$X = \frac{(V_0 - V) \times 0.1\%}{m \times \dfrac{V_2}{V_1}} \times 100$$

式中　X——样品中还原糖（以葡萄糖计）含量，g/100g；

　　　V_0——标定 10mL 碱性酒石酸铜溶液消耗的葡萄糖标准溶液的体积，mL；

　　　V——样品滴定消耗的标准葡萄糖溶液的体积，mL；

　　　V_1——样品溶液总体积，mL；

　　　V_2——测定时吸取的样品溶液体积，mL；

　　　m——硬糖的质量，g。

七、说明

（1）本法对滴定操作的条件要求很严。对碱性酒石酸铜溶液进行标定时，样品溶液的预测和测定的操作条件应一致；对每一次滴定所使用的锥形瓶规格、加热电炉的功率、滴定速度、预加入的样品溶液体积、终点的确定方法等都应尽量一致，以减少误差；还应将滴定所需体积的绝大部分先加入碱性酒石酸铜试剂中共沸，使其充分反应，仅留 1mL 左右进行滴定，以判断终点。

（2）滴定结束，锥形瓶离开热源后，由于空气中氧的氧化，使溶液又重新变蓝色，此时不应再滴定。

（3）为消除氧化亚铜沉淀对滴定终点观察的干扰，在碱性酒石酸铜乙液中加入少量亚铁氰化钾使之与氧化亚铜生成可溶性的无色配合物，而不再析出红色沉淀，使终点更易于判断。

（4）碱性酒石酸铜甲液和乙液应分别储存，用时才能混合，否则酒石酸钾钠铜配合物长时间在碱性条件下会慢慢分解析出氧化亚铜沉淀，使试剂有效浓度降低。

（5）本方法必须进行预备滴定，以保证在规定的时间内完成滴定工作，提高测定的准确度。

实验十三　食品中锌含量的测定

一、实验内容

用原子吸收光谱法测定鲜核桃中锌的含量。

二、实验目的

(1) 掌握原子吸收光谱法测定食品中锌含量的原理和方法。

(2) 学会原子吸收分光光度计的使用。

(3) 进一步掌握样品的灰化、消化处理方法。

三、测定原理

样品灰化或经酸消解处理后，导入原子吸收分光光度计，经火焰原子化后，在波长213.8nm处测定其吸光度，与标准系列比较定量。

四、仪器与试剂

1. 仪器

马弗炉；原子吸收分光光度计；锌空心阴极灯。

2. 试剂

① 混合酸消化液　硝酸：高氯酸＝3∶1。

② 磷酸（1＋10）　量取10mL磷酸，加到适量水中，再稀释至110mL。

③ 盐酸（1＋11）　量取10mL盐酸，加到适量水中，再稀释至120mL。

④ 锌标准储备液　准确称取0.5000g金属锌（99.99％）溶于10mL盐酸中，然后在水浴上蒸发至近干，再用少量水溶解后移入1000mL容量瓶中，用水定容至刻度，摇匀。此溶液每毫升相当于0.5mg锌。

⑤ 锌标准使用液　吸取10.0mL锌标准储备液，置于50mL容量瓶中，以盐酸（0.1mol/L）定容至刻度，摇匀。此溶液每毫升相当于$100.0\mu g$锌。

五、操作步骤

(1) 样品处理　将样品除去外壳，磨碎，过40目筛，混匀。称取5.00～10.00g置于50mL瓷坩埚中，置于电炉上小火炭化至无烟，移入马弗炉中，在（500±25）℃下灰化8h，取出坩埚，冷却后再加入少量混合酸消化液，小火加热，避免蒸干，必要时补加少许混合酸消化液。如此重复处理，直至残渣中无炭粒。待坩埚稍冷，加10mL盐酸（1＋11）溶解残渣，移入50mL容量瓶中，再用盐酸（1＋11）反复洗涤坩埚，洗涤液一并并入容量瓶中，定容至刻度，摇匀。

取与样品处理量相同的混合酸消化液和盐酸（1＋11），按上述同样操作做试剂空白实验。

(2) 测定条件选择　参考条件：测定波长213.8nm；狭缝0.38nm；灯电流6mA；乙炔气流量为2.3L/min；空气流量为10L/min；灯头高度为3mm，背景校正为氘灯。

(3) 锌标准系列溶液的制备　分别吸取0.00mL，0.10mL，0.20mL，0.40mL，0.80mL锌的标准使用液置于50mL容量瓶中，再以1mol/L盐酸定容至刻度，摇匀。此时标准系列溶液中每毫升分别相当于 $0.0\mu g$, $0.2\mu g$, $0.4\mu g$, $0.8\mu g$, $1.6\mu g$ 锌。

（4）锌标准曲线的绘制　将锌标准系列溶液分别导入火焰原子化器进行测定，记录其对应的吸光度值。以标准系列溶液中锌的含量为横坐标，对应的吸光度值为纵坐标，绘制标准曲线。

（5）样品测定　将处理后的样品溶液、试剂空白溶液分别导入火焰原子化器中进行测定，记录其对应的吸光度值。与标准系列比较定量。

六、数据记录

锌的含量/$(\mu g/mL)$	0.0	0.2	0.4	0.8	1.6
吸光度(A)					

样品溶液的吸光度 $A=$ _____。试剂空白溶液的吸光度 $A_0=$ _____。

七、数据处理

$$X=\frac{(m-m_0)V\times 1000}{m_1\times 1000}$$

式中　X——样品中锌的含量，mg/kg 或 mg/L；

　　m——测定用样品溶液中锌的含量，$\mu g/mL$；

　　m_0——试剂空白溶液中锌的含量，$\mu g/mL$；

　　V——样品处理溶液的总体积，mL；

　　m_1——样品的质量或体积，g 或 mL。

八、说明

（1）本方法最低检出限为 $0.4\mu g/mL$。

（2）样品必须除去其中的杂物和尘土，否则影响测定结果。

实验十四　食品中维生素 A 含量的测定

一、实验内容

用紫外分光光度法测定鱼肝油中维生素 A 的含量。

二、实验目的

（1）掌握鱼肝油中维生素 A 含量的测定原理和测定方法。

（2）掌握紫外分光光度法的原理及操作要点。掌握紫外分光光度计的使用。

（3）掌握系列标准溶液配制和标准曲线绘制等基本操作。

三、原理

维生素 A 的异丙醇溶液在 328nm 波长处有最大吸光度，其吸光度与维生素 A 的含量成正比。与标准曲线比较定量。

四、仪器与试剂

1. 仪器

紫外分光光度计。

2. 试剂

(1) 异丙醇。

(2) 无水乙醇　应不含醛类物质。

① 检验方法　取少量乙醇于试管中，加入银氨溶液，加热，若有银镜反应，表明乙醇中含有醛类。

② 脱醛处理　在盛有 1L 乙醇的蒸馏烧瓶中加入 50g/L 氢氧化钾溶液 5mL、锌粉 5g，装上回流装置，加热回流 2h 后蒸馏，弃去初馏液和末馏液各 10%。

(3) 维生素 A 标准溶液　视黄醇（85%）或视黄醇乙酸酯（90%）经皂化处理后使用。称取一定量的标准品，用脱醛乙醇溶解使其浓度大约为 1mg/mL。临用前需进行标定。取标定后的维生素 A 标准溶液配制成 $10\mu g/mL$ 的标准使用液。

(4) 酚酞　用 95% 乙醇配制成 1% 的溶液。

(5) 氢氧化钾（1+1）。

(6) 500g/L 氢氧化钾。

(7) 0.5mol/L 氢氧化钾。

(8) 无水乙醚　不含过氧化物。

(9) 无水硫酸锌。

五、操作步骤

1. 样品处理

(1) 皂化　称取 0.5～5g 充分混匀的鱼肝油于三角瓶中，加入 10mL 氢氧化钾（1+1）及 20～40mL 乙醇，在电热板上回流 30min 至皂化完全为止（加入 10mL 水，稍稍振摇，若有浑浊现象，表示皂化完全）。

(2) 提取　将皂化液移入分液漏斗，先用 30mL 水分两次洗涤皂化瓶，洗液并入分液漏斗（若有渣，可用脱脂棉漏斗过滤），再用 50mL 乙醚分两次洗涤皂化瓶，所有洗液并入分液漏斗中，振摇两分钟（注意放气），静止分层后，水层放入第二分液漏斗。皂化瓶再用 30mL 乙醚分两次洗涤，洗液倒入第二分液漏斗，振摇后静止分层，将水层放入第三分液漏斗，醚层并入第一分液漏斗。重复操作三次。

(3) 洗涤　向第一分液漏斗的醚液中加入 30mL 水，轻轻振摇，静止分层后放出水层。再加 15～20mL 0.5mol/L 的氢氧化钾溶液，轻轻振摇，静止分层后放出碱液（除去醚溶性酸酯）。再用水同样操作至洗液不使酚酞变红为止。醚液静止10～20min 后，小心放掉析出的水。

（4）浓缩　将醚液经过无水硫酸钠滤入三角瓶中，再用约 25mL 乙醚洗涤分液漏斗和硫酸钠两次，洗液并入三角瓶中。用水浴蒸馏，回收乙醚。待瓶中剩余约5mL 乙醚时取下减压抽干，立即用异丙醇溶解并移入 50mL 容量瓶中，并用异丙醇定容（浓度为 5～15μg/L）。

2. 绘制标准曲线

分别取维生素 A 标准使用液（每毫升含 10μg）0.00mL，1.00mL，2.00mL，3.00mL，4.00mL，5.00mL 于 10mL 棕色容量瓶中，用异丙醇定容。以零管调零，于紫外分光光度计上在 328nm 波长处分别测定吸光度，绘制标准曲线。

3. 样品测定

取一定体积浓缩后的定容液于紫外分光光度计上在 328nm 波长处测定其吸光度。从标准曲线上查出维生素 A 的含量。

六、数据记录

维生素 A 标准使用液的含量/μg	0.0	10.0	20.0	30.0	40.0	50.0
吸光度(A)						

样品溶液吸光度 $A=$_____。

七、数据处理

$$X=C\times\frac{V_1}{V_2}\times\frac{1}{m}\times100$$

式中　X——维生素 A 的含量，μg/100g；

C——测出的样品浓缩后的定容液的维生素 A 含量，μg/mL；

V_1——浓缩后的定容液的体积，mL；

V_2——测定时取浓缩后的定容液的体积，mL；

m——样品的质量，g。

八、说明

（1）试验所用仪器及试剂均需干燥无水分。

（2）乙醚为溶剂的萃取体系，易发生乳化现象，在提取、洗涤等操作中不要用力过猛。如发生乳化现象，可用几滴乙醇破乳。

（3）维生素 A 极易被光线破坏，试验过程中应尽量避免强光照射，尽可能遮蔽光线，并采用棕色玻璃器皿。

（4）维生素 A 标准溶液的标定　取维生素 A 溶液若干微升，用脱醛乙醇稀释至 3.00mL，在 328nm 处测定吸光度，用此吸光度计算出维生素 A 的浓度。

$$C = \frac{A}{E} \times \frac{1}{100} \times \frac{3.00}{S \times 10}$$

式中　C——维生素 A 的浓度，g/mL；

A——维生素 A 的平均吸光度值；

S——加入的维生素 A 溶液量，μL；

E——1%维生素 A 的比吸光系数。

实验十五　食品中苯甲酸、山梨酸含量的测定

一、实验内容

用薄层色谱法测定果汁饮料中苯甲酸、山梨酸的含量。

二、实验目的

（1）掌握果汁饮料中苯甲酸、山梨酸含量的测定原理和测定方法。

（2）掌握薄层色谱法的原理及操作要点。

（3）掌握薄层色谱法的基本操作。

三、仪器与试剂

1. 仪器

玻璃板（10cm×18cm）；微量注射器（10μL，20μL）；层析缸；喷雾器；吹风机。

2. 试剂

（1）6mol/L 盐酸（1+1）　取 100mL 盐酸，加水稀释至 200mL。

（2）乙醚　除去过氧化物。

（3）4%氯化钠酸性溶液。

（4）无水乙醇。

（5）无水硫酸钠。

（6）聚酰胺粉　200 目。

（7）展开剂　正丁醇：氨水：无水乙醇＝7：1：2（或异丙醇：氨水：无水乙醇＝7：1：2）。

（8）显色剂　0.04%溴甲酚紫（用 50%的乙醇配制，并用 0.1mol/L 氢氧化钠调至 pH＝8）。

（9）苯甲酸标准液（2mg/mL）　精密称取 0.2000g 苯甲酸，用少量乙醇溶解

后移入 100mL 容量瓶中，定容，摇匀。

（10）山梨酸标准液（2mg/mL） 精密称取 0.2000g 山梨酸，用少量乙醇溶解后移入 100mL 容量瓶中，定容，摇匀。

四、操作步骤

1. 样品处理

称取 2.5g 混合均匀的样品，置于 100mL 分液漏斗中，加 0.5mL 盐酸酸化，用 15mL，10mL 乙醚提取两次，每次振摇 1min，静置分层后将醚层分出，合并乙醚提取液。用 3mL 4%氯化钠酸性溶液洗涤两次，弃去水层，静置 15min，再分离出水层，将乙醚提取液通过无水硫酸钠移入 25mL 容量瓶中，加乙醚定容，摇匀。吸取 10.00mL 乙醚提取液分两次置于 10mL 具塞离心管中，在约 40℃水浴上挥干，加入 0.1mL 乙醇溶解残渣，备用。

2. 聚酰胺薄层板的制备

称取 1.6g 聚酰胺粉，加 0.4g 可溶性淀粉，加约 15mL 水，研磨 3min，在 10cm×18cm 玻璃板上使其均匀涂成 0.25~0.30mm 厚的薄层，室温下干燥 1h，置于恒温干燥箱内 80℃干燥 1h，取出后置于干燥器中保存，备用。

3. 点样

在距薄层板下端 2cm 的基线上，用微量注射器点 1mL，2mL 样品溶液，同时分别点 1μL，2μL 苯甲酸、山梨酸标准溶液，点间距 1.5cm。

4. 展开与显色

将点样后的薄层板放入预先盛有展开剂的展开槽中，展开槽内壁贴有滤纸，待溶剂前沿上展至 10cm，取出挥干，喷显色剂，斑点呈黄色，背景呈蓝色。

5. 定性与定量

把样品斑点与标准斑点比较，若与标准斑点同一位置线上出现样品斑点，说明样品溶液中存在苯甲酸或山梨酸。然后根据斑点的面积大小及颜色深浅确定样品点的苯甲酸、山梨酸的含量（苯甲酸、山梨酸的比移值为 0.82），再进行计算。

五、数据处理

$$X = \frac{m \times 1000}{m_1 \times \frac{10}{25} \times \frac{V_2}{V_1} \times 1000}$$

式中　X——样品中苯甲酸、山梨酸的含量，g/kg；

　　　m——点样用样品溶液中苯甲酸（山梨酸）的含量，mg；

　　　m_1——称取的样品质量，g；

　　　V_1——溶解残渣时加乙醇体积，mL；

　　　V_2——点样的体积，mL；

10——测定时吸取乙醚提取液体积，mL；

25——样品乙醚提取液总体积，mL。

六、说明

(1) 使用乙醚提取、振摆、静止时，应注意放气，避免发生爆炸。

(2) 使用乙醚提取时，切忌不要上下振荡以免生成乳浊液而不易分离。如生成乳浊液，可用一玻璃棒搅拌，或进行 1～2 次上下的剧烈振荡，或进行离心分离。

(3) 醚提取液应用无水硫酸钠充分脱水，挥发干乙醚后如仍残留水分，必须挥发干，进样溶液中含水会影响测定结果。

(4) 山梨酸和苯甲酸的气相色谱图中，山梨酸保留时间 2 分 53 秒，苯甲酸保留时间 6 分 8 秒。

实验十六　食品中甜蜜素含量的测定

一、实验内容

用气相色谱法测定饮料中甜蜜素的含量。

二、实验目的

(1) 掌握饮料中甜蜜素含量的测定原理和测定方法。

(2) 了解气相色谱仪的使用。

三、仪器与试剂

1. 仪器

离心机；气相色谱仪（附氢火焰离子化检测器）；旋涡混合机；10μL 微量注射器。

2. 试剂

(1) 正己烷。

(2) 氯化钠。

(3) 色谱硅胶（或海沙）。

(4) 100g/L 硫酸溶液。

(5) 50g/L 亚硝酸钠溶液。

(6) 环己基氨基磺酸钠溶液（含环己基氨基磺酸钠大于 98%）　精确称取 1.0000g 环己基氨基磺酸钠，加水溶解并定容至 100mL，此溶液每毫升含环己基氨基磺酸钠 10mg。

四、操作步骤

（1）样品处理　称取样品 20.0g 置于 100mL 带塞比色管中，置于冰浴中。

（2）色谱条件选择　色谱柱：长 2m，直径 3mm；固定相为 Chromosorb WAWDMCS 80～100 目，涂以 10％ SE-30；柱温 80℃；汽化温度 150℃；检测温度 150℃；载气流速：氮气 40mL/min，氢气 30mL/min，空气 300mL/min。

（3）标准曲线的绘制　准确吸取 1.00mL 环己基氨基磺酸钠标准溶液于 100mL 带塞比色管中，加入水 20mL，置于冰浴中，加入 5mL 50g/L 亚硝酸钠溶液，5mL100g/L 硫酸溶液，摇匀，置于冰浴中放置 30min（经常摇动）。然后准确加入 10mL 正己烷，5g 氯化钠，摇匀后置于旋涡混合机上振动 80 次（或 1min），静止分层后吸出正己烷层于 10mL 带塞离心管中进行离心。每 1mL 正己烷提取液相当于 1mg 环己基氨基磺酸钠，将标准提取液进样 1～5μL 于气相色谱仪中，测出响应值，根据响应值绘制标准曲线。

（4）样品测定　在样品管中加入 5mL 50g/L 亚硝酸钠溶液，5mL 100g/L 硫酸溶液，摇匀，置于冰浴中放置 30min（经常摇动）。然后准确加入 10mL 正己烷，5g 氯化钠，摇匀后置于旋涡混合机上振动 80 次（或 1min），静止分层后吸出正己烷层置于 10mL 带塞离心管中进行离心分离。然后将样品提取液进样 1～5μL 于气相色谱仪中，测出响应值，在标准曲线上查出相应含量。

五、数据记录

样品提取液的响应值＝_____。标准提取液的响应值＝_____。

六、数据处理

$$X = \frac{A \times 10 \times 1000}{mV \times 1000}$$

式中　X——样品中环己基氨基磺酸钠的含量，g/kg；

　　　A——测定用样品中环己基氨基磺酸钠的含量，μg；

　　　m——样品的质量，g；

　　　V——进样品的体积，μL；

　　　10——正己烷加入量，mL。

七、说明

（1）本方法相对标准偏差小于 7％。

（2）样品中含有二氧化碳时，必须先加热除去二氧化碳；含有酒精时，应先用 40g/L 氢氧化钠溶液调至碱性，再置于沸水浴中加热除去。否则影响测定结果。

附 录

附录 1 观测锤度温度改正表（标准温度 20℃）

观 测 锤 度

温度低于 20℃时读数应减之数

温度/℃	0	1	2	3	4	5	6	7	8	9	10	11	12	13	14	15	16	17	18	19	20	21	22	23	24	25	30
0	0.30	0.34	0.36	0.41	0.45	0.49	0.52	0.55	0.59	0.62	0.65	0.67	0.70	0.72	0.75	0.77	0.79	0.82	0.84	0.87	0.89	0.91	0.93	0.95	0.97	0.99	1.08
5	0.36	0.38	0.40	0.43	0.45	0.47	0.49	0.51	0.52	0.54	0.56	0.58	0.60	0.61	0.63	0.65	0.67	0.68	0.70	0.71	0.73	0.74	0.75	0.76	0.77	0.80	0.86
10	0.32	0.33	0.34	0.36	0.37	0.38	0.39	0.40	0.41	0.42	0.44	0.44	0.45	0.46	0.47	0.48	0.49	0.50	0.50	0.51	0.52	0.53	0.54	0.55	0.56	0.57	0.60
11	0.31	0.32	0.33	0.34	0.35	0.37	0.38	0.38	0.40	0.40	0.41	0.42	0.43	0.44	0.45	0.46	0.47	0.48	0.48	0.49	0.50	0.51	0.52	0.52	0.53	0.54	0.57
1/2	0.31	0.32	0.33	0.33	0.34	0.35	0.36	0.37	0.38	0.39	0.40	0.41	0.42	0.42	0.43	0.44	0.45	0.46	0.46	0.47	0.48	0.49	0.49	0.50	0.50	0.51	0.55
12	0.30	0.31	0.31	0.32	0.32	0.33	0.34	0.35	0.36	0.37	0.38	0.39	0.40	0.40	0.41	0.42	0.43	0.43	0.44	0.44	0.45	0.46	0.46	0.47	0.47	0.48	0.52
1/2	0.29	0.30	0.30	0.31	0.31	0.32	0.33	0.34	0.34	0.35	0.36	0.37	0.38	0.38	0.39	0.40	0.41	0.41	0.42	0.42	0.43	0.44	0.44	0.45	0.45	0.47	0.50
13	0.27	0.28	0.28	0.29	0.29	0.30	0.31	0.32	0.32	0.33	0.34	0.35	0.35	0.36	0.37	0.37	0.38	0.39	0.39	0.40	0.40	0.41	0.41	0.42	0.42	0.45	0.47
1/2	0.26	0.27	0.27	0.28	0.28	0.27	0.28	0.30	0.31	0.31	0.32	0.33	0.33	0.34	0.34	0.35	0.36	0.36	0.37	0.37	0.38	0.39	0.39	0.40	0.40	0.43	0.44
14	0.24	0.25	0.25	0.25	0.26	0.26	0.27	0.28	0.29	0.29	0.30	0.31	0.31	0.32	0.32	0.33	0.34	0.34	0.35	0.35	0.36	0.36	0.37	0.37	0.38	0.41	0.41
1/2	0.22	0.22	0.22	0.23	0.25	0.25	0.26	0.27	0.28	0.28	0.29	0.29	0.30	0.30	0.31	0.31	0.32	0.32	0.33	0.33	0.34	0.34	0.35	0.35	0.36	0.38	0.38
15	0.20	0.20	0.20	0.20	0.23	0.24	0.24	0.25	0.25	0.26	0.26	0.26	0.27	0.27	0.28	0.28	0.29	0.29	0.30	0.30	0.31	0.31	0.32	0.32	0.33	0.36	0.35
1/2	0.18	0.18	0.18	0.18	0.21	0.21	0.22	0.23	0.23	0.23	0.24	0.24	0.25	0.25	0.24	0.26	0.26	0.27	0.27	0.28	0.28	0.28	0.29	0.29	0.30	0.33	0.32
16	0.17	0.18	0.18	0.18	0.19	0.19	0.20	0.21	0.21	0.21	0.20	0.22	0.22	0.23	0.23	0.24	0.24	0.24	0.25	0.25	0.25	0.26	0.26	0.27	0.27	0.30	0.29
1/2	0.15	0.15	0.15	0.16	0.16	0.18	0.18	0.19	0.19	0.20	0.20	0.20	0.20	0.21	0.21	0.21	0.22	0.22	0.22	0.22	0.23	0.23	0.24	0.24	0.25	0.27	0.26
17	0.13	0.13	0.13	0.14	0.14	0.16	0.16	0.16	0.17	0.17	0.17	0.17	0.18	0.18	0.19	0.18	0.19	0.19	0.20	0.20	0.20	0.20	0.21	0.21	0.22	0.25	0.23
1/2	0.11	0.11	0.11	0.11	0.12	0.14	0.14	0.14	0.15	0.15	0.15	0.15	0.16	0.16	0.16	0.16	0.16	0.16	0.17	0.17	0.17	0.18	0.18	0.18	0.19	0.22	0.20
18	0.09	0.09	0.09	0.09	0.10	0.12	0.12	0.12	0.12	0.12	0.12	0.12	0.12	0.13	0.13	0.13	0.13	0.14	0.14	0.14	0.15	0.15	0.15	0.16	0.16	0.19	0.16
1/2	0.07	0.07	0.07	0.07	0.07	0.10	0.10	0.10	0.10	0.10	0.10	0.10	0.10	0.10	0.11	0.11	0.11	0.11	0.11	0.11	0.12	0.12	0.12	0.13	0.13	0.16	0.13
19	0.05	0.05	0.05	0.05	0.05	0.07	0.07	0.07	0.07	0.07	0.07	0.07	0.07	0.07	0.08	0.08	0.08	0.08	0.09	0.09	0.09	0.09	0.09	0.09	0.09	0.13	0.10
1/2	0.03	0.03	0.03	0.03	0.03	0.05	0.05	0.05	0.05	0.05	0.05	0.05	0.05	0.05	0.06	0.06	0.06	0.06	0.06	0.06	0.06	0.06	0.06	0.06	0.06	0.09	0.07
20	0	0	0	0	0	0	0	0	0	0	0	0	0	0	0	0	0	0	0	0	0	0	0	0	0	0	0
1/2	0.02	0.02	0.03	0.03	0.03	0.03	0.03	0.03	0.03	0.03	0.03	0.03	0.03	0.03	0.03	0.03	0.03	0.03	0.03	0.03	0.03	0.03	0.03	0.03	0.04	0.04	0.04
21	0.04	0.04	0.04	0.05	0.05	0.05	0.05	0.06	0.06	0.06	0.06	0.06	0.06	0.06	0.06	0.06	0.06	0.06	0.06	0.06	0.06	0.06	0.06	0.07	0.07	0.07	0.07
1/2	0.07	0.07	0.07	0.08	0.08	0.08	0.08	0.08	0.09	0.09	0.09	0.09	0.09	0.09	0.09	0.09	0.09	0.09	0.09	0.09	0.09	0.09	0.09	0.10	0.10	0.11	0.11
22	0.10	0.10	0.10	0.10	0.10	0.10	0.10	0.10	0.11	0.11	0.11	0.11	0.11	0.12	0.12	0.12	0.12	0.12	0.12	0.12	0.12	0.12	0.12	0.13	0.13	0.13	0.14
1/2	0.13	0.13	0.13	0.13	0.13	0.13	0.13	0.13	0.14	0.14	0.14	0.14	0.14	0.15	0.15	0.15	0.15	0.15	0.16	0.16	0.16	0.16	0.16	0.17	0.17	0.17	0.18
23	0.16	0.16	0.16	0.16	0.16	0.16	0.16	0.16	0.17	0.17	0.17	0.17	0.17	0.17	0.17	0.18	0.18	0.18	0.18	0.19	0.19	0.19	0.19	0.20	0.20	0.20	0.21

续表

温度/℃	观测锤度 温度高于20℃时读数应加之数																										
	0	1	2	3	4	5	6	7	8	9	10	11	12	13	14	15	16	17	18	19	20	21	22	23	24	25	30
1/2	0.19	0.19	0.19	0.19	0.19	0.19	0.19	0.19	0.20	0.20	0.20	0.20	0.20	0.21	0.21	0.21	0.21	0.22	0.22	0.23	0.23	0.23	0.23	0.24	0.24	0.24	0.25
24	0.21	0.21	0.22	0.22	0.22	0.22	0.22	0.23	0.23	0.23	0.23	0.23	0.24	0.24	0.24	0.24	0.25	0.25	0.25	0.26	0.26	0.26	0.26	0.27	0.27	0.27	0.28
1/2	0.24	0.24	0.25	0.25	0.25	0.26	0.26	0.26	0.26	0.26	0.27	0.27	0.27	0.28	0.28	0.28	0.28	0.28	0.29	0.29	0.29	0.29	0.30	0.30	0.31	0.31	0.32
25	0.27	0.27	0.28	0.28	0.28	0.28	0.29	0.29	0.29	0.30	0.30	0.30	0.31	0.31	0.31	0.31	0.31	0.31	0.32	0.32	0.32	0.32	0.33	0.33	0.34	0.34	0.35
1/2	0.30	0.30	0.31	0.31	0.31	0.31	0.32	0.32	0.32	0.33	0.33	0.33	0.33	0.34	0.34	0.34	0.34	0.35	0.35	0.36	0.36	0.36	0.36	0.37	0.37	0.37	0.39
26	0.33	0.33	0.34	0.34	0.34	0.34	0.35	0.35	0.35	0.36	0.36	0.36	0.36	0.37	0.37	0.37	0.38	0.38	0.39	0.39	0.40	0.40	0.40	0.40	0.40	0.40	0.42
1/2	0.37	0.37	0.37	0.38	0.38	0.38	0.38	0.39	0.39	0.39	0.39	0.40	0.40	0.41	0.41	0.41	0.41	0.42	0.42	0.42	0.43	0.43	0.43	0.44	0.44	0.44	0.46
27	0.40	0.40	0.41	0.41	0.41	0.41	0.41	0.42	0.42	0.42	0.42	0.43	0.43	0.44	0.44	0.44	0.44	0.45	0.45	0.46	0.46	0.46	0.47	0.47	0.48	0.48	0.50
1/2	0.43	0.43	0.44	0.44	0.44	0.44	0.45	0.45	0.45	0.46	0.46	0.46	0.47	0.47	0.48	0.48	0.48	0.49	0.49	0.50	0.50	0.50	0.51	0.51	0.52	0.52	0.54
28	0.46	0.46	0.47	0.47	0.47	0.47	0.48	0.48	0.49	0.49	0.49	0.50	0.50	0.51	0.51	0.52	0.52	0.53	0.53	0.53	0.54	0.54	0.55	0.55	0.56	0.56	0.58
1/2	0.50	0.50	0.51	0.51	0.51	0.51	0.52	0.52	0.52	0.53	0.53	0.54	0.54	0.55	0.55	0.56	0.56	0.57	0.57	0.57	0.58	0.58	0.59	0.59	0.60	0.60	0.62
29	0.54	0.54	0.55	0.55	0.55	0.55	0.55	0.56	0.56	0.56	0.56	0.57	0.57	0.58	0.58	0.59	0.60	0.60	0.60	0.61	0.61	0.61	0.62	0.62	0.63	0.63	0.66
1/2	0.58	0.58	0.59	0.59	0.59	0.59	0.59	0.60	0.60	0.60	0.60	0.61	0.61	0.62	0.63	0.63	0.63	0.64	0.64	0.65	0.65	0.65	0.66	0.66	0.67	0.67	0.70
30	0.61	0.61	0.62	0.62	0.62	0.62	0.62	0.63	0.63	0.63	0.64	0.64	0.64	0.65	0.66	0.66	0.66	0.67	0.67	0.68	0.68	0.68	0.69	0.69	0.70	0.70	0.73
1/2	0.65	0.65	0.66	0.66	0.66	0.66	0.66	0.67	0.67	0.67	0.67	0.68	0.68	0.69	0.69	0.70	0.70	0.71	0.71	0.72	0.72	0.73	0.73	0.74	0.74	0.75	0.78
31	0.69	0.69	0.70	0.70	0.70	0.70	0.70	0.71	0.71	0.71	0.71	0.72	0.72	0.73	0.73	0.74	0.74	0.75	0.75	0.76	0.76	0.77	0.77	0.78	0.78	0.79	0.82
1/2	0.73	0.73	0.74	0.74	0.74	0.74	0.74	0.75	0.75	0.75	0.75	0.76	0.77	0.77	0.78	0.78	0.79	0.79	0.80	0.80	0.81	0.81	0.81	0.82	0.82	0.83	0.86
32	0.76	0.76	0.77	0.77	0.77	0.78	0.78	0.78	0.79	0.79	0.80	0.80	0.80	0.81	0.82	0.82	0.83	0.83	0.84	0.84	0.85	0.85	0.86	0.86	0.87	0.87	0.90
1/2	0.80	0.80	0.81	0.81	0.82	0.82	0.83	0.83	0.83	0.83	0.83	0.84	0.84	0.85	0.86	0.86	0.87	0.87	0.88	0.88	0.89	0.90	0.90	0.91	0.91	0.92	0.95
33	0.84	0.84	0.85	0.85	0.85	0.85	0.86	0.86	0.86	0.86	0.86	0.87	0.88	0.88	0.89	0.89	0.90	0.91	0.91	0.92	0.93	0.93	0.94	0.95	0.95	0.96	0.99
1/2	0.88	0.88	0.89	0.89	0.89	0.89	0.89	0.90	0.90	0.90	0.90	0.91	0.92	0.92	0.93	0.93	0.94	0.95	0.96	0.96	0.97	0.97	0.98	0.99	1.00	1.00	1.03
34	0.91	0.91	0.92	0.92	0.93	0.93	0.93	0.94	0.94	0.94	0.94	0.95	0.96	0.96	0.97	0.97	0.98	0.99	1.00	1.01	1.02	1.02	1.03	1.03	1.04	1.04	1.07
1/2	0.95	0.95	0.96	0.96	0.97	0.97	0.97	0.98	0.98	0.98	0.99	0.99	0.99	1.00	1.01	1.02	1.03	1.04	1.04	1.05	1.06	1.07	1.07	1.08	1.08	1.09	1.12
35	0.99	0.99	1.00	1.00	1.01	1.01	1.02	1.02	1.02	1.02	1.02	1.03	1.04	1.05	1.06	1.06	1.07	1.08	1.08	1.09	1.10	1.11	1.11	1.12	1.13	1.13	1.16
40	1.42	1.43	1.44	1.44	1.44	1.45	1.45	1.46	1.47	1.47	1.47	1.48	1.49	1.50	1.50	1.51	1.52	1.53	1.53	1.54	1.54	1.55	1.55	1.56	1.56	1.57	1.62

附录2　乳稠计读数变为15℃时的度数换算表

乳稠计读数 ＼ 鲜乳温度/℃	8	9	10	11	12	13	14	15	16	17	18	19	20	21	22
15	14.2	14.3	14.4	14.5	14.6	14.7	14.8	15.0	15.1	15.2	15.4	15.6	15.8	16.0	16.2
16	15.2	15.3	15.4	15.5	15.6	15.7	15.8	16.0	16.1	16.3	16.5	16.7	16.9	17.1	17.3
17	16.2	16.3	16.4	16.5	16.6	16.7	16.8	17.0	17.1	17.3	17.5	17.7	17.9	18.1	18.3
18	17.2	17.3	17.4	17.5	17.6	17.7	17.8	18.0	18.1	18.3	18.5	18.7	18.9	19.1	19.5
19	18.2	18.3	18.4	18.5	18.6	18.7	18.8	19.0	19.0	19.3	19.5	19.7	19.9	20.1	20.3
20	19.1	19.2	19.3	19.4	19.5	19.6	19.8	20.0	20.1	20.3	20.5	20.7	20.9	21.1	21.3
21	20.1	20.2	20.3	20.4	20.5	20.6	20.8	21.0	21.2	21.4	21.6	21.8	22.0	22.2	22.4
22	21.1	21.2	21.3	21.4	21.5	21.6	21.8	22.0	22.2	22.4	22.6	22.8	23.0	23.4	23.4
23	22.1	22.2	22.3	22.4	22.5	22.6	22.8	23.0	23.2	23.4	23.6	23.8	24.0	24.2	24.4
24	23.1	23.2	23.3	23.4	23.5	23.6	23.8	24.0	24.2	24.4	24.6	24.8	25.0	25.2	25.5
25	24.0	24.1	24.2	24.3	24.5	24.6	24.8	25.0	25.2	25.4	25.6	25.8	26.0	26.2	26.4
26	25.0	25.1	25.2	25.3	25.5	25.6	25.8	26.0	26.2	26.4	26.6	26.9	27.1	27.3	27.5
27	26.0	26.1	26.2	26.3	26.4	26.6	26.8	27.0	27.2	27.4	27.6	27.9	28.1	28.4	28.6
28	26.9	27.0	27.1	27.2	27.4	27.6	27.8	28.0	28.2	28.4	28.6	28.9	29.2	29.4	29.6
29	27.8	27.9	28.1	28.2	28.4	28.6	28.8	29.0	29.2	29.4	29.6	29.9	30.2	30.4	30.6
30	28.7	28.9	29.0	29.2	29.4	29.6	29.8	30.0	30.2	30.4	30.6	30.9	31.2	31.4	31.6
31	29.7	29.8	30.0	30.2	30.4	30.6	30.8	31.0	31.2	31.4	31.6	32.0	32.2	32.5	32.7
32	30.6	30.8	31.0	31.2	31.4	31.6	31.8	32.0	32.2	32.4	32.7	33.0	33.3	33.6	33.8
33	31.6	31.8	32.0	32.2	32.4	32.6	32.8	33.0	33.2	33.4	33.7	34.0	34.3	34.7	34.8
34	32.6	32.8	32.8	33.1	33.3	33.6	33.8	34.0	34.2	34.4	34.7	35.0	35.3	35.6	35.9
35	33.6	33.7	33.8	34.0	34.2	34.4	34.8	35.0	35.2	35.4	35.7	36.0	36.3	36.6	36.9

附录3　糖液折光锤度温度改正表（标准温度20℃）

温度/℃ ＼ 锤度	0	5	10	15	20	25	30	35	40	45	50	55	60	65	70
10	0.50	0.54	0.58	0.61	0.64	0.66	0.68	0.70	0.72	0.73	0.74	0.75	0.76	0.78	0.79
11	0.46	0.49	0.53	0.55	0.58	0.60	0.62	0.64	0.65	0.66	0.67	0.68	0.69	0.70	0.71
12	0.42	0.45	0.48	0.50	0.52	0.54	0.56	0.57	0.58	0.59	0.60	0.61	0.61	0.63	0.63
13	0.37	0.40	0.42	0.44	0.46	0.48	0.49	0.50	0.51	0.52	0.53	0.54	0.54	0.55	0.55
14	0.33	0.35	0.37	0.39	0.40	0.41	0.42	0.43	0.44	0.45	0.45	0.46	0.46	0.47	0.48
15	0.27	0.29	0.31	0.33	0.34	0.34	0.35	0.36	0.37	0.37	0.38	0.39	0.39	0.40	0.40
16	0.22	0.24	0.25	0.26	0.27	0.28	0.28	0.29	0.30	0.30	0.30	0.31	0.31	0.32	0.32
17	0.17	0.18	0.19	0.20	0.21	0.21	0.21	0.22	0.22	0.23	0.23	0.23	0.23	0.24	0.24
18	0.12	0.13	0.13	0.14	0.14	0.14	0.14	0.15	0.15	0.15	0.15	0.16	0.16	0.16	0.16
19	0.06	0.06	0.06	0.07	0.07	0.07	0.07	0.08	0.08	0.08	0.08	0.08	0.08	0.08	0.08
21	0.06	0.07	0.07	0.07	0.07	0.08	0.08	0.08	0.08	0.08	0.08	0.08	0.08	0.08	0.08
22	0.13	0.13	0.14	0.14	0.15	0.15	0.15	0.15	0.15	0.16	0.16	0.16	0.16	0.16	0.16
23	0.19	0.20	0.21	0.22	0.22	0.23	0.23	0.23	0.24	0.24	0.24	0.24	0.24	0.24	0.24
24	0.26	0.27	0.28	0.29	0.30	0.30	0.31	0.31	0.31	0.31	0.31	0.32	0.32	0.32	0.32
25	0.33	0.35	0.36	0.37	0.38	0.38	0.39	0.40	0.40	0.40	0.40	0.40	0.40	0.40	0.40
26	0.40	0.42	0.43	0.44	0.45	0.46	0.47	0.48	0.48	0.48	0.48	0.48	0.48	0.48	0.48
27	0.48	0.50	0.52	0.53	0.54	0.55	0.55	0.56	0.56	0.56	0.56	0.56	0.56	0.56	0.56
28	0.56	0.57	0.60	0.61	0.62	0.63	0.63	0.64	0.64	0.64	0.64	0.64	0.64	0.64	0.64
29	0.64	0.66	0.68	0.69	0.71	0.72	0.72	0.73	0.73	0.73	0.73	0.73	0.73	0.73	0.73
30	0.72	0.74	0.77	0.78	0.79	0.80	0.80	0.81	0.81	0.81	0.81	0.81	0.81	0.81	0.81

注：20℃时为标准数值，不用校正。

附录4　相当于氧化亚铜质量的葡萄糖、果糖、乳糖、转化糖质量表

单位：mg

氧化亚铜	葡萄糖	果糖	乳糖	转化糖	氧化亚铜	葡萄糖	果糖	乳糖	转化糖
11.3	4.6	5.1	7.7	5.2	54.0	23.1	25.4	36.8	24.5
12.4	5.1	5.6	8.5	5.7	55.2	23.6	26.0	37.5	25.0
13.5	5.6	6.1	9.3	6.2	56.3	24.1	26.5	38.3	25.5
14.6	6.0	6.7	10.0	6.7	57.4	24.6	27.1	39.1	26.0
15.8	6.5	7.2	10.8	7.2	58.5	25.1	27.6	39.8	26.5
16.9	7.0	7.7	11.5	7.7	59.7	25.6	28.2	40.6	27.0
18.0	7.5	8.3	12.3	8.2	60.8	26.1	28.7	41.4	27.6
19.1	8.0	8.8	13.1	8.7	61.9	26.5	29.2	42.1	28.1
20.3	8.5	9.3	13.8	9.2	63.0	27.0	29.8	42.9	28.6
21.4	8.9	9.9	14.6	9.7	64.2	27.5	30.3	43.7	29.1
22.5	9.4	10.4	15.4	10.2	65.3	28.0	30.9	44.4	29.6
23.6	9.9	10.9	16.1	10.7	66.4	28.5	31.4	45.2	30.1
24.8	10.4	11.5	11.2	11.2	67.6	29.0	31.9	46.0	30.6
25.9	10.9	12.0	17.7	11.7	68.7	29.5	32.5	46.7	31.2
27.0	11.4	12.5	18.4	12.3	69.8	30.0	33.0	47.5	31.7
28.1	11.9	13.1	19.2	12.8	70.9	30.5	33.6	48.3	32.2
29.3	12.3	13.6	19.9	13.3	72.1	31.0	34.1	49.0	32.7
30.4	12.8	14.2	20.7	13.8	73.2	31.5	34.7	49.8	33.2
31.5	13.3	14.7	21.5	14.3	74.3	32.0	35.2	50.6	33.7
32.6	13.8	15.2	22.2	14.8	75.4	32.5	35.8	51.3	34.3
33.8	14.3	15.8	23.0	15.3	76.6	33.0	36.3	52.1	34.8
34.9	14.8	16.0	23.8	15.8	77.7	33.5	36.8	52.9	35.3
36.0	15.3	16.8	24.5	16.3	78.8	34.0	37.4	53.6	35.8
37.2	15.7	17.4	25.3	16.8	79.9	34.5	37.9	54.4	36.3
38.3	16.2	17.9	26.1	17.3	81.1	35.0	38.5	55.2	36.8
39.4	16.7	18.4	26.8	17.8	82.2	35.5	39.0	55.9	37.4
40.5	17.2	19.0	27.6	18.3	83.3	36.0	39.6	56.7	37.9
41.7	17.7	19.5	28.4	18.9	84.4	36.5	40.1	57.5	38.4
42.8	18.2	20.1	29.1	19.4	85.6	37.0	40.7	58.2	38.9
43.9	18.7	20.6	29.9	19.9	86.7	37.5	41.2	59.0	39.4
45.0	19.2	21.1	30.6	20.4	87.8	38.0	41.7	59.8	40.0
46.2	19.7	21.7	31.4	20.9	88.9	38.5	42.3	60.5	40.5
47.3	20.1	22.2	32.2	21.4	90.1	39.0	42.8	61.3	41.0
48.4	20.6	22.8	32.9	21.9	91.2	39.5	43.4	62.1	41.5
49.5	21.1	23.3	33.7	22.4	92.3	40.0	43.9	62.8	42.0
50.7	21.6	23.8	34.5	22.9	93.4	40.5	44.5	63.6	42.6
51.8	22.1	24.4	35.2	23.5	94.6	41.0	45.0	64.4	43.1
52.9	22.6	24.9	36.0	24.0	95.7	41.5	45.6	65.1	43.6

氧化亚铜	葡萄糖	果糖	乳糖	转化糖	氧化亚铜	葡萄糖	果糖	乳糖	转化糖
96.8	42.0	46.1	65.9	44.1	145.2	63.8	69.9	99.0	66.8
97.9	42.5	46.7	66.7	44.7	146.4	64.3	70.4	99.8	67.4
99.1	43.0	47.2	67.4	45.2	147.5	64.9	71.0	100.6	69.7
100.2	43.5	47.8	68.2	45.7	148.6	65.4	71.6	101.3	68.4
101.3	44.0	48.3	69.0	46.2	149.7	65.9	72.1	102.1	69.0
102.5	44.5	48.9	69.7	46.7	150.9	66.4	72.7	102.9	69.5
103.6	45.0	49.4	70.5	47.3	152.0	66.9	73.2	103.6	70.0
104.7	45.5	50.0	71.3	47.8	153.1	67.4	73.8	104.4	70.6
105.8	46.0	50.5	72.1	48.3	154.2	68.0	74.3	105.2	71.1
107.0	46.5	51.1	72.8	48.8	155.4	68.5	74.9	106.0	71.6
108.1	47.0	51.6	73.6	49.4	156.5	69.0	75.5	106.7	72.2
109.2	47.5	52.2	74.4	49.9	157.6	69.5	76.0	107.5	72.7
110.3	48.0	52.7	75.1	50.4	158.7	70.0	76.6	108.3	73.2
111.5	48.5	53.3	75.9	50.9	159.9	70.5	77.1	109.0	73.8
112.6	49.0	53.8	76.7	51.5	161.0	71.1	77.7	109.8	74.3
113.7	49.5	54.4	77.4	52.0	162.1	71.6	78.3	110.6	74.9
114.8	50.0	54.9	78.2	52.5	163.2	72.1	78.8	111.4	75.4
116.0	50.6	55.5	79.0	53.0	164.4	72.6	79.4	112.1	75.9
117.1	51.1	56.0	79.7	53.6	165.5	73.1	80.0	112.9	76.5
118.2	51.6	56.6	80.5	54.1	166.6	73.7	80.5	113.7	77.0
119.3	52.1	57.1	81.3	54.6	167.8	74.2	81.5	114.4	77.6
120.5	52.6	57.7	82.1	55.2	168.9	74.7	81.6	115.2	78.1
121.6	53.1	58.2	82.8	55.7	170.0	75.2	82.2	116.0	78.6
122.7	53.6	58.8	83.6	56.2	171.0	75.7	82.8	116.8	79.2
123.8	54.1	59.3	84.4	56.7	172.3	76.3	83.9	117.5	79.7
125.0	54.6	59.9	85.1	57.3	173.4	76.8	83.9	118.3	80.3
126.1	55.1	60.4	85.9	57.8	174.5	77.3	84.4	119.1	80.8
127.2	55.6	61.0	86.7	58.3	175.6	77.8	85.0	119.9	81.3
128.3	56.1	61.6	87.4	58.9	176.8	78.3	85.6	120.6	81.9
129.5	56.7	62.1	88.2	59.4	177.9	78.9	86.1	121.4	82.4
130.6	57.2	62.7	89.0	59.9	179.0	79.4	86.7	122.2	83.0
131.7	57.7	63.2	89.8	60.4	180.1	79.9	87.3	122.9	83.5
132.8	58.2	63.8	90.5	61.0	181.3	80.4	87.8	123.7	84.0
134.0	58.7	64.3	91.3	61.5	182.4	81.0	88.4	124.5	84.6
135.1	59.2	64.9	92.1	62.0	183.5	81.5	89.0	125.3	85.1
136.2	59.7	65.5	92.8	62.6	184.5	82.0	89.5	126.0	85.7
137.4	60.2	66.0	93.6	63.1	185.8	82.5	90.1	126.8	86.2
138.5	60.7	66.5	94.4	63.6	186.9	83.1	90.6	127.6	86.8
139.6	61.3	67.1	95.2	64.2	188.0	83.6	91.2	128.4	87.3
140.7	61.8	67.7	95.9	64.7	189.1	84.1	91.8	129.1	87.8
141.9	62.3	68.2	96.7	65.2	190.3	84.6	92.3	129.9	88.4
143.0	62.8	68.8	97.5	65.8	191.4	85.2	92.9	130.7	88.9
144.1	63.3	69.3	98.2	66.3	192.5	85.7	93.5	131.5	89.5

续表

氧化亚铜	葡萄糖	果糖	乳糖	转化糖	氧化亚铜	葡萄糖	果糖	乳糖	转化糖
193.6	86.2	94.0	132.2	90.0	242.1	109.2	118.6	165.6	113.7
194.8	86.7	94.6	133.0	90.6	243.1	109.7	119.2	166.4	114.3
195.9	87.3	95.2	133.8	91.1	244.3	110.2	119.8	167.1	114.9
197.0	87.8	95.7	134.6	91.7	245.4	110.8	120.3	167.9	115.4
198.1	88.3	96.3	135.3	92.2	246.6	11.3	120.9	168.7	116.0
199.3	88.9	96.9	136.1	92.8	247.7	111.9	121.5	169.5	116.5
200.4	89.4	97.4	136.9	93.3	247.8	112.4	122.1	170.3	117.1
201.5	89.9	98.0	137.7	93.8	247.9	112.9	122.6	171.0	117.6
202.7	90.4	98.6	138.4	94.4	251.1	113.5	123.2	171.8	118.2
203.8	91.0	99.2	139.2	94.9	252.2	114.0	123.8	172.6	118.8
204.9	91.5	99.7	140.0	95.5	253.3	114.6	124.4	173.4	119.3
206.0	92.0	100.3	140.8	96.0	254.4	115.1	125.0	174.2	119.9
207.2	92.6	100.9	141.5	96.6	255.6	115.7	125.5	174.9	120.4
208.3	93.1	101.4	142.3	97.1	256.7	116.2	126.1	175.7	121.0
209.4	93.6	102.0	143.1	97.7	257.8	116.7	126.7	176.5	121.6
210.5	94.2	102.6	143.9	98.2	258.9	117.3	127.3	177.3	122.1
211.7	94.7	103.1	144.6	98.8	260.1	117.8	127.9	178.1	122.7
212.8	95.2	103.7	145.4	99.3	261.2	118.4	128.4	178.8	123.3
213.9	95.7	104.3	146.2	99.9	262.3	118.9	129.0	179.6	123.8
215.0	96.3	104.8	147.0	100.4	263.4	119.5	129.6	180.4	124.4
216.2	96.8	105.4	147.7	101.0	264.6	120.0	130.2	181.2	124.9
217.3	97.3	106.0	148.5	101.5	265.7	120.6	130.8	181.9	125.5
218.4	97.9	106.6	149.3	102.1	266.8	121.1	131.3	182.7	126.1
219.5	98.4	107.1	150.1	102.6	268.0	121.7	131.9	183.5	126.6
220.7	98.9	107.7	150.8	103.2	269.1	122.2	132.5	184.3	127.2
221.8	99.5	108.3	151.6	103.7	270.2	122.7	133.1	185.1	127.8
222.9	100.0	108.8	152.4	104.3	271.3	123.3	133.7	185.8	128.3
224.0	100.5	109.4	153.2	104.8	272.5	123.8	134.2	186.6	128.9
225.2	101.1	110.0	153.9	105.4	273.6	124.4	134.8	187.4	129.5
226.3	101.6	110.6	154.7	106.0	274.7	124.9	135.4	188.2	130.0
227.4	102.2	111.1	155.5	106.5	275.8	125.5	136.0	189.0	130.6
228.5	102.7	111.7	156.3	107.1	277.0	126.0	136.6	189.7	131.2
229.7	103.2	112.3	157.0	107.6	278.1	126.6	137.2	190.5	131.7
230.8	103.8	112.9	157.8	108.2	279.2	127.1	137.7	191.3	132.3
231.9	104.3	113.4	158.6	108.7	280.3	127.7	138.3	192.1	132.9
233.1	104.8	114.0	159.4	109.3	281.5	128.2	138.9	192.9	133.4
234.2	105.4	114.6	160.2	109.8	282.6	128.8	139.5	193.6	134.0
235.3	105.9	115.2	160.9	110.4	283.7	129.3	140.1	194.4	134.6
236.4	106.5	115.7	161.7	110.9	284.8	129.9	140.7	195.2	135.1
237.6	107.0	116.3	162.5	111.5	286.0	130.4	141.3	196.0	135.7
238.7	107.5	116.9	163.3	112.1	287.1	131.0	141.8	196.8	136.3
239.8	108.1	117.5	164.0	112.6	288.2	131.6	142.4	197.5	136.8
240.9	108.6	118.0	164.8	113.2	289.3	132.1	143.0	198.3	137.4

氧化亚铜	葡萄糖	果糖	乳糖	转化糖	氧化亚铜	葡萄糖	果糖	乳糖	转化糖
290.5	132.7	143.6	199.1	138.0	338.9	156.8	169.0	232.7	162.8
291.6	133.2	144.2	199.9	138.6	340.0	157.3	169.6	233.5	163.4
292.7	133.8	144.8	200.7	139.1	341.1	157.9	170.2	234.3	164.0
293.8	134.3	145.4	201.4	139.7	342.3	158.5	170.8	235.1	164.5
295.0	134.9	145.9	202.2	140.3	343.4	159.0	171.4	235.9	165.1
296.1	135.4	146.5	203.0	140.8	344.5	159.6	172.0	236.7	165.7
297.2	136	147.1	203.8	141.4	345.6	160.2	172.6	237.4	166.3
298.3	136.5	147.7	204.6	142.0	346.8	160.7	173.2	238.2	166.9
299.5	137.1	148.3	205.3	142.6	347.9	161.3	173.8	239.0	167.5
300.6	137.7	148.9	206.1	143.1	349.0	161.9	174.4	239.8	168.0
301.7	138.2	149.5	206.9	143.7	350.1	162.5	175.0	240.6	168.6
302.9	138.8	150.1	207.7	144.3	351.3	163.0	175.6	241.4	169.2
304.0	139.3	150.6	208.5	144.8	352.4	163.6	176.2	242.2	169.8
305.1	139.9	151.2	209.2	145.4	353.5	164.2	176.8	243.0	170.4
306.2	140.4	151.8	210.0	146.0	354.6	164.7	177.4	243.7	171.0
307.4	141	152.4	210.8	146.6	355.8	165.3	178.0	244.5	171.6
308.5	141.6	153.0	211.6	147.1	356.9	165.9	178.6	245.3	172.2
309.6	142.1	153.6	212.4	147.7	358.0	166.5	179.2	246.1	172.8
310.7	142.7	154.2	213.2	148.3	359.1	167.0	179.8	246.9	173.3
311.9	143.2	154.8	214.0	148.9	360.3	167.6	180.4	247.7	173.9
313.0	143.8	155.4	214.8	149.4	361.4	168.2	181.0	248.5	174.5
314.1	144.4	156.0	215.5	150.0	362.5	168.8	181.6	249.2	175.1
315.2	144.9	156.5	216.3	150.6	363.6	169.3	182.2	250.0	175.7
316.4	145.5	157.1	217.1	151.2	364.8	169.9	182.8	250.8	176.3
317.5	146.0	157.7	217.9	151.8	365.9	170.5	183.4	251.6	176.9
318.6	146.6	158.3	218.7	152.3	367.0	171.1	184.0	252.4	177.5
319.7	147.2	158.9	219.4	152.9	368.2	171.6	184.6	253.2	178.1
320.9	147.7	159.5	220.2	153.5	369.3	172.2	185.2	253.9	178.7
322.0	148.3	160.1	221.0	154.1	370.4	172.8	185.8	254.7	179.3
323.1	148.8	160.7	221.8	154.6	371.5	173.4	186.4	255.5	179.8
324.2	149.4	161.3	222.6	155.2	372.7	173.9	187.0	256.3	180.4
325.4	150.0	161.9	223.3	155.8	373.8	174.5	187.6	257.1	181.0
326.5	150.5	162.5	224.1	156.4	374.9	175.1	188.2	257.9	181.6
327.6	154.1	163.1	224.9	157.0	376.0	175.7	188.8	258.7	182.2
328.7	151.7	163.7	225.7	157.5	377.2	176.3	189.4	259.4	182.8
329.9	152.2	164.3	226.5	158.1	378.3	176.8	190.1	260.2	183.4
331.0	152.8	164.9	227.3	158.7	379.4	177.4	190.7	261.0	184.0
332.1	153.3	165.4	228.0	159.3	380.5	178.0	191.3	261.8	184.6
333.3	153.9	166.0	228.8	159.9	381.7	178.6	191.9	262.6	185.2
334.4	154.5	166.6	229.6	160.5	382.8	179.2	192.5	263.4	185.8
335.5	155.1	167.2	230.4	161.0	383.9	179.7	193.1	264.2	186.4
336.6	155.6	167.8	231.2	161.6	385.0	180.3	193.7	265.0	187.0
337.8	156.2	168.4	232.0	162.2	386.2	180.9	194.3	265.8	187.6

氧化亚铜	葡萄糖	果糖	乳糖	转化糖	氧化亚铜	葡萄糖	果糖	乳糖	转化糖
387.3	181.5	194.9	266.6	188.2	435.7	206.9	221.3	300.6	214.2
388.4	182.1	195.5	267.4	188.8	436.8	207.5	221.9	301.4	214.8
389.5	182.7	196.1	268.1	189.4	438.0	208.1	222.6	302.2	215.4
390.7	183.2	196.7	268.9	190.0	439.1	208.7	223.2	303.0	216.0
391.8	183.8	197.3	269.7	190.6	440.2	209.3	223.8	303.8	216.7
392.9	184.4	197.9	270.5	191.2	441.3	209.9	224.4	304.6	217.3
394.0	185.0	198.5	271.3	191.8	442.5	210.5	225.1	305.4	217.9
395.2	185.6	199.2	272.1	192.4	443.6	211.1	225.7	306.2	218.5
396.3	186.2	199.8	272.9	193.0	444.7	211.7	226.3	307.0	219.1
397.4	186.8	200.4	273.7	193.6	445.8	212.3	226.9	307.8	219.8
398.5	187.3	201.0	274.4	194.2	447.0	212.9	227.6	308.6	220.4
399.7	187.9	201.6	275.2	194.8	448.1	213.5	228.2	309.4	221.0
400.8	188.5	202.2	276.0	195.4	449.2	214.1	228.8	310.2	221.6
401.9	189.1	202.8	276.8	196.0	450.3	214.7	229.4	311.0	222.2
403.1	189.7	203.4	277.6	196.6	451.5	215.3	230.1	311.8	222.9
404.2	190.3	204.0	278.4	197.2	452.6	215.9	230.7	312.6	223.5
405.3	190.9	204.7	279.2	197.8	453.7	216.5	231.3	313.4	224.1
406.4	191.5	205.3	280.0	198.4	454.8	217.1	232.0	314.2	224.7
407.6	192.0	205.9	280.8	199.0	456.0	217.8	232.6	315.0	225.4
408.7	192.6	206.5	281.6	199.6	457.1	218.4	233.2	315.9	226.0
409.8	193.2	207.1	282.4	200.2	458.2	219.0	233.9	316.7	226.6
410.9	193.8	207.7	283.2	200.8	459.3	219.6	234.5	317.5	227.2
412.1	194.4	208.3	284.0	201.4	460.5	220.2	235.1	318.3	227.9
413.2	195.0	209.0	284.8	202.0	461.6	220.8	235.8	319.1	228.5
414.3	195.6	209.6	285.6	202.6	462.7	221.4	236.4	319.9	229.1
415.4	196.2	210.2	286.3	203.2	463.8	222.0	237.1	320.7	229.7
416.6	196.8	210.8	287.1	203.8	465.0	222.6	237.7	321.6	230.4
417.7	197.4	211.4	287.9	204.4	466.1	223.3	238.4	322.4	231.0
418.8	198.0	212.0	288.7	205.0	467.2	223.9	239.0	323.3	231.7
419.9	198.5	212.6	289.5	205.7	468.4	224.5	239.7	324.0	232.3
421.1	199.1	213.3	290.3	206.3	469.5	225.1	240.3	324.9	232.9
422.2	199.7	213.9	291.1	206.9	470.6	225.7	241.0	325.7	233.6
423.3	200.3	214.5	291.9	207.5	471.7	226.3	241.6	326.5	234.2
424.4	200.9	215.1	292.7	208.1	472.9	227.0	242.2	327.4	234.8
425.6	201.5	215.7	293.5	208.7	474.0	227.6	242.9	328.2	235.5
426.7	202.1	216.3	294.3	209.3	475.1	228.2	243.6	329.1	236.1
427.8	202.7	217.0	295.0	209.9	476.2	228.8	244.3	329.9	236.8
428.9	203.5	217.6	295.8	210.5	477.4	229.5	244.9	330.8	237.5
430.1	203.9	218.2	296.6	211.1	478.5	230.1	245.6	331.7	238.1
431.2	204.5	218.8	297.4	211.8	479.6	230.7	246.3	332.6	238.8
432.3	205.1	219.5	298.2	212.4	480.7	231.4	247.0	333.5	239.5
433.5	205.6	220.1	299.0	213.0	481.9	232.0	247.8	334.4	240.2
434.6	206.3	220.7	299.8	213.6	483.0	232.7	248.5	335.3	240.8

附录 5　碳酸气吸收系数表

压力/9.8×10⁴Pa 倍数 温度/℃	0	0.1	0.2	0.3	0.4	0.5	0.6	0.7	0.8	0.9	1.0	1.1	1.2	1.3	1.4	1.5	1.6	1.7	1.8	1.9	2.0	2.1	2.2	2.3	2.4
0	1.713	1.88	2.04	2.21	2.38	2.54	2.71	2.87	3.04	3.21	3.37	3.54	3.70	3.87	4.03	4.20	4.37	4.53	4.70	4.86	5.03	5.19	5.36	5.53	5.69
1	1.645	1.81	1.96	2.12	2.28	2.44	2.60	2.76	2.92	3.08	3.24	3.46	3.56	3.72	3.88	4.04	4.19	4.35	4.51	4.67	4.83	4.99	5.15	5.31	5.47
2	1.584	1.74	1.89	2.04	2.20	2.35	2.50	2.66	2.81	2.96	3.12	3.27	3.42	3.58	3.73	3.88	4.04	4.19	4.34	4.50	4.65	4.80	4.96	5.11	5.26
3	1.527	1.67	1.82	1.97	2.12	2.27	2.41	2.56	2.71	2.86	3.00	3.15	3.30	3.45	3.60	3.74	3.89	4.04	4.19	4.33	4.48	4.63	4.78	4.93	5.07
4	1.473	1.62	1.76	1.90	2.04	2.19	2.33	2.47	2.61	2.76	2.90	3.04	3.18	3.33	3.47	3.61	3.75	3.95	4.04	4.18	4.32	4.47	4.61	4.75	4.89
5	1.424	1.56	1.70	1.84	1.98	2.11	2.25	2.39	2.53	2.66	2.80	2.94	3.08	3.22	3.35	3.49	3.63	3.77	3.90	4.04	4.18	4.32	4.46	4.59	4.73
6	1.377	1.51	1.64	1.78	1.91	2.04	2.18	2.31	2.44	2.58	2.71	2.84	2.98	3.11	3.24	3.38	3.51	3.64	3.78	3.91	4.04	4.18	4.31	4.44	4.58
7	1.331	1.46	1.59	1.72	1.85	1.98	2.10	2.23	2.36	2.49	2.62	2.75	2.88	3.01	3.13	3.26	3.39	3.52	3.65	3.78	3.91	4.04	4.17	4.29	4.42
8	1.282	1.41	1.53	1.65	1.78	1.90	2.03	2.15	2.27	2.40	2.52	2.65	2.77	2.90	3.02	3.14	3.27	3.39	3.52	3.64	3.76	3.89	4.01	4.14	4.26
9	1.237	1.36	1.48	1.60	1.72	1.84	1.96	2.08	2.19	2.31	2.43	2.55	2.67	2.79	2.91	3.03	3.15	3.27	3.39	3.51	3.63	3.75	3.87	3.99	4.11
10	1.194	1.31	1.43	1.54	1.66	1.77	1.89	2.00	2.12	2.23	2.34	2.47	2.58	2.70	2.81	2.93	3.04	3.16	3.27	3.39	3.51	3.62	3.74	3.85	3.97
11	1.154	1.27	1.38	1.49	1.60	1.71	1.82	1.94	2.05	2.16	2.27	2.38	2.49	2.61	2.72	2.83	2.94	3.05	3.17	3.28	3.39	3.50	3.61	3.72	3.83
12	1.117	1.23	1.33	1.44	1.55	1.66	1.77	1.88	1.98	2.09	2.20	2.31	2.41	2.52	2.63	2.74	2.85	2.95	3.06	3.17	3.28	3.39	3.50	3.60	3.71
13	1.083	1.19	1.29	1.40	1.50	1.61	1.71	1.82	1.92	2.03	2.13	2.24	2.34	2.45	2.55	2.66	2.76	2.86	2.97	3.06	3.18	3.28	3.39	3.49	3.60
14	1.050	1.15	1.25	1.35	1.46	1.56	1.66	1.76	1.86	1.96	2.07	2.17	2.27	2.37	2.47	2.57	2.68	2.78	2.88	2.98	3.08	3.18	3.29	3.39	3.49
15	1.019	1.12	1.22	1.31	1.41	1.51	1.61	1.71	1.81	1.91	2.01	2.10	2.20	2.30	2.40	2.50	2.60	2.70	2.79	2.89	2.99	3.09	3.19	3.29	3.39
16	0.985	1.08	1.18	1.27	1.37	1.46	1.56	1.65	1.75	1.84	1.94	2.03	2.13	2.22	2.32	2.41	2.51	2.61	2.70	2.80	2.89	2.99	3.08	3.18	3.27
17	0.956	1.05	1.14	1.23	1.33	1.42	1.51	1.60	1.70	1.79	1.88	1.97	2.07	2.16	2.25	2.34	2.44	2.53	2.62	2.71	2.81	2.90	2.99	3.08	3.18
18	0.928	1.02	1.11	1.20	1.29	1.38	1.47	1.56	1.65	1.74	1.83	1.92	2.01	2.10	2.19	2.28	2.37	2.45	2.54	2.63	2.72	2.81	2.9	2.99	3.08
19	0.902	0.99	1.08	1.16	1.25	1.34	1.43	1.51	1.60	1.69	1.77	1.86	1.95	2.04	2.12	2.21	2.30	2.39	2.47	2.56	2.65	2.74	2.82	2.91	3.00
20	0.878	0.96	1.05	1.13	1.22	1.30	1.39	1.47	1.56	1.64	1.73	1.81	1.90	1.98	2.07	2.15	2.24	2.32	2.41	2.49	2.58	2.66	2.75	2.83	2.92
21	0.854	—	—	1.10	1.18	1.27	1.35	1.43	1.52	1.60	1.68	1.76	1.85	1.93	2.01	2.09	2.18	2.26	2.34	2.42	2.51	2.59	2.67	2.76	2.84
22	0.829	—	—	—	1.15	1.23	1.31	1.39	1.47	1.55	1.63	1.71	1.79	1.87	1.95	2.03	2.11	2.19	2.27	2.35	2.43	2.51	2.59	2.67	2.75
23	0.804	—	—	—	—	1.19	1.27	1.35	1.43	1.50	1.58	1.66	1.74	1.82	1.89	1.97	2.05	2.13	2.20	2.28	2.36	2.44	2.52	2.59	2.67
24	0.781	—	—	—	—	—	1.23	1.31	1.39	1.46	1.54	1.61	1.69	1.76	1.84	1.91	1.99	2.07	2.14	2.22	2.29	2.37	2.44	2.52	2.60
25	0.759	—	—	—	—	—	—	1.27	1.35	1.42	1.49	1.57	1.64	1.71	1.79	1.86	1.93	2.01	2.08	2.15	2.23	2.30	2.38	2.45	2.52

续表

压力/9.8×10⁴Pa 倍数 \ 温度/℃	2.5	2.6	2.7	2.8	2.9	3.0	3.1	3.2	3.3	3.4	3.5	3.6	3.7	3.8	3.9	4.0	4.1	4.2	4.3	4.4	4.5	4.6	4.7	4.8	4.9	5.0
0	5.86	6.02	—	—	—	—	—	—	—	—	—	—	—	—	—	—	—	—	—	—	—	—	—	—	—	—
1	5.63	5.79	5.95	6.11	—	—	—	—	—	—	—	—	—	—	—	—	—	—	—	—	—	—	—	—	—	—
2	5.42	5.57	5.72	5.88	6.03	—	—	—	—	—	—	—	—	—	—	—	—	—	—	—	—	—	—	—	—	—
3	5.22	5.37	5.52	5.67	5.81	5.96	5.89	—	—	—	—	—	—	—	—	—	—	—	—	—	—	—	—	—	—	—
4	5.04	5.18	5.32	5.46	5.61	5.75	5.70	6.01	6.18	—	—	—	—	—	—	—	—	—	—	—	—	—	—	—	—	—
5	4.87	5.01	5.15	5.28	5.42	5.65	5.51	5.83	5.97	6.11	—	—	—	—	—	—	—	—	—	—	—	—	—	—	—	—
6	4.71	4.84	4.98	5.11	5.24	5.38	5.32	5.64	5.77	5.91	6.04	6.17	—	—	—	—	—	—	—	—	—	—	—	—	—	—
7	4.55	4.68	4.81	4.94	5.07	5.20	5.13	5.45	5.58	5.71	5.84	5.97	6.10	6.23	—	—	—	—	—	—	—	—	—	—	—	—
8	4.38	4.51	4.63	4.76	4.88	5.00	4.95	5.25	5.38	5.50	5.62	5.75	5.87	6.00	6.12	—	—	—	—	—	—	—	—	—	—	—
9	4.23	4.35	4.47	4.59	4.71	4.83	4.78	5.07	5.19	5.31	5.43	5.55	5.67	5.79	5.91	6.03	6.15	—	—	—	—	—	—	—	—	—
10	4.08	4.20	4.31	4.43	4.55	4.66	4.62	4.89	5.01	5.12	5.24	5.35	5.47	5.59	5.70	5.82	5.93	6.05	—	—	—	—	—	—	—	—
11	3.95	4.06	4.17	4.28	4.39	4.50	4.47	4.73	4.84	4.95	5.06	5.17	5.29	5.40	5.51	5.62	5.73	5.84	5.96	6.07	6.18	6.29	6.40	—	—	—
12	3.82	3.93	4.04	4.14	4.25	4.36	4.33	4.58	4.68	4.79	4.90	5.01	5.12	5.23	5.33	5.44	5.55	5.66	5.77	5.87	5.98	6.09	6.20	6.31	6.41	6.52
13	3.70	3.81	3.91	4.02	4.12	4.23	4.20	4.44	4.54	4.65	4.75	4.86	4.96	5.07	5.17	5.28	5.38	5.49	5.59	5.69	5.80	5.80	6.01	6.11	6.22	6.32
14	3.59	3.69	3.79	3.90	4.00	4.10	4.08	4.30	4.40	4.51	4.61	4.71	4.81	4.91	5.01	5.11	5.22	5.32	5.42	5.52	5.62	5.72	5.83	5.93	6.03	6.13
15	3.48	3.58	3.68	3.78	3.88	3.98	3.94	4.17	4.27	4.37	4.47	4.57	4.67	4.77	4.78	4.96	5.06	5.16	5.26	5.36	5.46	5.56	5.56	5.75	5.85	5.95
16	3.37	3.46	3.56	3.65	3.75	3.84	3.82	4.04	4.13	4.23	4.32	4.42	4.51	4.61	4.70	4.80	4.89	4.99	5.08	5.18	5.27	5.37	5.47	5.56	5.66	5.75
17	3.27	3.36	3.45	3.55	3.64	3.73	3.71	3.92	4.01	4.10	4.19	4.29	4.38	4.47	4.56	4.66	4.75	4.84	4.93	5.03	5.12	5.21	5.30	5.40	5.49	5.58
18	3.17	3.26	3.35	3.44	3.53	3.62	3.61	3.80	3.89	3.98	4.07	4.16	4.25	4.34	4.43	4.52	4.61	4.70	4.79	4.88	4.97	5.06	5.15	5.24	5.33	5.42
19	3.08	3.17	3.26	3.35	3.43	3.52	3.51	3.70	3.78	3.87	3.96	4.04	4.13	4.22	4.31	4.39	4.48	4.57	4.66	4.74	4.83	4.92	5.01	5.09	5.18	5.27
20	3.00	3.09	3.17	3.26	3.34	3.43	3.42	3.60	3.68	3.77	3.85	3.94	4.02	4.11	4.19	4.28	4.36	4.45	4.53	4.61	4.70	4.79	4.87	4.96	5.04	5.18
21	2.92	3.00	3.09	3.17	3.25	3.33	3.32	3.50	3.58	3.66	3.75	3.83	3.91	3.99	4.08	4.16	4.24	4.33	4.41	4.49	4.57	4.66	4.74	4.82	4.90	4.99
22	2.83	2.92	3.00	3.08	3.16	3.24	3.22	3.40	3.48	3.56	3.64	3.72	3.80	3.88	3.96	4.04	4.12	4.20	4.28	4.36	4.44	4.52	4.60	4.68	4.76	4.84
23	2.75	2.83	2.90	2.98	3.06	3.14	3.12	3.29	3.37	3.45	3.53	3.61	3.68	3.76	3.84	3.92	3.99	4.04	4.15	4.23	4.31	4.38	4.46	4.54	4.62	4.69
24	2.67	2.75	2.82	2.90	2.97	3.05	3.04	3.20	3.28	3.35	3.43	3.50	3.58	3.65	3.73	3.80	3.88	3.96	4.03	4.11	4.18	4.26	4.33	4.41	4.48	4.56
25	2.60	2.67	2.74	2.82	2.89	2.96	2.96	3.11	3.18	3.26	3.33	3.40	3.48	3.55	3.62	3.70	3.77	3.84	3.92	3.99	4.06	4.14	4.21	4.29	4.36	4.43

附录6 物理量单位符号中英文名称对照表

单位符号	中文名称	单位符号	中文名称	单位符号	中文名称
L	升	kg	千克	h	小时
mL	毫升	g	克	min	分
μL	微升	mg	毫克	s	秒
dm	分米	μg	微克	mol	摩尔
cm	厘米	ng	纳克	mmol	毫摩尔
mm	毫米	V	伏	℃	摄氏度
nm	纳米	mA	毫安		

参 考 文 献

[1] 张意静. 食品分析技术. 北京：中国轻工业出版社，2001.
[2] 大连轻工业学院等. 食品分析. 北京：中国轻工业出版社，1994.
[3] 朱永克. 食品检测技术. 北京：科学出版社，2004.
[4] 康臻. 食品分析与检验. 北京：中国轻工业出版社，2006.
[5] 吴晓彤. 食品法律法规与标准. 北京：科学出版社，2004.
[6] 郑建仙. 功能性食品. 北京：中国轻工业出版社，1998.
[7] 金宗濂. 功能性食品评价原理与方法. 北京：北京大学出版社，1998.
[8] 中华人民共和国国家标准，食品卫生检验理化部分. 北京：中国标准出版社，2004.
[9] 章银良. 食品分析与检验. 北京：化学工业出版社，2006.
[10] 黄高明. 食品检验工（中级）. 北京：机械工业出版社，2006.
[11] 丁兴华. 食品检验工（高级）. 北京：机械工业出版社，2006.
[12] 徐春. 食品检验工（初级）. 北京：机械工业出版社，2006.